Alfred Mutz
Die Kunst des Metalldrehens bei den Römern

Alfred Mutz

Die Kunst des Metalldrehens bei den Römern

Interpretationen antiker Arbeitsverfahren
auf Grund von Werkspuren

1972   Birkhäuser Verlag, Basel und Stuttgart

Donatoren

Die Herausgabe dieses Buches im vorliegenden Umfange und Ausstattung wurde durch die verständnisvolle Förderung der unten angeführten Gremien und Firmen ermöglicht. Daher sei allen Spendern auch an dieser Stelle für ihre Hilfe der aufrichtige Dank ausgesprochen.

Agricola-Gesellschaft zur Förderung der Geschichte der Naturwissenschaft und der Technik, Düsseldorf
Billerbeck & Cie, Isoliermaterialien, Basel
Buß AG, Eisenkonstruktionen und Apparatebau, Pratteln
Ch. Gerber, Metalldrückerei, Horgen
J. + R. Gunzenhauser AG, Metallgießerei und Armaturenfabrik, Sissach
H. Heid, Holzbearbeitungsmaschinen, Münchenstein
Ed. Hoffmann-Feer, a. Direktor der Haas'schen Schriftgießerei, Basel
Jenny Pressen AG, Werkzeugmaschinenfabrik, Frauenfeld
Karrer, Weber & Co., Metallgießerei und Armaturenfabrik, Unterkulm
Kuratorium des Fonds zur Förderung von Lehre und Forschung, Basel
Maschinenfabrik Burckhardt AG, Basel
Metallverband AG, Bern
Mettler, Instrumenten AG, Greifensee
R. Nußbaum & Co., Metallgießerei und Armaturenfabrik, Olten
H. Rechenmacher, Metallwaren, Dielsdorf
Regierungsrat des Kantons Basel-Landschaft, Lotteriefonds
Regierungsrat des Kantons Basel-Stadt, Lotteriefonds
Von Roll, Eisenwerke, Gerlafingen
Alfred Stöckli Söhne, Metallwarenfabrik, Netstal
UTP-Schweißmaterial, Rheinfelden
Werkzeugmaschinenfabrik Oerlikon-Bührle AG
Oskar Woertz, Fabrik elektrotechnischer Artikel, Basel

Nachdruck verboten. Alle Rechte vorbehalten, insbesondere
das der Übersetzung in fremde Sprachen und der Reproduktion
auf photostatischem Wege oder durch Mikrofilm
Druck und Einband: Birkhäuser AG, Basel
Buchgestaltung: Albert Gomm SWB
Klischees: E. Kreienbühl & Co. AG, Luzern
© Birkhäuser Verlag Basel, 1972

ISBN 3-7643-0573-8

Inhaltsverzeichnis

	Vorwort	7
I	*Metall und Metallbearbeitung*	9
	A Eigenschaften der Metalle	9
	B Nutzung der Metalle	9
	C Abriß der geschichtlichen Entwicklung	9
	D Belege für die alten Techniken	10
II	*Die Drehtechnik*	14
	A Einfache Drehbank mit Hilfseinrichtungen	14
	B Allgemeine Charakteristik gedrehter Objekte	15
	C Werkzeuge	16
	D Unterscheidung zwischen Drehen und Drechseln	17
	E Töpferscheibe – Drehbank	17
	F Kurze Geschichte der Drehtechnik	17
III	*Antike Literaturhinweise zur Drehtechnik*	18
	A Vitruv	18
	B Plinius	19
	C Oreibasios	19
	D Erwähnungen des antiken Drehens in der neuzeitlichen Literatur	20
IV	*Technologische Beobachtungen an antiken Funden als Beweis für ihre Herstellung auf der Drehbank*	22
	A Starke Differenzen in den Wanddicken	22
	B Oberflächenbeschaffenheit	23
	C Zentren auf Innen- und Außenseiten	24
	D Kontrolle der Übereinstimmung der Innen- und Außenflächen	25
	E Meßgerät und Meßverfahren	25
	F Auswertung der Meßergebnisse	26
	G Rekonstruktion der antiken Drehbank	27
	H Kontinuierlicher Antrieb	29
V	*Moderne Auswertungen und Deutungen*	30
	A Oberflächenprüfung	30
	B Berechnung der Schnittkraft	33
	C Gießen und Drehen	37
	D Versuch der Rekonstruktion einer römischen Drehbank	39
VI	*Weitere Herstellungstechniken*	40
	A Drücken	40
	B Blechaustreiben	43
	C Mechanische Verbindungsarten	45
	D Thermische Verbindungstechniken	47
VII	*Katalog*	53
	A Vorbemerkungen zum Katalog	53
	B Kasserollen	54
	C Platten und Teller	76
	D Schalen und Becher	90
	E Flaschen und Krüge	122
	F Spiegel	130
	G Kleine Gefäße	134
	H Dünnwandige Gefäße	146
	I Angefangene Arbeiten	150
	K Gefäße mit mechanischen Verbindungen	154
	L Glocken und Sockel	158
	M Gewinde und diverse Objekte	162
	N Beispiele der Drücktechnik	166
	O Dreharbeiten in anderen Materialien	172
	P Drehimitationen	178
	Literaturverzeichnis	51
	Bildernachweis	52
	Standorte der gezeigten Objekte	179

Vorwort

Das vorliegende Buch beschäftigt sich mit einem Sachgebiet, in dem sich Archäologie und Technikgeschichte treffen. Das mag zunächst überraschen; eine Erklärung dieser Begegnung findet sich aber bald dadurch, daß zu allen Zeiten jedes aus menschlicher Arbeit entstandene Ding, mag es künstlerische Gestalt besitzen oder lediglich nützlich-profanen Zwecken dienen, erst nach dem Durchlaufen eines Herstellungsprozesses zum fertigen, brauchbaren Endprodukt geworden ist: Tatsachen, die nicht oft ihre eigentlich selbstverständliche Beachtung finden. Jegliche Form kann nur dann restlos verstanden und gewürdigt werden, wenn auch ihr Entstehen in die Betrachtung mit einbezogen wird.

Der Verfasser hat seine Studien auf einem Teilgebiet der Archäologie betrieben, demjenigen der römischen Bronzegefäße nämlich, welches noch zahlreiche Rätsel aufgibt; die Resultate seiner Arbeit möchte er in diesem Buche vorlegen. Der Verfasser ist nicht Archäologe; er kommt von der technischen Seite und hat darum seine Untersuchungen von dort her unternommen. Ihn interessiert es, wie die schönen und reichvariierten römischen Metallgefäßformen hergestellt wurden, um so mehr als manche von ihnen gerade durch die Besonderheiten ihrer Formen sehr perfekte Herstellungsverfahren verraten.

Auf seinen Studienreisen konnte er immer wieder erfahren, wie die Betreuer archäologischer Sammlungen für seine zunächst als abseitig betrachteten Begehren nur geringes Verständnis zeigten, später aber größeres Interesse bekundeten, sei es, daß ihnen die Fragen nach den einstigen Herstellungsverfahren überraschend und daher neu waren, oder sie sich schon selbst mit gleichartigen Problemen befaßt hatten. Wiederholt vernahm er auch das ‹Eingeständnis›, daß der Archäologe von technischen Dingen nichts verstehe, es aber äußerst wichtig wäre, wenn er darüber verläßliche Vorstellungen gewinnen könnte. Wie ratlos ein Archäologe oft technisch leicht deutbaren Erscheinungen an Funden gegenübersteht, mag ein Beispiel belegen. Es geschieht dies nur zur Illustration, wie weit auseinander die archäologische und die technische Betrachtungsweise desselben Objektes aus Unkenntnis stehen können. Aus einer neueren Arbeit über römische Kasserollen [1] sei zitiert: ‹Den Kasserollenboden gliedern drei Reliefringe, ferner feinere eingravierte dünne Rillen. Der mittlere Reliefring ist besonders wulstförmig gegossen.› In Wirklichkeit handelt es sich hier um eine zwar gegossene Kasserolle, deren differenziertes Bodenprofil jedoch vollständig durch Drehen erzielt wurde. Es wurde weder etwas graviert noch daran ein Ring ‹besonders wulstförmig gegossen›. Das angeführte Beispiel zeigt anderseits, wie notwendig eine technische Orientierung für den Archäologen wäre, damit er Wesentliches nicht übersieht. Es erhellt auch, wie sich gerade auf diesem Gebiet der Antike die rein archäologische Erforschung der Stil- und Formenentwicklung und die Technikgeschichte ergänzen und gegenseitig befruchten können. Deshalb richtet sich das Buch nicht nur an archäologische Fachkreise, sondern auch an technikgeschichtlich Interessierte.

Es wäre mehr als wünschenswert, würde durch andere der hier beschrittene Weg weiterverfolgt, denn noch vieles harrt der Abklärung. Damit wäre der Archäologie und der Technikgeschichte gedient, und es könnte ganz allgemein ein vertiefter Einblick in die römische Kultur gewonnen werden, umfaßt diese doch nicht nur die geistigen, religiösen, politischen, künstlerischen und literarischen Bezirke. Vielmehr ist es doch so, daß erst die Technik und die durch diese hervorgebrachten Güter die materiellen Voraussetzungen einer Kultur bilden können und den ihr eigenen sichtbaren Ausdruck zu schaffen vermögen.

Die zahlreichen Überreste der römischen Zeit können die römische Kultur selbst nur teilweise widerspiegeln. Sie präsentieren zunächst ihre Form, ihren Stil, darüber hinaus können sie aber auch gültige Aussagen über die angewandten Herstellungsverfahren vermitteln. Nur mit allen diesen Faktoren kann das Objekt in seinem gesamten Habitus erfaßt werden. Dahinter steht sein vielseitiger Werdegang, jener Prozeß, in dem sich in einer bestimmten Reihenfolge die einzelnen technischen Arbeitsgänge abwickelten. Könnten weitergehende Forschungen in dieser Richtung auch nur einiges aufklären, so würden damit höchst aufschlußreiche und lebendige Einblicke in die antike praktische Arbeitswelt möglich, in jene Sphäre also, in der sich überwiegend das technisch-handwerkliche Denken, Planen und Suchen abspielte.

Das zu erreichen übersteigt bei weitem die Möglichkeiten eines einzelnen. Es müßte in die Hände einer Institution gelegt werden können, in der neben einer systematischen wissenschaftlichen Forschung (Chemie, Physik, Metallographie und weiteren naturwissenschaftlichen Disziplinen) versucht würde, mit alten zeitgenössischen Mitteln und Techniken durch praktisch-handwerkliche Arbeit die notwendigen Ergänzungen und Bestätigungen zu erreichen. Erst von einer solchen Parallelität wären abschließende und eindeutige Resultate zu erwarten.

Die Wurzeln dieser Publikation gründen in einem besonderen Boden. Zur Ausstattung des Römerhauses und Museums in Augst (Augusta Raurica, im Kanton Basel-Landschaft) fertigte der Verfasser auf Anregungen des dortigen Konservators und Ausgräbers, Herrn Prof. Dr. R. Laur-Belart, eine ganze Reihe von Faksimiles römischer Metallgeräte und -gefäße an. Durch das der Herstellung vorausgegangene Studium der originalen Arbeitstechniken wurde er immer mehr mit diesen vertraut. Es konnte nicht ausbleiben, daß sich dadurch sein Interesse an der antiken Technik mehr und mehr erweiterte. Zwangsläufig führte dies auch zur Veröffentlichung kleiner und größerer Aufsätze. Als eine schöne Frucht dieser Bemühungen ist ihm von der ‹Georg-Agricola-Gesellschaft zur Förderung der Geschichte der Naturwissenschaften und der Technik› finanzielle Hilfe für Studienreisen zugesprochen worden. Auf der gleichen Linie liegt eine halbjährige Beurlaubung durch das Erziehungsdepartement des Kantons Basel-Stadt vom Schuldienst. Der Verfasser war damals noch Lehrer für Metallbearbeitung an der Gewerbeschule Basel. Für das Verständnis und die Förderung seiner Studien sei auch an dieser Stelle den genannten Gremien der herzlichste Dank ausgesprochen.

Durch den Besuch von mehr als 40 Museen eröffnete sich ihm eine stets größer werdende Vielfalt der Produktion römischer Bronzegefäße. Damit häuften sich auch die Probleme auf der Suche nach ihren Herstellungsweisen, denn manche verraten nicht leicht und schnell ihre diesbezüglichen Geheimnisse. Mit den bescheidenen Untersuchungsmitteln, die zur Verfügung standen, ließen sie sich lange nicht alle Antworten entlocken. Bestimmt sind diese nicht so verschlüsselt, als daß sie sich nicht mit weitergehenden Untersuchungsmethoden eindeutig klären ließen. Dabei fragt es sich nur, ob die betreffenden Fundstücke für derartige Untersuchungen zur Verfügung stünden bzw. von Museen zur Verfügung gestellt würden. Jedenfalls bedarf es noch vieler Arbeit und Anstrengungen, bis größere Klarheit in diesen Belangen gefunden werden kann.

Daher kommt diese Veröffentlichung auch einem von archäologischer Seite bereits vor Jahren geäußerten Wunsche bezüglich einer intensiven Zusammenarbeit zwischen Archäologen und Metallfachleuten entgegen. Stellte doch H. Petrikovits in einem Vortrage [2] fest: ‹Nicht nur die Vorgänge des Gusses, sondern auch die der andern Verarbeitungsverfahren Ziehen, Treiben, Drehen usw. sind noch nicht ausreichend bekannt.› Der Verfasser glaubt, wenigstens bezüglich des Drehens weitgehend aufgeklärt zu haben und auch zu anderen Arbeitsverfahren, z. B. Drücken und Treiben, Neues beifügen zu können. Durchgeht man das Buch auch nur oberflächlich, so wird sich auch ein solcher Betrachter des Eindruckes nicht erwehren können, daß der Begriff ‹Kunst› zu Recht in den Titel einbezogen wurde. Das geschah aus der persönlichen Überzeugung, daß eben Kunst natur- und wesensmäßig mit dem Können, in diesem Falle einem besonderen handwerklichen Können, verbunden ist. Zugleich ist dies eine zwar späte, doch ehrliche Reverenz vor diesen hier geschilderten hohen und tüchtigen Leistungen.

Es obliegt mir noch die angenehme Pflicht, den vielen Museumsdirektoren und ihren Assistenten für die Bereitwilligkeit, mir ihre Sammlungen zugänglich zu machen, aufrichtig zu danken. Darüber hinaus schulde ich weiteren Personen, die meine Arbeit in irgendeiner Weise förderten, ebenfalls meinen herzlichsten Dank. Besonders seien genannt: Herr K. Häuser, Ing., Gießen, für seine Berechnungen, Herr Prof. Dr. L. Berger, Basel, für freundliche Ratschläge, Herr Dr. J. Ewald, Liestal, der die Durchsicht des Manuskriptes übernommen hat. Für die sorgfältige Ausführung, die der Verlag dem Buche angedeihen ließ, sei ihm ebenfalls Anerkennung und Dank ausgesprochen.

Zum Buche selbst soll vorausgeschickt sein, daß in seinem ersten Teil in den Abschnitten I–VI die notwendigen technischen und technologischen Erläuterungen enthalten sind. Der anschließende, in 14 Abschnitte (B–P) gegliederte Katalog präsentiert durch Photos, Zeichnungen und Text die interessantesten aller untersuchten Objekte.

Basel, Herbst 1971

I Metall und Metallbearbeitung

A Eigenschaften der Metalle

Wenn auch eine ganze Reihe nichtmetallischer Werkstoffe (Stein, Holz, Horn, Ton, Fasern) und spezifischer Arbeitstechniken im Dienste des Menschen standen, lange bevor er es verstand, Metalle zu erkennen, zu gewinnen und zu verarbeiten, so erfuhr die menschliche Zivilisation doch durch die Metalle eine gewaltige Entwicklung. Ihre große Bedeutung liegt nicht zuletzt in der kaum beachteten Tatsache, daß sie von der gesamten Skala der heute bekannten chemischen Elemente annähernd $^4/_5$ einnehmen. Sie besitzen Eigenschaften, wie sie in ihrer Gesamtheit bei keinen anderen Werkstoffen mehr angetroffen werden. In ihnen steht dem Menschen das formbarste und vielseitigste Material zur Verfügung.

Eine Formveränderung bei Holz und Stein kann nur durch Lostrennen von Stoffteilen erreicht werden. Anders beim Metall. Dieses läßt sich verformen, ohne daß es seinen Zusammenhang oder sein Volumen ändert. Es läßt sich sowohl kalt als auch warm (in glühendem Zustande) umformen. Durch Strecken kann es verlängert oder durch Stauchen verdickt werden. Ferner läßt es sich breiten, treiben, biegen, verdrehen, lochen und durch Schweißen oder Löten verbinden. Durch Hitze kann es verflüssigt und anschließend gegossen werden. Zwei oder mehrere Metalle lassen sich legieren, was eine unerschöpfliche Zahl von Möglichkeiten in sich schließt. Dazu kommt die Tatsache, daß jede Veränderung der Mischungsverhältnisse der neuen Legierung andere Eigenschaften verleiht, was nicht genug hervorgehoben werden kann. Endlich muß noch darauf hingewiesen werden, daß Altmetalle und Abfälle umgeschmolzen und somit einer neuen Form und Verwendung zugeführt werden können.

Die große, fast unerschöpfliche Vielfalt von Eigenschaften, die den Metallen innewohnen, sind die natürlichen Voraussetzungen, daß diese in allen Entwicklungsstufen der Technik immer neu und andersartig dienstbar gemacht werden konnten. Weder die Leistungen der Bronzezeit noch diejenigen unseres Zeitalters, der Elektronik und der Raumfahrt, sind ohne Metalle, insbesondere ohne Kupfer, nicht denkbar.

Diese knappe Übersicht mag hinlänglich belegen, welche mannigfaltigen Möglichkeiten der Gestaltung der Werkstoff Metall dem forschenden und technisch tätigen Menschen bietet. Ein Blick in die Vergangenheit zeigt, daß er dies zu allen Zeiten, seitdem er Metall kennt, meisterlich verstanden hat.

B Nutzung der Metalle

Die gesamte Metallbearbeitung beruht auf den oben angeführten Eigenschaften und wird heute in drei Gruppen eingeteilt. Dabei ist allerdings zu beachten, daß in dieser Betrachtung nur jene Eigenschaften Erwähnung finden, die dem antiken Techniker bekannt sein konnten, denn in der neueren Zeit sind viele weitere günstige Eigenschaften der Metalle nutzbar gemacht worden. Es sei nur an ihre elektrische Leitfähigkeit erinnert. Auch muß, wie aus später folgenden tabellarischen Übersichten zu entnehmen ist, berücksichtigt werden, daß in der Antike insgesamt nur sieben Metalle zur Verfügung standen. Jene davon, die sich schmelzen und legieren lassen, vergrößern nicht unbeträchtlich die Variationsbreite ihrer Anwendung. Im Interesse einer besseren Übersicht seien für die Gruppierung der Bearbeitungsverfahren heutige Begriffe angeführt. Danach unterscheidet man:

I Gießen
II spanlose Verfahren
III spangebende Verfahren

Zur Verdeutlichung sei gesagt, daß zu II auch das plastische Umformen durch Schmieden, einschließlich des Gesenkschmiedens (Schmieden in ein Negativ), gezählt wird. Als Beispiele für die spanlose Umformung seien das Treiben, Drücken und Prägen angeführt und für die spangebenden Verfahren das Feilen, Bohren und Drehen. Dabei sind zwei grundsätzliche Verschiedenheiten zu beachten. Bei den Gruppen I und II entsteht ohne Volumen- und Gewichtsveränderung eine vollständig neue Form, wogegen bei den mechanischen Bearbeitungen in Gruppe III die Formänderung nur durch die Wegnahme von Materialteilen möglich wird, wobei eben Späne entstehen.

Zur Erzeugung eines fertigen Produktes ist es in den meisten Fällen nötig, mehrere der angeführten Verfahren anzuwenden, besonders bei komplizierten Gebilden. Dann ist festzuhalten, daß die Besonderheiten des Materials berücksichtigt werden müssen, d. h. das Metall ist so anzuwenden, wie es seiner Natur entspricht. Im Gegensatz zu heute stand früher die schöne Form im Vordergrund, und die Herstellungstechniken mußten sich ihr unterordnen, auch dann, wenn große Schwierigkeiten zu überwinden waren.

C Abriß der geschichtlichen Entwicklung

Trotz den wenigen Möglichkeiten der ur- und frühgeschichtlichen Metalltechnik sind die erbrachten Leistungen erstaunlich. Es dürfte verständlich sein, daß in so früher Zeit die bekannten Metalle nicht im Sinne heutiger Definitionen ‹rein› dargestellt werden konnten. Bereits beim Schmelzen der Erze gelangten, je nach ihrer chemischen Zusammensetzung, weitere metallische Elemente in das Schmelzgut. Analysen antiker Metallteile zeigen daher auch meist einen bunten Strauß von Legierungsanteilen in unterschiedlichen Mengen. Hinzu kommt, daß durch das Einschmelzen unkontrollierbarer Zusammensetzungen von Altmetall die Zahl der Bestandteile im neuen Guß noch anstieg.

Kurze Beschreibung der antiken Metalle:

Kupfer (Cu, cuprum) ist ein Halbedelmetall von rotbrauner Farbe, das sich in kaltem und warmem Zustande gut verformen läßt. Es kann mit vielen anderen Metallen legiert werden und hat dabei eine starke Färbkraft.

Gold (Au, aurum) wird als Edelmetall bezeichnet, weil es gegen viele chemische Angriffe widerstandsfähig ist. Aus diesem Grunde sind selbst älteste Goldfunde gut erhalten. Gold zeichnet sich durch seine große Bildsamkeit (Duktilität) aus, weshalb es schon sehr früh zu den dünnsten Folien (Blattgold) ausgehämmert werden konnte.

Silber (Ag, argentum) ist ebenfalls ein Edelmetall, doch neigt es stark zu Oxydationen; es ist jedoch gegen weitere chemische Einflüße widerstandsfähig. In reinem Zustande ist es schlecht gießbar, doch läßt es sich mechanisch leicht verarbeiten.

Blei (Pb, plumbum) ist ein schweres, äußerlich graues Metall, das sich leicht mit der Messerklinge anschneiden läßt. Es ist giftig und wird wegen seiner Weichheit nur selten rein verwendet. In der Antike wurde es in großen Mengen zur Herstellung von Rohren und Sarkophagen benutzt.

Zinn (Sn, stannum) ist ein weiches, silberglänzendes Metall. Es wird meist als Legierungsmetall verwendet. Wenn dünne Zinnstäbe gebogen werden, geben sie – im Gegensatz zu andern

Metallen – beim Biegen ein eigenartiges Geräusch, das sogenannte ‹Zinngeschrei›, von sich.

Eisen (Fe, ferrum) ist härter als die bisher genannten Metalle. Aus der Antike kennt man nur Schmiedeisen, das bei relativ niederen Temperaturen in kleinen Öfen (Rennöfen) gewonnen wurde. Es hat daher sehr viel nichtmetallische Einschlüsse, die ihm ein sehniges Aussehen, das oft an eine Holzstruktur erinnert, verleihen.

Quecksilber (Hg, hydrargyrum) soll etwa um 400 v. Chr. vom Athener Callias [3] entdeckt worden sein und ist somit das jüngste der antiken Metalle. Nach einer anderen Quelle [4] soll es bereits im 7. Jh. v. Chr. bekannt gewesen sein. Es wurde zur Hauptsache beim Vergolden, Versilbern und Verzinnen benutzt, da es sich leicht mit Gold, Silber und Zinn zu Amalgamen legieren läßt und als solches zu entsprechenden metallischen Überzügen (z. B. Feuervergoldung) diente. Tabelle 1, Seite 11.

Die bekannteste und geschichtlich wichtigste Legierung ist die Bronze, die aus Kupfer und Zinn besteht. Gleichzeitig ist sie auch ein klassisches Beispiel dafür, daß in einer Legierung Eigenschaften in Erscheinung treten, die in den Grundmetallen nicht vorhanden sind. Aus dem weichen Kupfer und dem noch viel weicheren Zinn entsteht die harte Bronze, die, beispielsweise als Glocke geformt, klangvolle Töne angibt, während keines der beiden Grundmetalle diese Eigenschaft aufweist. Aus der Tabelle 2 auf Seite 11 über die Reindarstellung der Metalle geht hervor, daß das Zink erst in der ersten Hälfte des 18. Jahrhunderts als Metall erkannt wurde. Trotzdem ist Messing, eine Legierung von Kupfer und Zink, bereits in der Vorgeschichte und in der Antike hergestellt worden. J. R. Maréchal [5] belegt dies mehrfach mit Analysen in seinen ausführlichen Werken. Messinggüsse waren wegen ihrer goldähnlichen Farbe beliebter als die etwas stumpfer wirkende Bronze. Durch direkte Zugaben von Zinkerzen (Galmei) in das geschmolzene Kupfer glaubten die Alten, die ‹Bronze› zu färben, ohne zu wissen, daß ein weiteres Metall daran beteiligt war.

Außer den genannten sieben Metallen standen also den antiken Metalltechnikern noch zwei Legierungen, die Bronze und das Messing, zur Verfügung. Es ist durchaus anzunehmen, daß empirische Kenntnisse zu einer bewußten und absichtlichen Herstellung bestimmter Metallqualitäten führten.

Nicht weniger interessant und überraschend ist die Übersicht (Tab. 3) über die enorme Breite der antiken Metallbearbeitungsverfahren, wie sie auf Seite 13 geboten wird. Alle grundsätzlich möglichen Verfahren wurden bereits vor mehr als 2000 Jahren entwickelt und mit großem Können praktiziert. Weiter unten werden einzelne der in der Zusammenstellung aufgeführten Arbeitsverfahren nachgewiesen. Über den hohen Stand des Umformens in Gesenken unterrichtet uns eingehend von Wedel [6]. Für das Schmieden sei auf die umfassende Darstellung der gesamten Schmiedetechnik von der Prähistorie bis zu den Anfängen der Hammerbetriebe von Pleiner [7] hingewiesen. Daher kann hier auf eine nähere Behandlung der obengenannten Techniken verzichtet werden. Die in der Tabelle nach modernen Gesichtspunkten gegliederte Zusammenstellung soll sowohl in sachlicher als auch in geschichtlicher Hinsicht die Übersicht in die Zusammenhänge erleichtern.

D Belege für die alten Techniken

Sachkundige Beobachtungen an Fundstücken ergeben die unmittelbarsten Belege einstiger Herstellungsverfahren. Darüber hinaus gibt es noch zwei Quellenarten, die uns über diese Dinge zu orientieren vermögen. Leider fließen beide nur spärlich. Gemeint sind einerseits bildliche Darstellungen und anderseits Erwähnungen im antiken Schrifttum. Zur Hauptsache dürfte es der sozialen Stellung der antiken Handwerker zuzuschreiben sein, da die meisten von ihnen dem Sklavenstande angehörten. Außerdem wurden tägliche Verrichtungen nur in seltenen Fällen als Thema einer künstlerischen Behandlung für würdig befunden. Traf dies gelegentlich doch zu, wie z. B. in den dekorativen Wandmalereien im Hause der Vettier in Pompeji, so haben diese durch ihre Idealisierung keine starke technische Aussagekraft. Anders, wenn da oder dort ein Handwerker durch seine Tüchtigkeit zu Wohlstand kam, der ihm die Beschaffung eines Grabmales ermöglichte.

Da ist besonders der Schmied mit seiner imponierenden Arbeit, von welchem mehrere Denkmäler bekannt sind. Oft ist seine Gestalt Gegenstand mythologischer Deutungen, und der Dargestellte wird als Vulkan aufgefaßt. Der Wirkungsort Vulkans, des Gottes des Feuers, der Erze und Metalle vielseitig und mit großer Geschicklichkeit bearbeitet, wird von den Dichtern in die Tiefen des Ätna oder auf eine der Äolischen Inseln verlegt, deren Gipfel Rauch und Flammen speien. Jedenfalls ist seine Schmiedewerkstatt in einer dunklen Höhle. Doch bei nüchterner Betrachtung beruht diese mythologische Atmosphäre auf einer sachlichen Selbstverständlichkeit: Beim Schmelzen und Schmieden ist es von ausschlaggebender Wichtigkeit, daß die Vorgänge genau und zuverlässig beobachtet werden können. Es dürfte auch Vulkan nicht möglich gewesen sein, an der vollen und gleißenden Sonne an den Gestaden des Mittelmeeres die Glühfarben seines Stahlstabes, aus dem ein gutes Schwert werden sollte, unter Kontrolle zu halten. Die Schmiedetemperatur des Stahls darf nicht zu hoch und nicht zu niedrig sein. Das Auge kann aber die Skala der Glühfarben nur in einer dunklen Umgebung beobachten. Die Höhle ist daher vom praktischen Geschehen aus als Notwendigkeit und nicht als geheimnisvolles mythologisches Beiwerk zu betrachten. Wollte Vulkan dann seine Schwerter durch das Härten zu wirklichen Waffen werden lassen – ein Vorgang, der schon von Homer besungen wurde –, mußte er sich dabei erst recht auf die richtigen Temperaturen verlassen können. Und nur die dunkle Umgebung ermöglichte ihm die sichere Beurteilung der je nach der Temperatur verschiedenen Glühfarben des Stahls.

Bild 1
Römische Schmiede auf einem Grabmal in Aquileia.

Die Grabmäler römischer Handwerker haben über das Künstlerische hinaus eine technische Aussagekraft. So schildert das Denkmal eines Schmiedes aus Aquileia Betrieb und Produkt einer römischen Schmiede. In einem schmalen liegenden Rechteck ist im Relief das ganze Geschehen einer einfachen Schmiede samt den darin erzeugten Produkten dargestellt. In Bild 1 ist die Szene vorgeführt. Links steht hinter einem Schutzschild der Gehilfe. Durch diesen vor der Wärmeausstrahlung des Feuers geschützt, betätigt er den Blasebalg. Die Esse wird hier in Gestalt

Charakteristiken der antiken Metalle					Bearbeitbarkeit				
Metall	Chemisches Zeichen	Spezifisches Gewicht	Schmelzpunkt	Legierbarkeit	Gießbarkeit	Spanlos warm	kalt	Spangebend	Korrosionsbeständigkeit
Kupfer	Cu	8,94	1083 °C	×	schlecht	schmieden	×	×	gut
Gold	Au	19,3	1063 °C	×	×	schmieden	×	×	sehr gut
Silber	Ag	10,50	961 °C	×	schlecht	schmieden	×	×	gut
Blei	Pb	11,34	327 °C	×	×	–	×	×	gut
Zinn	Sn	7,29	232 °C	×	×	–	×	×	gut
Eisen	Fe	7,87	1536[1] °C	–[2]	–[3]	schmieden	×	×	schlecht
Quecksilber	Hg	13,6	– 38,9 °C	Als Amalgame	Bei Raumtemp. = flüssig	–	–	–	–

Zeichenerklärungen:

– Nicht zutreffend

× Zutreffend

1 Diese Temperatur bezieht sich auf Reinmetall. Bei Versuchen in rekonstruierten Rennöfen auf dem Magdalensberg (Kärnten) ergab sich eine Maximaltemperatur von 1420 °C [8].

2 In der Antike nicht legierbar.
Nur mit den schwer schmelzbaren, in der Antike nicht bekannten Metallen Chrom, Nickel, Wolfram, Vanadium u.a. legierbar.

3 Eisenguß ist in Europa erst seit dem frühen 15. Jahrhundert möglich.

Reindarstellung der Metalle in historischer Reihenfolge

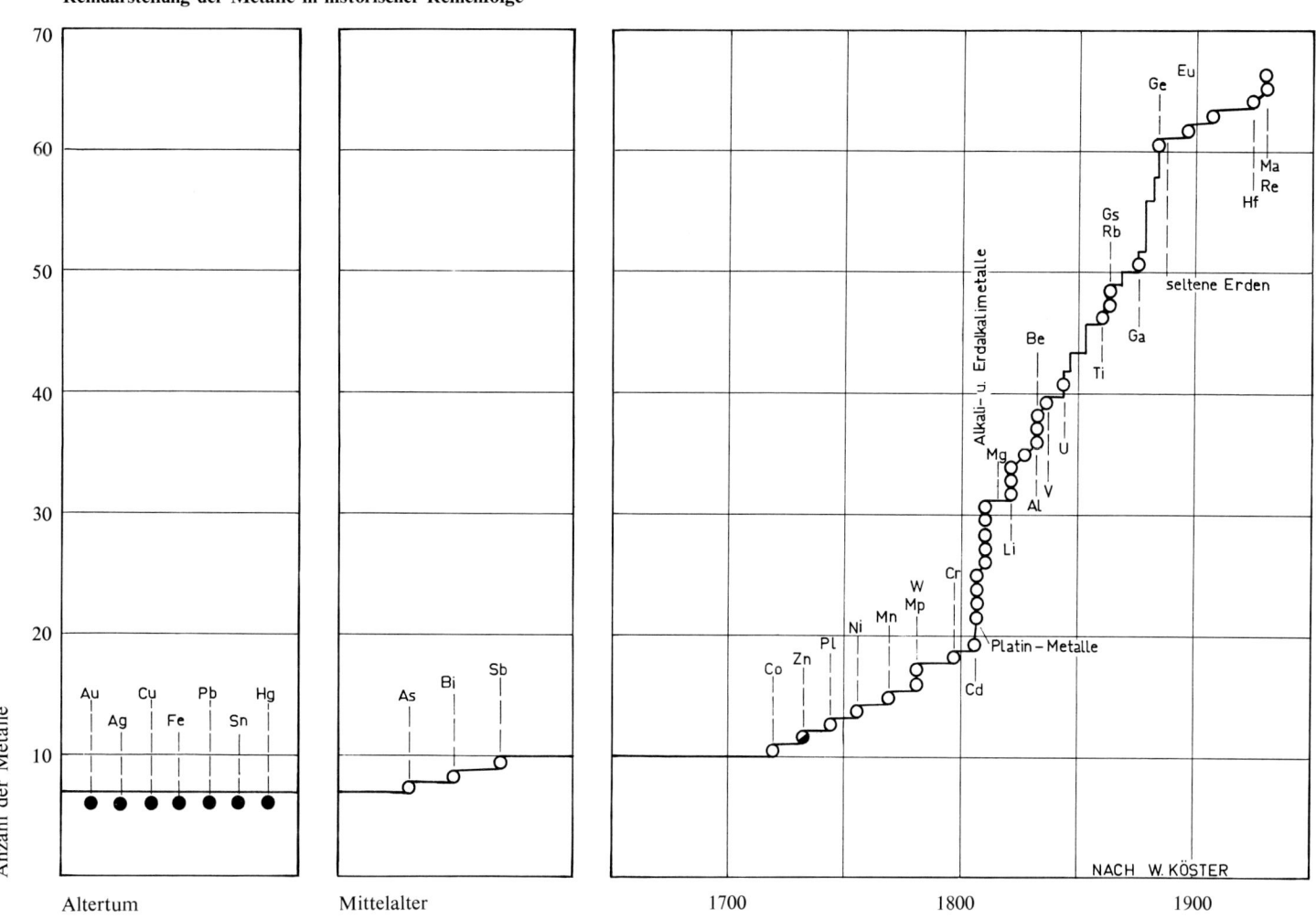

NACH W. KÖSTER

eines Tempelchens gezeigt. In der Mitte sitzend der Schmied; er hantiert an einem ungegliederten Amboß mit Hammer und Zange. Daß der Schmied diese Tätigkeit, wie wir es auch in der folgenden Beschreibung antreffen, sitzend ausführt, ist für uns ungewohnt; möglicherweise ist dies in beiden Fällen nur aus der Bildkomposition zu begreifen. Das Grabmahl eines Messerschmiedes in den Vatikanischen Sammlungen zeigt nur den Gehilfen sitzend, während der Schmied in halb aufgerichteter Stellung den Hammer schwingt [9]. Auf dem Grabmahl eines römischen Militärschmiedes in Sens [10] und auf einem Relief, das aus Rheinzabern stammt und sich nun in der Prähistorischen Staatssammlung in München befindet, sind die Jünger Vulkans stehend dargestellt. Damit wird schon angedeutet, daß das Schmiedehandwerk, wie noch gezeigt werden wird, weitgehend in Spezialberufe aufgespalten war.

Bild 2
Römische Kupferschmiede, nach einem Steinrelief in Neapel. 51 × 40 cm, Fundort unbekannt.

Einen vielseitigen Einblick in eine antike Werkstatt gewährt, nach Bild 2, ein Steinrelief im Museo Nazionale in Neapel mit seiner lebendigen Schilderung einer Kupferschmiede. In der Mitte sind zwei Arbeiter mit dem Treiben eines großen Gefäßes beschäftigt. In diesem Arbeitsablauf ist die Wucht des Zuschlagens nur durch die Dickwandigkeit des Blechgefäßes verständlich. Rechts im Bilde beschäftigt sich ein weiterer Arbeiter mit dem Polieren einer Schale. Von links tritt, begleitet von einem Knaben, wohl der Meister in die Werkstatt. Über ihm hängt eine Waage, neben welcher die runde Scheibe als rohes Zwischenprodukt für ein zu treibendes Gefäß gedeutet werden kann, denn der Kupferschmied mußte die nötigen Blechscheiben aus einer kleineren, aber dickeren, gegossenen Scheibe mühevoll ausstrecken.
Wenn Paoli berichtet: ‹In Rom gab es unabhängige Handwerker, die ihre Arbeit im eigenen Laden verrichteten...› [11], so entspricht dies der in Stein geschilderten Werkstattszene; die dargestellte Waage ist eine Bestätigung dafür, daß es ‹Kupferschmiede und Messingarbeiter› gab, ‹die nicht beköstigt und nicht im Tagelohn, sondern nach dem Gewicht› – daher die Waage – ‹des verarbeiteten Metalls bezahlt› wurden [12].
Ziselieren ist eine Schmucktechnik, mit welcher Figuren oder Ornamente erhaben aus dem Bleche herausgearbeitet werden. Bild 3 zeigt einen Ausschnitt (Nachzeichnung) aus einem pompejanischen Wandgemälde mit einem Ziseleur bei der Herstellung von Verzierungen auf einem Helm. Er benützt dazu Hammer und Punzen. Neben ihm liegen Brustpanzer und Beinschienen, denen er ebenfalls einen künstlerischen Schmuck gab. Daß dieser Handwerker nicht nur ziselierte, sondern auch die vorausgehenden formgebenden Arbeiten ausführte, wird durch den oben abgerundeten Stiftamboß und die daneben liegenden Hämmer belegt.

Bild 3
Griechischer Ziseleur, nach einem pompejanischen Wandgemälde.

Alle die nun beschriebenen Arbeitstechniken werden zu den spanlosen Verfahren gezählt.
Einen überaus interessanten Einblick in die Vielfältigkeit, ja Spezialisierung, zeigt die folgende Liste metallverarbeitender Berufe, die Blümner nennt [13]. Es sind dies:

Grobschmied	*(faber) ferarius*
Stahlschmied	*aciarius*
Werkzeugschmied	*armentarius*
Messerschmied	*dolabrarius*
Sichelschmied	*falcarius*
Nagelschmied	*clavicarius*
Schwertschmied	*gladiarius, spatharius*
Helmschmied	*loricarius*
Pfeilschmied	*sagittarius*
Lanzenschmied	*hastarius*
Schlosser	*claustarius*
Schildmacher	*scutarius*
Gießer	*flaturarius*
Kandelabermacher	*candelabrarius*
Laternenmacher	*lanternarius*
Blasinstrumentenmacher	*tubarius, cornuarius*
Arbeiter für Metallgefäße	*vascularius*
Goldschmied	*aurifex*
Goldschläger	*brattearius*
Golddrahtzieher	*aurinetor*
Vergolder	*aurator*
Ringmacher	*anularius*
Silberschmied	*argentarius*
Kupferschmied	*aerarius*
Bleiarbeiter	*plumbarius*

Die Liste ist nicht vollständig, doch zeigt schon diese Zusammenstellung, wie allein das Schmiedehandwerk aufgespalten war. Der Ausdruck *vascularii*, also ‹die Arbeiter für Metallgefäße›, ist ein Sammelbegriff, in dem leider die in diesem Gewerbe angewandten Arbeitstechniken nicht zum Ausdruck kommen. Jedenfalls betraf der Begriff im Gegensatz zum Schmied keine technologisch einheitliche Tätigkeit; sie setzte sich vielmehr aus mehreren Verrichtungen zusammen. Bestimmt gehörte zu diesen

Systematische Darstellung der Metallbearbeitungsverfahren

Verfahren:	Gießen	Spanlose Umformungen		Trennen	Spangebende Umformungen	Verbindungen	Oberflächenbehandlungen	Härten
Bearbeitungszustand	flüssig	warm (glühend)	kalt	kalt	kalt	warm und kalt	warm und kalt	warm und kalt
Altertum	Wachausschmelzung Sandformguß Kokillenguß Herstellung von Legierungen	Schmieden Gesenkschmieden	Treiben Pressen Prägen Ziselieren Ziehen Drücken	Meißeln Scheren	Meißeln Feilen Schaben Sägen Gravieren Schleifen Bohren Drehen	Nieten Feuerschweißen Weichlöten Hartlöten	Polieren Vergolden Versilbern Verzinnen Färben	Hämmern Warmhärten
Mittelalter	Schleuderguß							
Neuzeit	Druckguß Stranggießen	Walzen Warmpressen Strangpressen	Tiefziehen Fließpressen Schockwelle der Explosion und elektrische Entladung	Stanzen	Fräsen Hobeln Stoßen Räumen	Diverse Gas- und Elektro-Schweißverfahren	Diverse galvanische Verfahren Eloxieren	diverse moderne Härteverfahren: in Luft, Öl und Wasser. Vergüten und Oberflächenbehandlung
		Die Umformung erfolgt ohne Gewichts- und Volumenänderung					Verfahren zur Verschönerung und Verbesserung	

das Metalldrehen, denn ohne dieses konnten die wichtigsten Gefäßtypen gar nicht fabriziert werden. Blümner nennt auch einen *tornator*, was jedoch als ‹Drechsler› verstanden wird [14]. Es ist eine recht eigentümliche Erscheinung, daß sich über das Metalldrehen bis heute noch keine direkten Quellen finden ließen. Man kann dafür zwei Gründe anführen. Es waren möglicherweise nur wenige Produktionsstätten, die diese hochspezialisierten Produkte anzufertigen verstanden und deshalb in der großen Öffentlichkeit nicht in Erscheinung zu treten vermochten, oder, was ebenso verständlich ist, man hatte hinreichende Gründe, seine Produktionsmethoden und -mittel in ein großes Schweigen zu hüllen. Die Drehtechnik teilt ihr Schicksal mit vielen andern Zweigen der antiken Leistungsfähigkeit auf technisch-gewerblichem Gebiet, und es sei hinzugefügt, daß in der Forschung noch wenig versucht wurde, den einstigen Arbeitsmethoden und -verfahren auf die Spur zu kommen. Doch könnten zielstrebige Untersuchungen in dieser Richtung manches erhellen und damit die Höhe des einstigen technischen Standes in einem anderen, besseren Lichte erscheinen lassen.

Dies ist um so auffälliger, als andere Produktionszweige, beispielsweise die Textiltechniken und die Töpferei, weitgehend erforscht sind. Zur Erklärung dieses Rückstandes läßt sich anführen, daß die Drehtechnik mit ihren eigenständigen Leistungen nur selten für sich allein in Erscheinung treten kann. Sie erfüllte zwar immer eine durchaus wichtige Aufgabe, aber diese hat meist einen dienenden Charakter, eine Erscheinung, die ihr auch in der modernen technischen Produktion immer noch sehr stark anhaftet.

II Die Drehtechnik

A Einfache Drehbank mit Hilfseinrichtungen

Es ist unerläßlich, im Zusammenhang mit dem in diesem Buche dargestellten Stoff für den Nichtfachmann eine kurze Einführung in die Drehtechnik zu geben. Um möglichst verständlich zu sein, ist es notwendig, die nicht immer einfachen Vorgänge auf das Wesentliche zurückzuführen. Schon aus den Begriffen ‹Drehen› und ‹Drehbank› geht hervor, daß sich die Werkstücke während ihrer Bearbeitung in Drehung befinden. Für den Ablauf dieser Vorgänge sind zwei Hilfsmittel notwendig: eine entsprechende maschinelle Einrichtung und geeignete Werkzeuge. Um das zu bearbeitende Werkstück überhaupt in Drehung versetzen zu können, muß es mit der Drehachse so verbunden werden, daß es von dieser in Umlauf gebracht und doch jederzeit wieder von dieser getrennt werden kann. Die Verbindung oder Aufspannung ist für die Durchführung entscheidend, und die Aufspannmittel haben sich der Form des Werkstückes anzupassen. Sie sind grundsätzlich verschieden, wenn es sich entweder um ein langes stabförmiges oder aber ein scheibenförmiges Werkstück handelt. Zur Verdeutlichung diene eine Illustration einer sogenannten Handdrehbank, die nur die allernotwendigsten Hilfsmittel besitzt, wie sie in Bild 4 gezeigt ist. Die Werkzeuge werden ausschließlich von Hand geführt. Die Legende erleichtert das Verständnis.

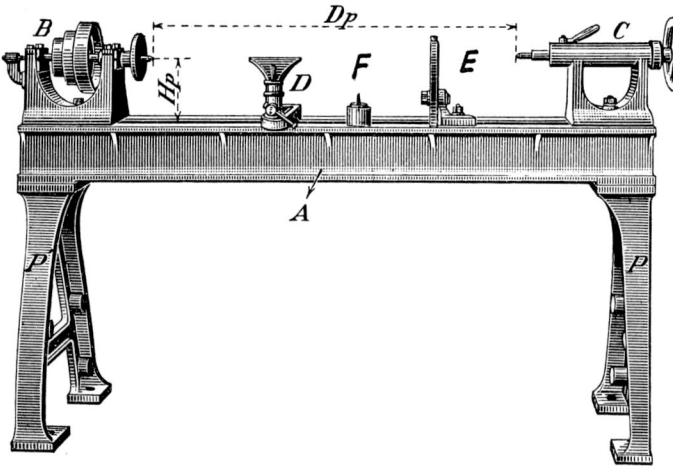

Bild 4
Handdrehbank älterer Bauart.

Die einzelnen Teile seien kurz benannt und deren Funktion erläutert:

A = Drehbankbett; auf ihm ruhen, wenn auch verschiebbar, sämtliche weiteren Teile der Drehbank.

B = Spindelstock; darin ist die Drehspindel zweimal gelagert und sie wird über die abgestufte Riemenscheibe angetrieben. Die Mitnehmerscheibe, rechts neben dem Spindelstock, kann abgeschraubt und gegen Teil F ersetzt werden.

C = Reitstock; dieser trägt die Gegenspitze zu jener im Spindelstock. Er kann in der Längsrichtung verschoben werden. Mit dem Handrad läßt sich die in ihm bewegliche Pinole, mit Spitze, vorwärts oder rückwärts schrauben.

D = Handauflage; auf ihr werden die Handdrehstähle aufgelegt und bewegt. Sie läßt sich leicht in jede erforderliche Position bringen und damit jeder Arbeit anpassen.

E = Diese Hilfseinrichtung wird als ‹Lünette› bezeichnet und dient zur Führung und Abstützung von Werkstücken, die von vorne, d.h. von der Stirnseite her, bearbeitet werden müssen.

F = Dieses Futter kann auf der Spindel aufgeschraubt werden und trägt vorne eine Holzschraube zur Aufnahme hölzerner Werkstücke.

Dp = Spitzenweite; sie gibt die größtmögliche Länge des Arbeitsstückes an.

Hp = Spitzenhöhe: größtmöglicher Radius des Arbeitsstückes.

P = Drehbankfüße.

Solche Drehbänke eignen sich besonders zum Drehen langer Werkstücke, da diese entweder zwischen den beiden Spitzen oder zwischen Spindelstock und Lünette eingespannt werden können. Umständlicher ist die Bearbeitung scheibenförmiger Körper. Dafür gibt es zwei Methoden. Entweder werden solche Arbeitsstücke aufgeklebt oder in ein entsprechend vorgedrehtes Holzfutter eingedrückt.

In den folgenden Skizzen sind die hauptsächlichsten Arbeitspositionen dargestellt. Nach Bild 5 wird angenommen, es müßte das eine Ende einer Welle reduziert, d.h. auf einen geringeren Durchmesser gebracht werden. Sie wird zwischen den Spitzen gehalten, über Mitnehmer und Drehherz, das an die Welle angeklemmt ist, in Umdrehung versetzt. Mit Handdrehstählen, die auf der Handauflage aufliegen, löst man nach und nach so viel Material ab, bis die verlangten Abmessungen erreicht sind. Dabei ist es Sache der Geschicklichkeit des Drehers, eine zylindrische und saubere Oberfläche zu erreichen. In Bild 6 wird ein zuerst konisch angedrehtes Wellenende in die Spindelnase gesteckt. Auf diese Weise ist es genügend fest mit der Spindel verbunden. Das andere Ende wird von der Lünette aufgenommen. Damit wird die Stirnseite zur Bearbeitung von vorn frei. In Bild 7 ist ersichtlich, wie durch Aufkleben der Werkstücke mit einem geeigneten Klebstoff diese mit der Mitnehmerscheibe verbunden werden. Eine bessere Methode zeigt Bild 8. Diese besteht in der Verwendung eines Hilfsfutters aus Holz. Nach der Skizze ist dieses auf die Spindelnase aufgeschraubt. In der Vorderseite ist mit einer genauen Passung eine Vertiefung eingedreht, in welche das Werkstück eingedrückt wird. So läßt sich sicher und sauber arbeiten. Nach Beendigung der Arbeit kann das Werkstück leicht dem Futter enthoben werden, und dieses steht für weitere Stücke zur Verfügung.

Die Skizzen zeigen nur das Grundsätzliche. Darüber hinaus sind manche praktische Dinge zu beachten, und erst mit einer reichen Erfahrung lassen sich brauchbare Resultate erzielen. Zur Verdeutlichung des Gesagten wäre ein persönlicher Augenschein in einer Dreherei angezeigt.

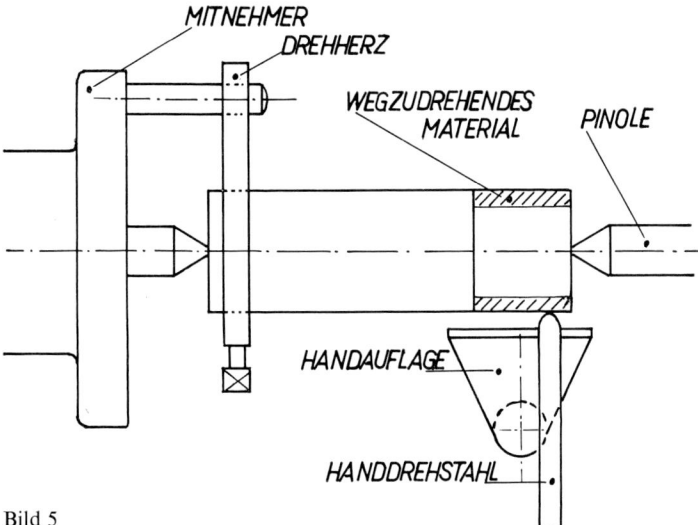

Bild 5
Aufspannen und Drehen eines langen Werkstückes.

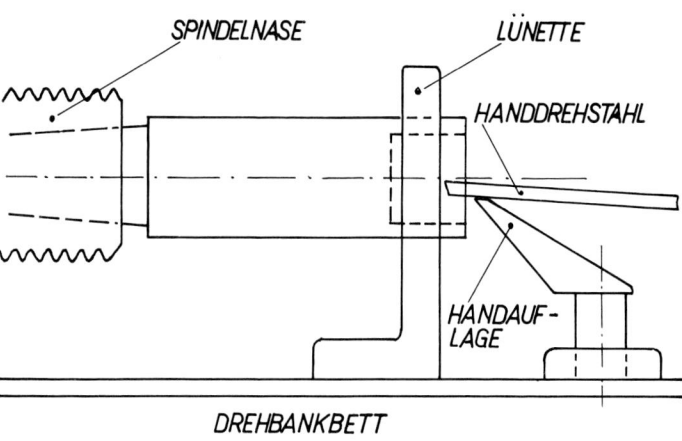

Bild 6
Drehen eines Werkstückes von der Stirnseite her.

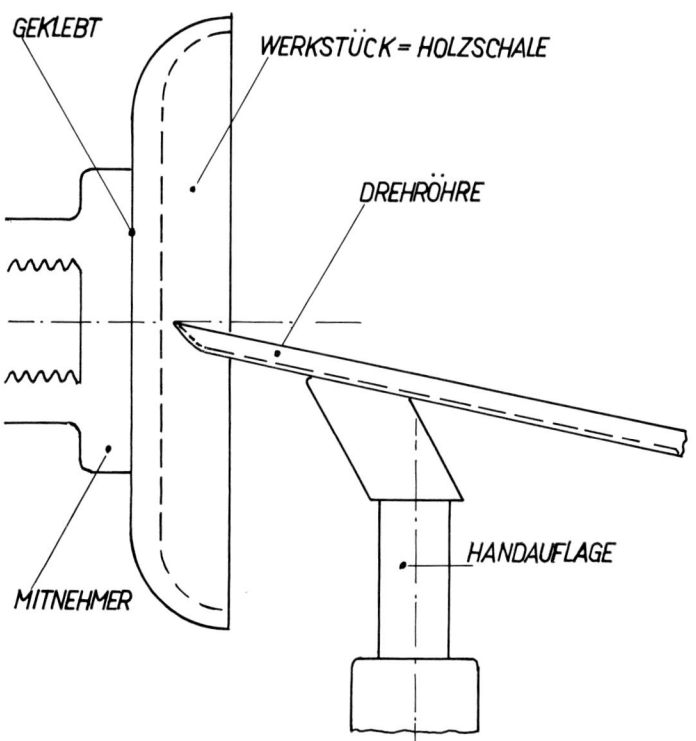

Bild 7
Aufgeklebte Scheibe und Drehen von vorn.

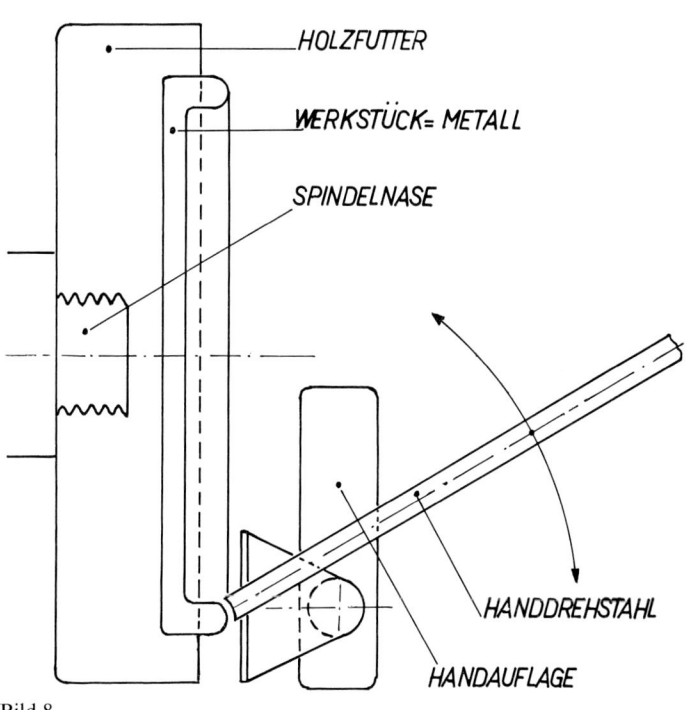

Bild 8
Drehen mittels eines Holzfutters.

B Allgemeine Charakteristik gedrehter Objekte

Beim Drehen werden hauptsächlich zwei Grundarten unterschieden. Sie sind aus den obigen Skizzen und Darlegungen leicht verständlich. Wird das Werkzeug parallel zur Drehachse geführt, so wird dies als Längsdrehen bezeichnet. Bewegt es sich jedoch im rechten Winkel oder in einer diesem angenäherten Neigung gegen die Drehachse, so spricht man von Plandrehen. Im ersten Falle entsteht ein langer und dünner Zylinder und im anderen ein kurzer und dicker. Doch bedingen die geforderten Formen der Werkstücke sehr oft eine einfachere oder kompliziertere Kombination der beiden grundlegenden Drehvorgänge. Die Variationen zur Gewinnung einer Form sind sowohl auf der äußeren als auch der inneren Oberfläche unbeschränkt, wobei sich die Gestalten der Innen- und Außenseiten nicht entsprechen müssen.

Da jede Form auf der Drehbank durch Rotation erzeugt wird, und zwar dadurch, daß während der Drehungen am Umfange des Körpers durch das Werkzeug Späne abgetrennt werden, entsteht zwangsläufig an jeder Stelle des Längsprofils im Querschnitt ein Kreis. Das läßt sich am besten an einfachen Körpern, z. B. Zylindern oder Kegeln, vergegenwärtigen. Ist der fragliche Körper hohl, so ist im Querschnitt eben ein Kreisring sichtbar. Dies ist ein eindeutiges Charakteristikum gedrehter Objekte. Auch die Art der Aufspannung kann ihre typischen Spuren hinterlassen. In erster Linie seien hier die stets im Mittelpunkt befindlichen kegelförmigen Vertiefungen genannt, die in der Fachsprache als ‹Zentrum› bezeichnet werden. In diesen Zentren stecken die Drehbankspitzen, und sie sind gewissermaßen die Enden der unsichtbaren Drehachsen.

Wird ein fertig gedrehtes Arbeitsstück nicht allzusehr auf der Oberfläche geschliffen und poliert, so sind auf dieser die Spuren der Drehwerkzeuge zu erkennen, die sich als feine Rillen oder grobe Vertiefungen zu erkennen geben.

Endlich ist noch anzuführen, daß es Formen gibt, die ausschließlich durch Drehen entstanden sein können. Es wird sich noch oft Gelegenheit bieten, durch Photos und Zeichnungen gerade auf dieses Charakteristikum hinzuweisen, denn nur solche Belege können das Gesagte verdeutlichen.

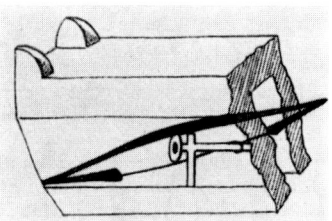

Bild 9
‹Drehstuhl› auf einem römischen Sarkophag.

Als Drehstuhl wird die in Bild 9 wiedergegebene einfache Maschine angesehen. Sie stammt vom Sarkophag eines Steinschneiders und wird von Nedoluha [15] dem 1. Jahrhundert n. Chr. zugeordnet. Feldhaus [16] rekonstruiert diesen Drehstuhl etwas anders, datiert ihn aber um 900 v. Chr. Seiner Primitivität wegen könnte man dieses Gerät eher für einen Fiedelbohrer eines Steinschleifers als für einen Drehstuhl halten. Was als ‹Schwungscheibe› angesehen wird, dürfte vielmehr die Anlagefläche des Instrumentes gegen die Brust sein. Bestimmt existierten schon sehr früh Hilfsmittel, mit denen runde Körper hergestellt werden konnten. Doch ließen sich auf so einfachen Drehstühlen nur weiche Materialien wie Holz und Knochen drechseln. Sie dürften sich in ihrem Bau nicht wesentlich von jenen unterschieden haben, die heute noch im Vorderen Orient anzutreffen sind. Bild 10 vermittelt auch einen Eindruck davon, wie mühsam das Arbeiten in kauernder Stellung an einer solchen Maschine war und ist.

Bild 10
Orientalischer Drechsler an seinem Drehstuhl.

Wie noch später ausgeführt wird, ist es unmöglich, mit Hilfe derart primitiver Geräte so perfekte Leistungen der Metalldrehtechnik zu vollbringen, wie sie sich an den Fundstücken nachweisen lassen.

C Werkzeuge

Das beim Drehen gebrauchte Werkzeug, das die Aufgabe hat, am Werkstück Späne loszutrennen, wird als Drehstahl oder, mit einer moderneren Bezeichnung, Drehmeißel benannt. Diese letzte Bezeichnung kommt daher, daß jede mechanische Bearbeitung, bei welcher Teile vom Ganzen abgetrennt werden, nur durch das Eindringen eines Werkzeugkeiles möglich ist. Bei modernen Drehbänken sind die Werkzeuge starr mit der Maschine verbunden. Handdrehstähle müssen jedoch von Hand gegen das rotierende Werkstück geführt werden. Die Form der Werkzeugschneiden richtet sich weitgehend nach der auszuführenden Arbeit und dem zu bearbeitenden Material. Nicht alle Metalle lassen sich gleich gut zerspanen.

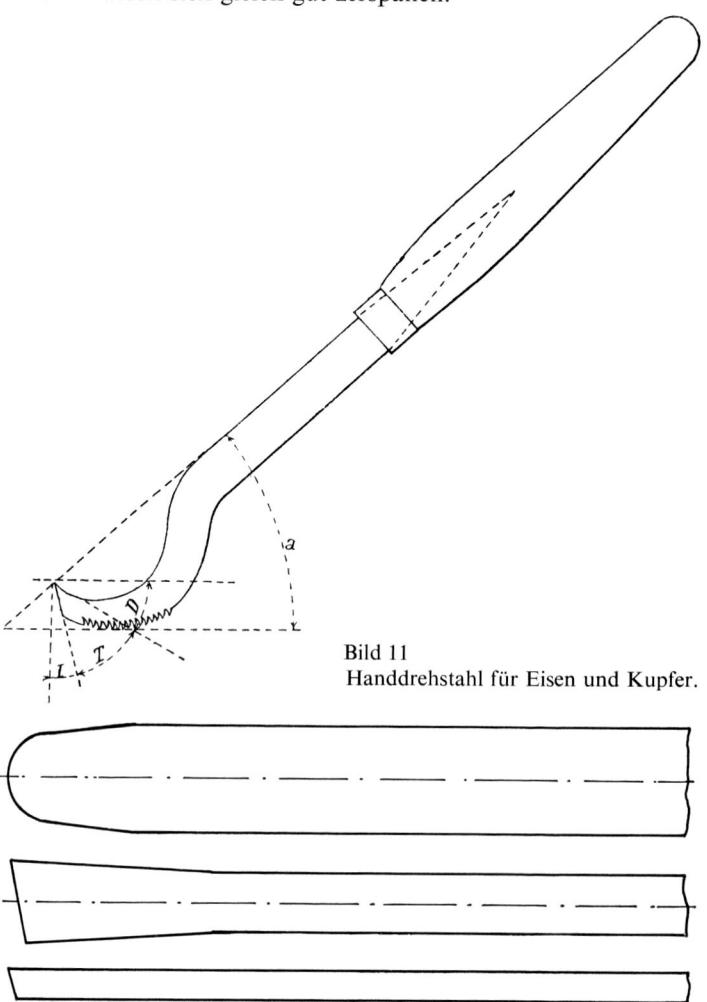

Bild 11
Handdrehstahl für Eisen und Kupfer.

Bild 12
Handdrehstahl für Bronze und Messing.

Die zähharten Metalle Eisen und Kupfer müssen mit spitzeren Schneiden angegangen werden, und die abgetrennten Späne bilden lange, zusammenhängende Fäden oder Locken. Anders bei dem spröden Messing oder der Bronze. Bei diesen fallen die Späne meist als Krumen an. Wie aus den Bildern 11 und 12 ersichtlich ist, sind die Formen der Handstähle für diese Metalle wesentlich anders als jene für Eisen und Kupfer. Die eigentliche Schneide besteht aus zwei fast rechtwinklig zusammenstoßenden Flächen. Als Material für die Handdrehstähle kommt nur ein guter Werkzeugstahl in Frage, der sorgfältig gehärtet sein muß. Sie müssen auch immer gut geschliffen sein. Das Arbeiten mit Handdrehstählen erfordert eine nicht geringe Konzentration und Geschicklichkeit.

D Unterscheidung zwischen Drehen und Drechseln

Es scheint angebracht, darzulegen, wodurch die beiden Arbeitsverfahren Drehen und Drechseln, obwohl sie sehr ähnlich sind, sich voneinander unterscheiden. Die Bezeichnung ‹Drehen› wird dort angewandt, wo es sich um die Bearbeitung von Metallen auf der Drehbank handelt. Beim ‹Drechseln› dagegen wird, ebenfalls auf einer Drehbank, Holz bearbeitet. Der große Unterschied in der Härte dieser beiden Materialien bedingt ganz andere Maschinen und Arbeitsmethoden. Holz erlaubt viel höhere Bearbeitungsgeschwindigkeiten und eine freiere Führung der Werkzeuge. Holzdrehbänke sind leichter und einfacher gebaut als ihre Pendants für die Metallbearbeitung. Die härteren Metallteile erheischen eine viel solidere Befestigung und Verbindung mit der Maschine, weil bei der Spanabnahme auch entsprechend höhere Widerstände überwunden werden müssen. Das gleiche gilt auch sinngemäß von der Werkzeugführung.

E Töpferscheibe – Drehbank

In der Literatur wird oft eine direkte Entwicklung der Drehbank aus der Töpferscheibe angenommen. Wenn es auch beiden eigen ist, daß sie um Achsen rotieren und ihre Erzeugnisse als Rotationskörper anzusprechen sind, so kann aus technologischen Gründen diese Entwicklungstheorie nicht geteilt werden. Die Tatsache der Drehung allein kann für eine derartige Betrachtungsweise nicht ausschlaggebend sein. Der Hauptunterschied besteht in den ganz anderen Materialeigenschaften von Ton einerseits und Holz oder Metall andrerseits. Ton ist sehr bildsam, und die Haupttechnik des Töpfers besteht darin, daß er aus einem Tonklumpen die Wandungen des Gefäßes ‹hochzieht›. Ein derartiger Prozeß kann gar nicht anders als um eine vertikale Arbeitsachse vollzogen werden. Schon durch Stellungsveränderungen der Finger kann, ohne Druckanwendung, eine andere Form entstehen.

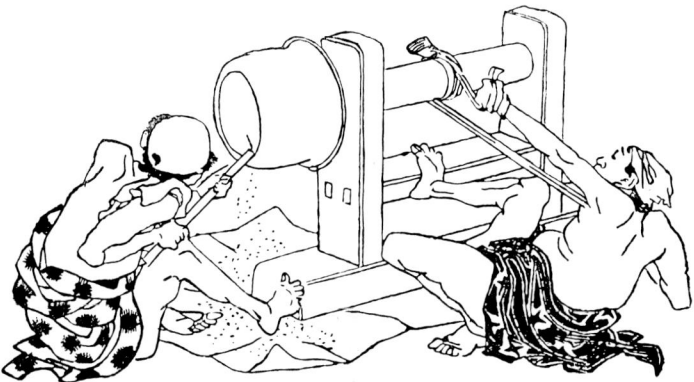

Bild 13
Japanischer Drechsler, ohne Werkzeugauflage gezeichnet, Holzschnitt von Hokusai (1760–1849).

Anders beim Drechseln und Drehen. Der Widerstand des Materials bei der Spanabnahme zwingt zu einer verläßlichen Abstützung des formenden Werkzeuges nach unten, d.h. entgegen der Drehrichtung. Die Unterlage muß den am Werkzeug entstehenden Druck auffangen. Zwar gibt es alte Darstellungen von Drechslern [17], bei denen eine Handauflage für die Werkzeuge nicht vorhanden ist. Das gleiche ist auch in Bild 13 ersichtlich. Daraus dürfen keine falschen Schlüsse gezogen werden. Es sind dies lediglich Unterlassungen der Zeichner. Die Drehbank mit horizontaler Achse hat sich aus einem ganz anderen Bedürfnis, der Bearbeitung harter Werkstoffe, entwickelt und muß als eine weitgehend selbständige Erfindung gewertet werden. Zwar gibt es moderne Drehbänke (Karusselldrehbänke) mit vertikaler Achse, doch sind solche in ihrem Bau viel aufwendiger. Dieser ist durch umständliche Anordnung und Abstützung der Werkzeuge bedingt. Projiziert man diesen Konstruktionsgedanken in die Entstehungszeit der Drehbänke zurück, so wird klar, daß es beim Bau der ersten Drehstühle unmöglich gewesen wäre, eine derart funktionierende Maschine zu bauen und zu betreiben. Drehbänke mit vertikaler Achse sind erst aus dem Bedürfnis, ganz schwere Werkstücke bearbeiten zu können, entstanden. Der Drehstuhl mit horizontaler Achse ist die Grundform der Drehmaschine und hat konstruktiv mit der Töpferscheibe nichts zu tun.

F Kurze Geschichte der Drehtechnik

An zahlreichen prähistorischen Funden lassen sich Durchbohrungen eindeutig nachweisen. Solche Durchbohrungen finden sich sowohl an Stein- wie auch an Bronzewerkzeugen und Waffen. Darunter sind viele Exemplare von hervorragender Güte. Zweifellos muß zur Herstellung solcher Bohrungen ein geeignetes Hilfswerkzeug zur Verfügung gestanden haben. Es ist der mit einer Schnur oder Darmsaite betriebene Fiedelbohrer. Für dieses Gerät sind verschiedene bauliche Variationen denkbar, doch bleibt sich der Antrieb immer gleich. Die Schnur wird um den runden, das eigentliche Werkzeug tragenden Stab gewickelt, und ihre beiden Enden werden an den Bogenenden befestigt. Wird nun der Bogen bewegt, so läßt die Schnur den Bohrer rotieren. Beim Gegenzug ändert sich die Drehrichtung. Da nun sowohl in der Bau- als auch in der Betriebsart eine direkte Verwandtschaft zwischen Fiedelbohrer und einfachstem Drehstuhl besteht, kann der Fiedelbohrer als Vorläufer des Drehstuhles angesprochen werden. Neu ist bei diesem, daß das Werkzeug nicht mehr in der Drehachse liegt, sondern frei von außen gegen das Werkstück geführt werden muß. Diese einmal gefundene Konzeption hat sich jahrtausendelang gehalten. Das Werkstück wird zwischen zwei auf einer Achse liegenden Spitzen eingespannt und mit dem Bogen in Drehung versetzt. Bei dieser Arbeitsweise entsteht der große wirtschaftliche Nachteil, daß bei einer vor- und rückwärts laufenden Bewegung immer nur die Hälfte der Zeit produktiv ausgenutzt werden kann, weil beim Rücklauf keine Späne abgetrennt werden können. Auch lassen sich auf derartigen Einrichtungen stets nur stabförmige Objekte bearbeiten. In abgelegenen Gegenden wurden solche Drehstühle bis ins letzte Jahrhundert benützt. Trotz ihrer geringen Leistungsfähigkeit sind auf ihnen ganz erstaunliche Leistungen vollbracht worden, und sie waren die allgemein bekannten und benützten Dreheinrichtungen. Wenn sie sich auch für Holz- und Beinarbeiten innerhalb gewisser Grenzen eignen mochten, so ermöglichten sie keinesfalls, wegen ihrer Bauart und der dadurch bedingten Kauerstellung des Drehers, die Bearbeitung größerer metallischer Werkstücke. Erst im Mittelalter, so wird angenommen, ist im Bau von Drehbänken ein Fortschritt erzielt worden. Wie Spannagel [18] zeigt, kann der Drechsler stehend und mit beiden Händen arbeiten, denn bei der Wippendrehbank, wie sie heißt, ist an der Decke eine elastische Leiste angebracht, von welcher die Antriebsschnur über das Werkstück zu einem Pedal führt. Der Antrieb erfolgt nun mit dem Fuße. Aus später folgenden Abschnitten geht hervor, daß die Entwicklung der Drehtechnik nicht vom Drehstuhl über die Wippendrehbank zu den modernen Drehmaschinen verlief.

Die Antriebs- und Betriebsart änderte nicht mehr, bis sich im 16. Jahrhundert an verschiedenen Stellen in Europa eine neue und eigenartige Blüte der Drechselkunst abzuzeichnen begann. Es entstand die zu großartigen Leistungen führende Elfenbeindrechslerei [19]. Bis dahin genügte für die einfachen Formen der meist stabförmigen Gebilde die alternierend arbeitende Drehbank. Mit höhergestellten Anforderungen an die formale Gestaltung gedrehter Objekte, wie sie sich in der Elfenbeindrechslerei manifestieren, stiegen naturgemäß auch die technischen Ansprüche an die Drehbänke. Vor allem wurde die kontinuierlich laufende Drehbank zur Notwendigkeit. Daneben entwickelten sich manche Spezialverfahren, auf die hier nicht eingegangen werden kann. Jedenfalls brachte die barocke Kunst der Elfenbeindrechsler einen Stand der Drehtechnik hervor, der die an das Unglaubhafte grenzenden Leistungen ermöglichte. P. Ch. Plumier [20], der Klassiker dieser Fachliteratur, wie auch viele seiner Nachfolger, geben Einblicke in die große Fülle der einstigen Bestrebungen.

Am Ende des 18. Jahrhunderts war der Höhepunkt dieser Drehkunst längst überschritten, und in diesen Zeitabschnitt fällt im Zusammenhang mit dem Bau der Dampfmaschinen die Geburt der modernen Metalldrehbank, als deren Schöpfer der Engländer Henry Maudslay (1771–1831) gilt. Wenn auch das Prinzip gleichgeblieben ist, so muß doch festgehalten werden, daß sowohl die antike als auch die mittelalterliche Drehtechnik stets im Dienste einer ästhetischen Form stand. Die technische Bewältigung der Aufgabe hatte sich dem Primat der Form unterzuordnen. Langsam verflachte sich dieses Prinzip zur heute erreichten Sachlichkeit der rationalen Konstruktionsformen. Dieser großen Verschiebung von der freien zur zweckbedingten Form mußten sich notwendigerweise auch die Aufspannmittel unterordnen. In der Tat verlangte in der antiken und mittelalterlichen Drehtechnik die Bewältigung einer schwierigen Aufgabe zuerst das Erdenken und die Herstellung geeigneter Aufspannmittel. Erst deren Existenz ermöglichte die praktische Ausführung. Heute stehen eine Anzahl mechanischer und anpassungsfähiger Aufspannmittel zur Verfügung, die in fast allen vorkommenden Fällen zu genügen vermögen. Die gewaltige Entwicklung moderner Fabrikationsverfahren hat es mit sich gebracht, daß nicht nur unterschiedlichste Typen von Drehbänken in verschiedenen Größen angeboten werden, sondern daß darüber hinaus vollständig automatisch arbeitende Drehmaschinen in der Produktion stehen.

III Antike Literaturhinweise zur Drehtechnik

A Vitruv

Etwas ergiebiger, wenn auch nicht in gewünschter Weise und Häufigkeit, fließen die Nachrichten aus dem antiken Schrifttum. Da ist an erster Stelle Vitruv mit seinen ‹Zehn Büchern über Architektur› zu nennen. Die folgenden, wörtlich zitierten Stellen sind der Übersetzung von Fensterbusch [21] entnommen. Es sind alle jene angeführt, die sich direkt oder indirekt auf das Drehen beziehen. (Runde Klammern vom Übersetzer, eckige vom Verfasser.)

9.1.2. (S. 415): ‹Das Weltall aber ist der Inbegriff aller natürlichen Dinge und der Himmel, der für die Gestirne und die Bahnen der Sterne gebildet ist. Dieser dreht sich unaufhörlich rund um die Erde und das Meer mittels der äußeren Zapfen der Weltachsen. Denn an diesen Stellen hat die schöpferische Natur so nach den Regeln der Baukunst die Achsenenden gleichsam als Drehpunkte angeordnet und angelegt, das eine unendlich weit von der Erde entfernt an der obersten Stelle des Weltraums und sogar hinter dem Siebengestirn, das andere ganz entgegengesetzt, unterhalb der Erde im Süden. Und um diese Zapfen (Achsenende) herum hat sie, wie beim Drechseleisen *(uti in torno)* [besser und verständlicher wäre: wie sie auf der Drehbank entstehen], um die Drehpunkte kleine Reifen gebildet, die die Griechen «Pole» nennen, in denen sich der Himmel dreht.›

Aus diesem Text ist zu schließen, daß Vitruv eine rein mechanische Vorstellung über die Erdachse und deren Drehpunkte hatte, die er sich von der Anschauung gedrechselter Gegenstände abgeleitet haben dürfte. Diese haben in der Mitte stets eine kleine Vertiefung, in der eine Spitze stak, und um diese herum, soweit die Fläche frei war, eingedrehte Rillen. Das Bild des kleinen gedrechselten oder gedrehten Objektes, das uns noch oft begegnen wird, übertrug er ins große auf den Globus.

9.8.6. (S. 449): ‹Die Absperrvorrichtungen des Wassers zur Regulierung des Zuflusses sind so eingerichtet: Es werden 2 Kegel gemacht, der eine voll, der andere ausgehölt, so gedrechselt, daß der eine in den anderen hineingeht und hineinpaßt und daß nach demselben Prinzip das verminderte oder verstärkte Eingreifen des Vollkegels in den ausgehölten Kegel entweder einen starken oder schwachen Zustrom von Wasser in das Gefäß hervorruft.› Die Erzielung einer gleichen Konizität, die das wasserdichte Zusammenpassen eines Voll- und eines Hohlkegels ermöglicht, kann nur durch Drehen, also auf einer Drehbank erreicht werden.

10.1.1. (S. 459. Über Maschinen und ihren Unterschied zu Werkzeugen): ‹Eine Maschine ist ein beständiges (in sich geschlossenes), aus Holz zusammengesetztes Gebilde, das besonders befähigt ist, Lasten zu bewegen. Sie wird durch kreisförmige Bewegungen [*circulorum rotundationibus*], die die Griechen *kyklike kinesis* nennen, künstlich in Bewegung gesetzt.›

Wenn Vitruv als Architekt unter Maschinen zunächst Hebeeinrichtungen versteht, so soll ihm dies nicht verübelt sein. Doch können daraus im Hinblick auf die Drehbank gleichwohl drei Tatsachen abgeleitet werden. Die Drehbank war, wie alle damaligen Maschinen, aus Holz gebaut; sie wurde durch eine kreisförmige, kontinuierliche Bewegung in Gang gesetzt und endlich künstlich betrieben. Nach der Meinung des Verfassers: durch Wasserräder, Zahnradübersetzungen an einem Göpel oder mittels Kurbeln von Menschen bewegt.

10.1.6. (S. 463): ‹Außerdem gibt es noch unzählige Arten von mechanischen Einrichtungen, über die man wohl nicht zu sprechen braucht, da sie täglich zur Hand sind, z. B. Mühlen, die

Blasebälge der Schmiede, vier- und zweirädrige Reisewagen, Drehbänke und die übrigen Dinge, die allgemeine Vorteile für den gewöhnlichen täglichen Gebrauch bieten.›

Danach gehören also die Drehbänke zu den täglichen und allgemein bekannten Einrichtungen, daß er es nicht für nötig hielt, sie näher zu beschreiben. Hätte er diesen nur halb so viel Aufmerksamkeit geschenkt wie den Kriegsmaschinen, wir steckten nicht in so vielen Fragen und Rätseln in bezug auf die antike Drehtechnik.

10.3.2. (S. 475. Über das Gradlinige und den Kreis als Grundfaktor der Mechanik): ‹Die Zapfen dieses Haspels, die als Drehpunkte geradlinig in den Zapflagern liegen, und die Hebel, die in den Durchbohrungen des Haspels eingesetzt sind, rufen, wenn die Enden wie bei einer Drehbank im Kreise herumgedreht werden, durch ihre Drehung im Kreise die Aufwärtsbewegung der Last hervor.›

Hier nimmt Vitruv die Drehbank als einen bekannten und gültigen Vergleich für den Haspel, der im Kreise herumgedreht wird. Ein solcher Vergleich kann sinngemäß nur von einer kontinuierlich laufenden Drehbank aus gemacht werden.

10.4.1. (S. 481. Die verschiedenen Arten der Wasserschöpfmaschinen): ‹Eine Welle wird auf der Drehbank hergestellt oder nach dem Zirkel kreisrund behauen.›

Bei diesen Methoden zur Erzeugung einer Welle nennt Vitruv das Drehen an erster Stelle, wohl wissend, daß auf diesem Wege ein besseres Resultat erzielt werden kann als durch rohes Behauen mit der Axt.

Wenn die Zeugnisse Vitruvs über die Drehbank wenig ergiebig sind, so können sachliche Interpretationen zu klareren Vorstellungen helfen.

B **Plinius**

Auch der Verfasser der großen ‹Naturalis historia› erwähnt an einigen Stellen das Drehen, deren Aussagen vom technischen Standpunkt aus noch vager sind als diejenigen Vitruvs. Doch sollen sie als Zeugnisse der antiken Drehtechnik nicht unerwähnt bleiben [22].

7.198 (S. 56. Plinius zählt auf, wer was erfunden hat): ‹Das Winkelmaß aber, die Wasserwaage, den Drehstahl (Grabstichel [Meißel], das Drechseleisen oder gar auch die Drehbank: *tornum*, griechisch *tornos* = Zirkel) und den Schlüssel (oder Riegel) hat Theodorus von Samos (erfunden).›

Plinius schreibt demnach die Erfindung von Drechseleisen und Drehbank, die ja in einem direkten und zwingenden Zusammenhang stehen, weil eines das andere bedingt, einer einzelnen Person zu. Auch das Drehen dürfte, wie andere Techniken, an mehreren Orten entstanden sein.

16.188 (S. 74. Über die günstigste Zeit und das richtige Verhalten für das Fällen bzw. beim Fällen von Bäumen): ‹Die günstigste Zeit, Bäume zu fällen, die entrindet werden sollen, wie z. B. schön runde (rundgedrehte, glattrunde, wie gedrechselte), die für Tempel oder anderen, runde Hölzer erfordernden Gebrauch (eigentlich: für andern runden Gebrauch) vorgesehen sind, ist, wenn sie ausschlagen.›

Hier stellt Plinius gleichsam durch den Vergleich – rundgedrehte, wie gedrechselte – der Natur ein technisches Produkt als ein beispielhaftes Muster vor.

16.205 (S. 76): ‹Man rühmt auch einen gewissen Thericles, der Becher aus Terebinth (= Terebinthe) auf der Drehbank (*torno* kann auch heißen: mit dem Drechseleisen) herzustellen pflegte. Daraus geht schon die Qualität dieses Materials hervor. Von allen Hölzern muß man allein dieses einsalben, und es gewinnt durch das Öl.› Eindeutig bezieht sich diese Stelle auf das Drechseln von Holzbechern.

36.90 (S. 19): ‹Nun genug vom Labyrinth von Kreta. Dasjenige von Lemnos war diesem ähnlich, bestach aber vor allem durch seine 150 Säulen, deren Trommeln in der Werkstatt so ausgewogen aufgehängt (besser wohl ein- oder aufgespannt) worden sind, daß sie ein Jüngling (allein) drehen konnte (in Bewegung setzen oder halten konnte), als sie gedrechselt/gedreht wurden.›

Gerade an dieser Stelle wäre eine genauere Beschreibung des Drehvorganges von großer Wichtigkeit. Wenn ein Jüngling die Drehbank während des Betriebes in Bewegung halten konnte, so muß zur Überwindung der Reibung, des Widerstandes bei der Spanabnahme und zum Ingangshalten der schweren Steintrommel eine geeignete Maschinerie (Übersetzung) vorhanden gewesen sein. Daß Steine gedreht wurden, belegen die Bilder 504 und 505 und 520–524 im Katalog.

36.159 (S. 44): ‹Auf Siphnus gibt es einen Stein, der gebrochen wird und dann zu Gefäßen für Koch- und Eßgeschirr gedrechselt wird, was, wie wir wissen, auch in Italien mit einem grünen Stein aus der Comer Gegend geschieht.›

Die Produkte der Steindreherei sind als Lavezgefäße vielfach bekannt. Sie war in den Veltliner und Schweizer Alpen verbreitet [23].

36.193 (S. 66. Vom Glas): ‹Aus den Klumpen wird es in den Werkstätten von neuem geschmolzen und gefärbt; teils wird es dann geblasen, teils auf der Drehbank (mit dem Drehstahl) gedrechselt oder wie Silber graviert.›

Auch Beispiele von gedrehtem Glas finden sich in den Museen, wie die Bilder 506–519 im Katalog aussagen. Auch Berger [24] vermutet ähnliches an Glasgefäßen. Wegen dessen Zerbrechlichkeit, Härte und Sprödigkeit ist dieser Werkstoff noch schwieriger als Metall spangebend zu bearbeiten. Im besonderen erhebt sich dazu die Frage nach den verwendeten Werkzeugen.

C **Oreibasios**

Aus einer spätantiken Quelle [25] erfahren wir höchst bemerkenswerte Einzelheiten über Spitzenleistungen der damaligen Metalldreherei. Oreibasios, von 355–363 Leibarzt des Kaisers Julianus, hat uns in seiner fragmentarisch erhaltenen Schrift ‹Iatrikai Synagogai› Angaben über verschiedene Schraubenarten hinterlassen. Er spricht von vierkantigen und linsenförmigen Gewindeprofilen, links- und rechtsgängigen Zugschrauben, selbst von solchen, deren links- und rechtslaufende Windungen auf der gleichen Partie der Spindel sich überschneiden. Er sagt auch, daß man die Schrauben auf der Drehbank schnitt.

Über die technische Qualität von antiken Schrauben an pompejanischen Spekula hat sich der Verfasser in seinem Aufsatz ‹Römische Bronzegewinde› [26] eingehend geäußert. Sie finden auch im Katalog eine kurze Darstellung. Er stellte darin die Frage zur Diskussion, wie die große Zeitspanne zwischen der Entstehung der untersuchten Schrauben und dem Erscheinen der Schrift von Oreibasios mit den darin beschriebenen Methoden überbrückt werden könne. In der genannten Zeitschrift [27] äußerten sich Benedum und Mischler in einem eingehenden Diskussionsbeitrag wie folgt zu dieser Frage: ‹... daß die betreffende Stelle bei Oreibasios aus dem Werk des Heliodor stammt – eines Chirurgen, der sich zur Zeit des Dichters Juvenal in Rom einen Namen gemacht hat –, dann gelangt man etwa in die Zeit um 150 n. Chr. Heliodor aber war in seinen Schriften weitgehend von Leonidas, einem Chirurgen der eklektisch-pneumatischen

Schule, abhängig. Dieser lebte gegen Ende des ersten nachchristlichen Jahrhunderts und knüpfte seinerseits wiederum an die großen alexandrinischen Chirurgen des ersten vorchristlichen Jahrhunderts an. Wenn sich auch nicht mit Sicherheit behaupten läßt, daß die Beschreibung der Extensionsmaschinen bei Heliodor-Oreibasios unmittelbar auf die mechanische Chirurgie der Alexandriner zurückgeführt werden kann, so deuten doch die detaillierten technischen Angaben darauf hin, daß sie kaum von Heliodor selbst stammen können. Wie Heliodor und Leonidas in der operativen Chirurgie auf Philoxenos (um 150 bis 100 v. Chr.) zurückgegriffen haben, so dürften sie in diesem speziellen Bereich auf den Schriften der Organikoi fußen, zumal deren Namen immer wieder zitiert werden.› ... ‹Die Drehbank, die bei Oreibasios erwähnt wird, darf also sicher für die Zeit um 79 n. Chr. vorausgesetzt werden.›

D Erwähnungen des antiken Drehens in der neuzeitlichen Literatur

Bei der Betrachtung der vielen ineinander verzahnten Teilgebiete der Technik fällt immer eine Besonderheit auf. Gleichgültig, um welche Ziele und Aufgaben es sich im einzelnen handelt, immer müssen die Hilfsmittel eine vielfältige Entwicklung der jeweiligen Technik ermöglichen. Stets fällt dabei auf, daß in der Verfolgung des Zieles das enge Zusammenwirken der verschiedensten Herstellungstechniken und Arbeitsmethoden primär ist. Sobald aber das Ziel erreicht ist und das Produkt seine Funktion übernommen hat, treten Produktionsverfahren und -mittel, die vorher eine so entscheidende Rolle spielten, in den Hintergrund, bald sogar in Vergessenheit.

Diese Tatsache muß bei der Verfolgung des Buchthemas unbedingt berücksichtigt werden. Das bisherige Fehlen eines präzisen Erkennens und der entsprechenden Würdigung der antiken mechanischen Arbeitsmethoden hängt außerdem noch weitgehend damit zusammen, daß es zu deren Feststellung des Auges und der praktischen Erfahrung des Fachmannes bedarf, eine Voraussetzung, die vernünftigerweise bei Archäologen und weiteren Kreisen nicht angenommen werden darf.

So kann es nicht wundern, wenn in der neuzeitlichen archäologischen Literatur oder auch solcher technikgeschichtlichen Inhaltes das Metalldrehen in der Antike nur andeutungsweise Erwähnung findet. Geschieht es doch, dann oft aus einem verzerrten Blickwinkel, weil gerade diesem Gebiet noch keine eingehende Untersuchung gewidmet wurde. In diesem Zusammenhang ist es daher von nicht geringem Interesse, die diesbezüglichen Texte aus Archäologie und Technikgeschichte, soweit sie dem Verfasser bekannt sind, angeführt zu finden.

Als kleines Präludium sei ein Faksimile, Bild 14, aus einem Fachbuche vom Anfang des 19. Jahrhunderts vorausgeschickt, welches bereits für damals ein Interesse für die Geschichte der Drehbank bekundet.

Als frühes Beispiel dafür, daß aus der Gestalt eines Objektes auf seine Herstellungsart geschlossen werden kann, gelte: ‹... daß eine im Jahre 1847 in Tirol aufgefundene halbdurchsichtige Schale, die der ungemeinen Dünnheit ihrer Wände nach auf der Drehbank gearbeitet sein muß...› [28]. Dabei besteht diese Schale nicht aus Metall, sondern aus einer weichen Gesteinsart (Alabaster? Der Vf.).

Schon sehr viel bestimmter erklärt sich Morel-Macler [29] über eine in Mandeure (südlich von Belfort) gefundene Kasserolle, wenn er zur Zeichnung derselben festhält: ‹Casserolle, Bronze coulé et tourné, étamé intérieurement›. Seine lapidaren, aber

> Drechselbank, eine sehr nützliche Maschine, zum Drechseln von Holz, Elfenbein, Metallen und andern Stoffen. Die Erfindung der Drechselbank ist sehr alt. Diodorus Siculus sagt, daß der erste, der sich ihrer bedient habe, ein Enkel des Dädalus, Namens Talus, gewesen sei. Plinius schreibt sie dem Theodorus von Samos zu, und erwähnt einen gewissen Therikles, der sich durch seine Geschicklichkeit im Gebrauche der Drechselbank sehr berühmt gemacht hatte. Vermittelst dieses Instruments dreheten die Alten alle Arten von Gefäßen, von denen viele mit Figuren und Verzierungen in halb erhabener Arbeit geschmückt waren. So sagt Virgil: „Lenta quibus torno facili superaddita vitis."
>
> Die griechischen und lateinischen Schriftsteller erwähnen häufig die Drechselbank; und Cicero nennt die Arbeiter, die sich derselben bedienten, vascularii. Es war ein Sprichwort bei den Alten, zu sagen, daß etwas auf der Drechselbank gemacht worden, wenn man ausdrücken wollte, daß es zierlich und richtig gearbeitet sei.

Bild 14
Faksimile aus: J. F. W. Dietlein, *Theoretische, praktische und beschreibende Darstellung der mechanischen Wissenschaft*, Halle 1828, Bd. 2, S. 174.
Übersetzung aus der englischen Originalausgabe: LL.D. Olinthus Gregory, *A Treatise on Mechanics*, Vol. II, London 1815, 3rd Edition.

exakten Feststellungen fanden durch viele Beispiele, von denen eine Reihe in diesem Buche gezeigt werden, ihre volle Bestätigung. Offenbar war diese klare und zutreffende Feststellung für die damalige und folgende Fachwelt zu nebensächlich, um beachtet zu werden. Sie wurde zu sehr von der Flut der Untersuchungen und Studien über Form und Stil antiker Funde überschwemmt, als daß sie hätte entsprechende Früchte bringen können. Eine sehr interessante Stelle, die sich sogar auf die griechische Metalldreherei bezieht, findet sich bei Th. Beck [30], an Hand von Herons Beschreibung seiner Feuerspritze, obwohl dort nur das Werkzeug angeführt ist. ‹Es werden zwei metallene Zylinder auf der Innenfläche mit dem Drehstahl nach dem Kolben ausgedreht, gleich wie die «Stiefel» der Brunnenmacher.› Praktisch bedeutet dies, daß man zur Zeit Herons in der Lage war, Innenflächen eines Zylinders passend zum Kolben drehen zu können. Auch Neuburger [31] führt die Drehbank an, worunter er eine Holzdrehbank versteht. ‹Auch die Drehbank war im Altertum bekannt. Sie wird von Plinius erwähnt, und zahlreiche Reste geben von den auf ihr hergestellten Arbeiten Kunde. Wie sie jedoch aussah, ist unbekannt. Es läßt sich nur vermuten, daß sie ähnlich dem Schleifsteine durch Treten mit den Füßen in Bewegung gesetzt wurde.› In dem breit angelegten Werk über die antike Technik schenkt auch Neuburger der Produktionstechnik ‹Drehen› nicht sehr viel Aufmerksamkeit.

Der Amerikaner Woodbury [32] faßt eine kleine Abhandlung über die Drehtechnik im Altertum wie folgt zusammen: ‹Die abwechselnde Drehung durch den Schnurantrieb verlangt nicht nur geschickte Handhabung des Schneidewerkzeuges, sondern man verliert auch die Hälfte der Antriebsenergie, ferner ergibt sich eine ziemliche ruckartige Bewegung, welche durch die Geschicklichkeit des Arbeiters ausgeglichen werden muß. Je mehr wir die Objekte untersuchen, die auf diesen rohen (einfachen) «Drehbänken» gemacht wurden, desto mehr müssen wir die Handfertigkeit dieser Handwerker bewundern.›

‹Trotz vielen Nachteilen erwies sich die von einer Schnur getriebene Drehbank, zusammen mit der Geschicklichkeit des Arbeiters, als genügend für die Bedürfnisse der Frühzeit. Weitere Verbesserungen sollten – wie bei vielen anderen technischen Dingen – erst im Mittelalter folgen.›

Der Verfasser ist der letzte, der die gewiß große Geschicklichkeit nicht sehr hoch veranschlagen würde, doch hat auch diese ihre natürlichen Grenzen. Es gibt sehr viele Beispiele antiker Metalldreherei, die nicht auf primitiven Hilfseinrichtungen und mit bloßer Geschicklichkeit hervorgebracht werden konnten. Wie noch gezeigt werden wird, erreichte die römische Metalldreherei Spitzenleistungen, die das Mittelalter nicht zu erlangen vermochte.

In seinem Aufsatz ‹Metal Working in the Ancient World› kommt Maryon [33] ebenfalls auf die Techniken Drehen und Drücken zu reden. Trotz der summarischen Behandlung des Stoffes und den vom wirklichen technischen Geschehen entfernten Schilderungen kommt er zu folgenden Feststellungen: ‹...und im 4. Jahrhundert v. Chr. machten die Griechen feine Muster in die Rückseiten ihrer Bronzespiegel, welche beachtliche Fertigkeiten in der Drehbarkeit zeigen.› Er setzt also das Drehen von scheibenförmigen Objekten mit konzentrischen Zierprofilen in eine sehr frühe Zeit. Weiter führt er aus: ‹Später, in griechischer und römischer Zeit, wurden Gefäße mit gegossenem Fuß und Körper, welche ganz überdreht waren, hergestellt. Einige dieser Arbeiten sind so handfertig und geschickt gemacht, daß ich annehme, daß diese auf einer horizontalen Drehbank mit guter Standfläche haben ausgeführt werden müssen. Es wäre sehr schwierig, solch ein Gefäß wie in Figur 13 gezeigt in vertikaler Position zu drehen. Wann sich zeitlich dieser Fortschritt vollzogen hat, ist nicht klar.›

Maryon machte auch Beobachtungen an antiken Fundstücken, auf Grund deren er annimmt, daß sie gedrückt worden seien. Dabei stützt er sich lediglich auf einen an sich richtigen Befund: ‹Auf der Unterseite jeder Schale (es handelt sich um 9 silberne Schalen, jetzt im Britischen Museum, London, die aus einem Schiffswrack aus dem 7. Jahrhundert n. Chr. geborgen wurden) finden sich schwache konzentrische Kreise, die, so scheint es, während des Drückens entstanden sein könnten. Auf der Außenseite finden sich keine ähnlichen Spuren. Andere Beispiele für diese Technik können im Museum gefunden werden, aber ich weiß nicht, wann Drücken erstmals praktiziert worden ist.›

Andere Kriterien, z.B. die gleichmäßige Dünnwandigkeit der Gefäße, läßt er unberücksichtigt. Er ist von seinen Aussagen nicht ganz überzeugt und verfällt außerdem bei der vorgebrachten Schilderung des Drückvorganges in den Fehler, daß er moderne Methoden mit mehrteiligen Drückformen in die Antike zurückprojiziert.

Der Altmeister der antiken Technologie, Blümner [34], kommt, obwohl er die Probleme vom philologischen Standpunkte aus betrachtet, dem technischen Kerne bereits sehr nahe. ‹Über die Konstruktion der antiken Drehbank fehlen uns leider nähere Nachrichten, doch darf man wohl mit Sicherheit annehmen, daß die Einrichtung, den auf den Scheiben zu drehenden Gegenstand durch Treten mit den Füßen in Bewegung zu setzen, den Alten bekannt war; haben wir doch auch beim Webstuhl und beim Töpferrad die Existenz einer ähnlichen Einrichtung als im Altertum bekannt vorausgesetzt, und ein antiker geschnittener Stein zeigt uns einen Eros, der seine Pfeile an einem auf ganz entsprechende Weise durch Treten in Bewegung gesetzten Schleifstein schärft. [Kurbel]: Die einzige Notiz, aus der wir einen Schluß auf die Konstruktion der alten Drehbank ziehen können, ist die aus später Zeit herrührende Erklärung eines Gerätes, das die eigentümliche Benennung *mamphur* hat, es sei dies ein rundes, mäßig großes, von einem Riemen umwundenes Holz, welches Tischler beim Drechseln im Kreise umtrieben. Offenbar ist hier eine Scheibe gemeint, die mit einer zweiten durch einen darumgelegten Lederriemen ohne Ende verbunden war; man darf daraus schließen, daß die Drehbank der Alten nicht der sogenannten Spitzendrehbank oder Fitschel [35], wie sie früher bei uns üblich war, glich, sondern der jetzt allgemein üblichen mit Rad und Spindel; und daß dabei das Rad nicht sollte durch Treten in Bewegung gesetzt worden sein, ist fast undenkbar. Überhaupt dürfen wir den Mangel an Nachrichten über das Technische des Drechselns keineswegs als Beweis für verhältnismäßig niedrige Leistungen auf diesem Gebiet betrachten, vielmehr werden die Erzeugnisse der antiken Kunsttischlerei und Drechslerei den heutigen nur wenig nachgestanden haben. Wenn wir die Abbildungen von Sesseln, Lagerstätten, Tischen u. dgl. auf griechischen Vasenbildern, auf Reliefs u.a. überschauen, so finden wir zahlreiche Beispiele einer gerade auf diesem Gebiet überaus entwickelten Technik.›

Blümner zieht in seinen Betrachtungen über Bau und Betrieb der antiken Drehbank den richtigen Schluß, wobei er zwar die Holzdrehbank meint. Um wieviel mehr müssen seine Überlegungen für jene Maschine zutreffen, auf der Metall, also ein härterer Werkstoff, mit schwierigen Formen bearbeitet wurde.

In einer längeren Abhandlung befassen sich A. Rieth und K. Langenbacher [36] mit der Entstehung der Drehbank und deren Gebrauch bei den alten Völkern. Sie schreiben deren Erfindung auf Grund einer Holzschale den Etruskern zu. ‹Diese bisher älteste Spur der Drehbank ist eine gedrehte etruskische Holzschale. Sie stammt aus dem achten Jahrhundert v. Chr...› Eingehend befassen sich die Autoren mit den möglichen Antriebsarten und dem Gebrauch einer einfachen Drehbank. Ihre Belege stammen ausnahmslos aus der Holz- und Beindrechslerei und übersehen ganz die so zahlreichen in den Museen vorhandenen Beispiele der römischen Metalldreherei. Ihre Meinung: ‹Dabei haben die Römer selbst nur wenig zur Verarbeitung der Drehbank beigetragen›, ist daher unverständlich. Wenn zunächst auch nur an eine geographische Verbreitung gedacht ist, so haben die Römer doch einen enormen Beitrag an die technische Entwicklung und Vervollkommnung dieser Maschine geleistet.

Auch bei Nedoluha [37] wird die römische Drehtechnik nur sehr summarisch behandelt. Er führt Plinius an: ‹Er berichtet über die Drehbank mit Fiedelbogen...› und folgert daraus: ‹Wie die römische Drehbank ausgesehen hat, ist uns leider nicht überliefert worden. Vermutlich war sie genau so gebaut wie der Drehstuhl in der Bronzezeit.› Hätte sich Nedoluha in der Antikensammlung in Wien ein wenig umgesehen, er hätte als Ingenieur zu einer anderen Meinung kommen müssen.

Feldhaus [38], der produktive Technikgeschichtler, steckt bezüglich der römischen Drehbank in einem Dilemma. Einerseits hält er die römische Drehbank für eine primitive Fiedeldrehbank, andererseits führt er aus: ‹Genau rundgeschliffene Zylinder und Kolben kann man nur auf einer kräftigen Drehbank herstellen. Diese wichtige Werkzeugmaschine muß den römischen und griechischen Technikern bekannt gewesen sein.› Die Bezeichnungen ‹kräftig› und ‹Werkzeugmaschinen› können nur für besser entwickelte und nicht für primitive Fiedeldrehbänke zutreffen.

Ergänzend sei noch beigefügt, daß der gleiche Autor in weiteren Publikationen [39, 40] sich zwar wiederholt mit der antiken Drehbank beschäftigt, aber zu keinen anderslautenden Resultaten kommt. Nicht viel weiter kommt A. Götze [41] in seiner Zusammenfassung über das Stichwort ‹Drehbank›. Ihm ist nur die Holzdrehbank bekannt, die er sich als aus dem Fiedelbohrer und der Töpferscheibe entwickelt denkt.

Auf Grund von genauen Beobachtungen an Spiegeln und Gefäßböden gelangt endlich E. Pernice [42] zu viel anderen, verläß-

licheren Vorstellungen über die antike Metalldrehbank. Er unterscheidet aus technologischen Gründen deutlich zwischen Holz- und Metalldrehbank. Für die kleineren oder größeren Vertiefungen, die er in der Mitte von Spiegeln und Gefäßböden feststellt, er nennt sie nicht Zentren, macht er richtigerweise eine Spitze verantwortlich. Das Gelingen einer exakten Arbeit mit konzentrischen Formen schreibt er dem Vorhandensein solcher Spitzen zu. Er nimmt auch den kontinuierlichen Antrieb für diese Maschinen an. Wenn er auch nicht zu klaren technischen Erläuterungen und dem vollen Verständnis der Arbeitsvorgänge gelangt, so ist Pernice mit seiner Darstellung der antiken Metalldrehbank später erfolgten Schilderungen weit voraus. Er hält auch nicht mit der Würdigung der antiken handwerklichen Leistungen an dieser Maschine zurück, wenn er schreibt:
‹Die Böden der antiken Gefäße zu betrachten lohnt nicht allein wegen der Anzeichen, die sie für die Technik enthalten, sondern weil sie über die Höhe des technischen Könnens die deutlichsten Aufschlüsse geben. Das Drehen eines Bodens zum Beispiel, wie das des Bodens der Amphora von Boscorale, mit seinen zahlreichen Unterdrehungen, beweist eine erstaunliche Beherrschung der Technik, die dem Kunststück, das ganze Gefäß durch Guß zu gewinnen, nicht nachsteht. Das Anbringen derartigen Schmuckes an nicht sichtbaren Teilen verrät zugleich eine naive Freude an der virtuosen Ausübung dieser Kunstfertigkeit. Das Wachsmodell wird die Verzierungen der Böden im allgemeinen angedeutet haben, aber ohne die meisterhafte Behandlung der Drehbank würden diese niemals so scharf und sicher ausgefallen sein.›

IV Technologische Beobachtungen an antiken Funden als Beweis für ihre Herstellung auf der Drehbank

Zur Erfüllung der Aufgabe der Technologie, die große Zahl der verschiedenartigsten Rohstoffe für den Menschen in brauchbare Formen umzuwandeln, stehen heute eine ganze Reihe ältester und neuester Verfahren zur Verfügung. Nur in sehr seltenen Fällen genügt zur Erreichung dieses Zieles die Anwendung von nur einem Verfahren. Meist ist eine Mehrzahl von Arbeitsprozessen nötig, die, in einer technisch bedingten Reihenfolge angewandt, erst nach und nach die Entstehung des geplanten Produktes ermöglichen. Jedes dieser Verfahren weist sowohl in seinem Ablauf wie auch in den Erscheinungsformen seiner Erzeugnisse unverwechselbare Charakteristiken auf und hinterläßt am Produkt ganz typische Merkmale. Diese hängen auf das innigste mit dem ‹Halbfabrikat› (Zwischenstufe im Herstellungsprozeß) wie auch mit der Form des fertigen Erzeugnisses zusammen. Kein Verfahren kann in seiner Wirkungsweise durch ein anderes ersetzt werden. Daraus folgt, daß jedes typische Spuren hinterläßt. Konkret heißt das: Blech kann nur durch Walzen entstehen, feiner Draht nur durch Ziehen, eine runde Form nur durch Drehen oder Drücken, sofern es Hohlkörper mit dünner Wandung sind. Der Materialumformung sind bestimmte Grenzen gesetzt, innerhalb welcher die Anwendung des geeignetsten Arbeitsverfahrens zu wählen ist. Reicht ein solches zur Erzielung einer geplanten Form nicht aus, so ist es Aufgabe des ‹Technologen›, nach anderen Möglichkeiten zu suchen. Diese können sowohl in einer Änderung der Form oder im Wechsel der Bearbeitungsmethoden bestehen. Umgekehrt kann aus der Betrachtung einer Endform auf die dafür angewandten Verfahren geschlossen werden. Dabei muß geprüft werden, wieweit die Anwendung des einen Verfahrens reicht und inwiefern eines das andere ausschließt. Es sei festgehalten, daß eine derartige Beurteilung oft nicht eindeutig und abschließend gegeben werden kann. Dies ist besonders bei antiken Funden der Fall, wo Patina, Verkrustungen oder Korrosionsschäden eine genaue Oberflächenbetrachtung verunmöglichen. Außerdem ist für den Beurteiler eine große persönliche Erfahrung in der praktischen Metallbearbeitung Voraussetzung. In den folgenden Abschnitten sind die wichtigsten technologischen Beobachtungen an römischen Bronzegefäßen einzeln beschrieben.

A Starke Differenzen in den Wanddicken

Man mag es auch bedauern, wenn bei archäologischen Grabungen der Boden nur Fragmente eines Fundes freigibt, so bieten sich solche Bruchstücke oder Objekte mit starken Beschädigungen für aufschlußreiche technologische Untersuchungen geradezu an. Eine derart günstige Gelegenheit ergab sich, als dem Verfasser der Auftrag erteilt wurde, nach wenigen in Augst (Augusta Raurica) gefundenen Fragmenten eine Bronzekasserolle für das dortige Römermuseum nachzubilden. Eine Nachbildung ist nur sinnvoll und vertretbar, wenn zuvor die Überreste möglichst genau untersucht werden. Dazu gehört, abgesehen von den Fragen nach der ehemaligen Form, die Suche nach den technologischen Hinweisen darauf, nach welchen Verfahren das Stück einstmals hergestellt worden ist. Bei der Betrachtung der zwei größten Fragmente der genannten Kasserolle, eines halben Bodens und eines Wandstückes, war die Feststellung von großen Differenzen in den Dicken der Wandung eines der überraschendsten Momente. Zwischen der starken Randlippe, in Bild 15 gut sichtbar, und dem noch dickeren Boden ist die Wandung an der ausgebauchten Stelle sehr dünn; eine Beobachtung, die sich später an Dutzenden von untersuchten Kasserollen immer wieder bestätigte. Allein schon diese Erkenntnis schließt sowohl das

Treiben als auch das Gießen als alleiniges Herstellungsverfahren aus. Treiben kann deshalb nicht in Frage kommen, weil es nicht möglich ist, Blech von 7 mm Dicke auf so kleiner Form (Durchmesser der Kasserolle = 225 mm) auf 95 mm einzutiefen. Außerdem ist es rein unmöglich, im Treibverfahren derart krasse Unterschiede in der Wandstärke zu erzielen. Zu diesen Beobachtungen, die das Treiben als Herstellungsverfahren ausscheiden lassen, kommen noch weitere hinzu, die später dargelegt werden. Daß das Nur-Gießen ebenfalls ausscheidet, liegt darin begründet, daß beim Guß nicht die äußerst regelmäßige und auf dem ganzen Umfange der Kasserolle feststellbare dünne Wandung erreicht werden kann. Zudem sind die äußere und innere Oberfläche glatt und sauber, ohne die übliche Gußhaut. In geringen Ausdehnungen ist dünnwandiger Guß wohl möglich, niemals aber in einem Maße, wie dies bei Kasserollen vorkommt.

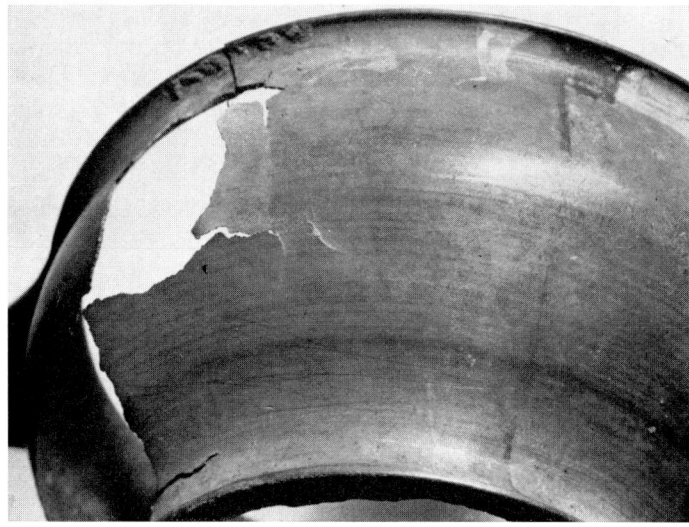

Bild 16
Bronzekasserolle, Historisches Museum Basel, Inv.-Nr. 1907/1643. Besonders eindrücklich sind die horizontal übereinandergelagerten Bearbeitungsspuren. An den Bruchstellen zeigt sich die Dünnwandigkeit des Gefäßes.

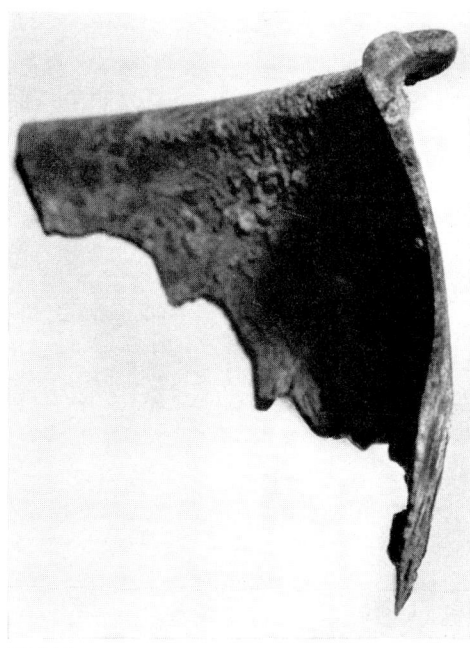

Bild 15
Wandfragment einer in einem Brande zerstörten Kasserolle aus Augst. Inv.-Nr. 59/10895. Die Bruchfläche läuft deutlich von der starken Randlippe nach der minimalsten Wandstärke aus.

Bild 17
Das gleiche Wandfragment wie in Bild 15, von außen gesehen.

B Oberflächenbeschaffenheit

Sind die Oberflächen von Fundstücken lediglich mit einer dünnen Patina, nicht aber von Verkrustungen und dergleichen überzogen, so lassen sich an ihnen wertvolle Hinweise auf die Bearbeitung ablesen. Ein ganz besonders günstiges Beispiel zeigt die in Bild 16 wiedergegebene Kasserolle aus dem Historischen Museum in Basel, Inv.-Nr. 1907/1643. Auf deren gesamter Höhe und ganzem Umfange sind in sauberer Einheitlichkeit und Regelmäßigkeit satt aneinanderliegende Streifen erkennbar. Beim Betasten mit den Fingerspitzen ist sogar der wellenförmige Übergang von einem Streifen zum andern spürbar. Im obern Teil der Innenseite lassen sich die gleichen Merkmale feststellen. Eine ähnliche Erscheinung, doch in ihrer Art ausgeprägter, sind die zwei eingeschnittenen Rillenpaare auf Bild 17. Frappierend sind hier die Präzision und die Parallelität der Rillen, die in solcher Art nur durch Einschneiden und niemals etwa durch Einschlagen mittels Punzen entstanden sein können. Sie haben hier als zarte Dekoration zu wirken.

Bild 18
Oberfläche (Ausschnitt) einer Schnabelkanne mit scharf eingeschnittenen parallellaufenden feinen Rillen.

Einen weiteren, untrüglichen Beleg für eine rotierende Bearbeitung liefert nach Bild 18 der Ausschnitt aus der Oberfläche einer kleinen Schnabelkanne aus der Sammlung Nassauischer Altertümer, Städtisches Museum Wiesbaden, Inv.-Nr. 15166. In der Vergrößerung sind die übereinanderliegenden Rillen als feine Vertiefungen in der Oberfläche deutlich zu sehen. In allen drei der hier vorgelegten Fälle, die nur als Beispiele aus einer großen Zahl herausgegriffen sind, lassen die beschriebenen Merkmale nur eine Erklärung zu: sie können nur während der Rotation der Stücke entstanden sein. Dabei haben scharfe und schneidende Werkzeuge diese Spuren und Rillen hinterlassen. Damit sind gleichzeitig die zwei wesentlichen Faktoren des Drehens festgelegt.

C Zentren auf Innen- und Außenseiten

Zu diesen charakteristischen Merkmalen der Wandung gesellen sich noch weitere, die ebenso typisch für die Drehtechnik sind. Kasserollen wie auch andere Bronzegefäße haben bei aller Unterschiedlichkeit ihrer Größen und Formen trotzdem ein interessantes gemeinsames Merkmal: ihre Bodenflächen. Sie kann flach oder konkav sein, stets ist sie aber mit mehr oder weniger tiefen und verschieden fassonierten konzentrischen Rillen und Wülsten versehen.

Die reichen und sehr variablen Bodenprofile ermöglichen bei genauem Betrachten recht interessante und aufschlußreiche Erkenntnisse. Die Gestaltung des Wechsels zwischen den eingetieften Rillen und den erhabenen Wülsten ist sehr unterschiedlich. In vielen Fällen sind die Wülste noch mit feinen, ebenfalls vertieften Zierrillen versehen, oder sie sind auf ihren Flanken unterschnitten, wodurch der Grund der eingetieften Rillen breiter wird als der obere Abstand von Wulstkante zu Wulstkante. Alle diese festgestellten Details lassen sich wiederum nur durch die Anwendung der Drehtechnik erklären. Diese Vertiefungen und Formen sind aus dem massiven Material herausgedreht. Andere Arbeitsverfahren können derartige Formen gar nicht entstehen lassen. Das Gesagte wird durch Bild 19 deutlich illustriert. Es handelt sich um einen ganzen ausgebrochenen Kasserollenboden aus dem Vorarlbergischen Landesmuseum, Bregenz, Inv.-Nr. 729, mit einem Durchmesser von 168 mm. Die Innenseite (Bild 20) ist weit weniger profiliert, doch verraten das Zentrum und die elegante Schweifung der Oberfläche, einschließlich der einen umlaufenden Vertiefung mit anschließendem Wülstchen, reine Dreharbeit. In der maßstäblichen Profilzeichnung nach Bild 21 ist ersichtlich, wie nahe sich stellenweise die Ober- und Unterseite kommen. Auch zeigt sie, wie die Bodendicke gegen den Rand zu stark abnimmt. Diese Tatsachen lassen ebenfalls keine andere Deutung zu, als daß die Profile

Bild 19
Ausgebrochener Kasserollenboden mit feiner Profilierung der konzentrischen Wülste.

Bild 20
Derselbe Boden von der Innenseite, dessen Oberfläche zwar glatter, aber doch nicht ohne gedrehte Dekorationen ist.

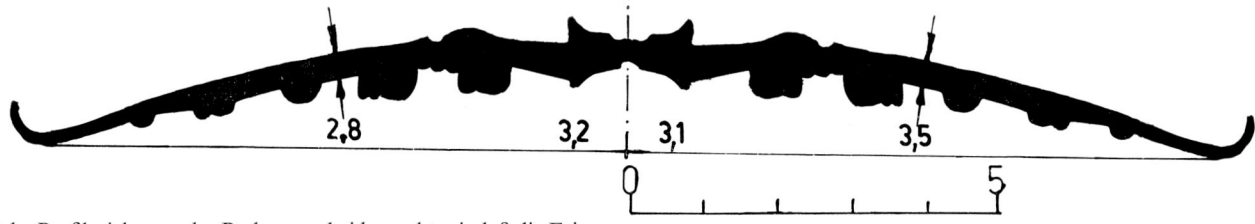

Bild 21
Maßstäbliche Profilzeichnung des Bodens, wobei bemerkt sei, daß die Feinheit der eingedrehten Profile in der Zeichnung nicht wiedergegeben werden kann.

In der geometrischen Mitte findet sich innerhalb dieser konzentrischen Kreise immer eine napf- oder kegelförmige Vertiefung. Diese ist sowohl auf der Innen- wie auch auf der Außenseite vorhanden. Unabdingbar gehören diese Vertiefungen ebenfalls zur Drehtechnik, denn darin stak die Gegenspitze in der Pinole, die die Aufgabe hatte, das auf der Drehbank aufgespannte Arbeitsstück gegen ein Entweichen nach vorn zu sichern.

durch Drehen, also durch Wegnahme von Materialpartien aus einer dickeren Schicht, entstanden sind.
Es wird sich unten im Katalog noch verschiedentlich Gelegenheit bieten, auf die bravourösen Ausformungen solcher Bodenprofile hinzuweisen. Bei manchen spürt man geradezu die Lust des antiken Drehers, lediglich mit dem Drehstichel zu formen und innerhalb der ihm gesetzten Grenzen seiner Phantasie freien

Lauf zu lassen. Bemerkenswert in diesem Zusammenhange ist auch die Feststellung, daß unter den vielen aufgenommenen Bodenprofilen sich keine zwei gleichen gefunden haben.

Hier soll noch beigefügt sein, daß der Sinn solcher Profilierungen nur in einer dekorativen Wirkung der runden Fläche, nicht aber in der Erzielung eines (wärmewirtschaftlichen) Zweckes gesehen werden kann. Bei ihrer Wertung ist bei den jüngeren Exemplaren eine Steigerung der Variationen festzustellen. Die Arbeitsmittel und -methoden wurden vervollkommnet, und damit wurde der Handwerker an der Drehbank ‹frecher› im Hervorbringen technisch gewagter Profilformen. Ein Entwicklungsvorgang, der auch auf anderen Gebieten gut beobachtet werden kann.

D Kontrolle der Übereinstimmung der Innen- und Außenflächen

In den drei vorausgegangenen Abschnitten wurde auf die technologischen Merkmale der Drehtechnik aufmerksam gemacht und deren Zusammenhang erläutert. Da Kasserollen und andere römische Bronzegefäße, rein technisch betrachtet, Hohlkörper darstellen, besitzen sie eine innere und äußere Oberfläche. Dabei ist von größter Wichtigkeit, objektiv beurteilen zu können, ob sich die durch Drehen erreichte praktische Ausführung mit der mathematisch-theoretischen Vorstellung deckt. Ziel einer solchen Beurteilung ist es, festzustellen, ob die äußere und die innere Oberfläche durch Rotation um die gleiche Achse entstanden sind. Trifft dies zu, so müssen die Wandungen des Gefäßes in jeder Zone auf dem ganzen Umfange immer gleich dick sein. Die Frage nach der Achsengleichheit muß allein schon deswegen gestellt werden, weil zwischen der Bearbeitung der beiden Oberflächen das Stück auf der Drehbank umgespannt werden muß. Eine vollständige Bearbeitung der gesamten Oberfläche in einer Aufspannung ist unmöglich. Ergebnisse solcher Untersuchungen erlauben wichtige Rückschlüsse auf die Bauart der benützten Drehbänke. Mittels Tastuhren ließen sich an umlaufenden Gefäßen auf einer modernen Drehbank leicht die notwendigen Kontrollen vornehmen. Dieser Methode stehen jedoch eine Reihe von Hemmnissen entgegen. Einmal ist eine Großzahl der Funde deformiert, also nicht mehr kreisrund, oder Verkrustungen und Beschädigungen verunmöglichen ein verläßliches Abtasten mit Meßuhren. Anderseits könnten Überprüfungen der Achsengleichheit unumstößliche Beweise der Arbeitsqualität an antiken Gefäßen liefern. Selbst bei der utopischen Annahme, die antiken Gefäße befänden sich noch in einem fabrikneuen Zustande, würde eine Kontrolle des genauen Rundlaufes eine ungenügende Aussage über die geleistete Drehqualität liefern; sie könnte nur ein einziges Qualitätsmerkmal erfassen. Bereits eine äußerliche fachmännische Betrachtung läßt eine hohe Qualität vermuten.

Um über die bloße Vermutung zu genauen Unterlagen zu gelangen, mußte eine andere Methode gesucht werden. Es ist der Weg über direkte Messungen der Wandstärken an verschiedenen Stellen und Zonen der Wandungen. Die Zahlen, die auf diesem Wege ermittelt werden, erlauben ohne weiteres einen einfachen und direkten Vergleich der gesuchten Größen. Gleichzeitig kann aus ihnen noch eine eventuelle vorhandene Exzentrizität der Innenseite zur Außenseite bestimmt werden. Der Anwendung eines solchen Verfahrens stand das Fehlen eines geeigneten Meßinstrumentes entgegen, welches ermöglicht, jede nur gewünschte Stelle an den oft komplizierten Formen der Hohlgefäße genau festzustellen. Es mußte daher zuerst geschaffen werden: Voraussetzung war, daß es verläßliche Werte liefert und leicht den jeweiligen Gefäßformen und Dimensionen angepaßt werden konnte.

E Meßgerät und Meßverfahren

Drei Haupterfordernisse bestimmten die Konzeption des zu schaffenden Meßgerätes. Neben einer Meßgenauigkeit von $1/10$ Millimeter mußte es weitgehend den zu erwartenden Gefäßformen und -größen angepaßt werden können und mußte, da es auf den Studienreisen einen wichtigen Bestandteil des Instrumentariums bildete, möglichst leicht und zerlegbar sein. Der Forderung nach geringem Gewicht stand jene der Stabilität entgegen: bei einer weiten Ausladung durften sich die Konstruktionsteile nicht durchbiegen.

Basis des Meßgerätes ist eine 10 mm dicke, schwarz eloxierte Aluminiumplatte. Auf dieser wird, in einer Ecke angeordnet,

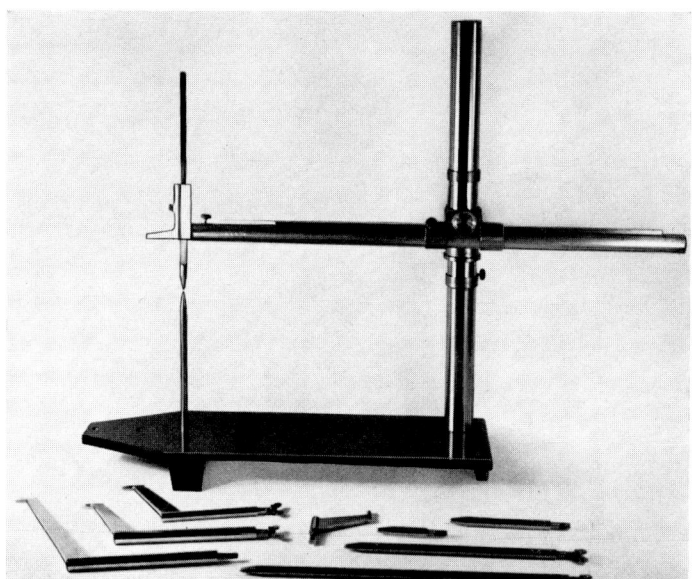

Bild 22
Das Meßgerät mit den auswechselbaren ‹Fingern›.

Bild 23
Das Meßgerät, eingerichtet zum Messen eines Siebbodens, wozu ein abgekröpfter ‹Finger› benutzt wird. Dieser ist durch das Sieb verdeckt.

von der Unterseite her ein dünnwandiges Stahlrohr vertikal angeschraubt. An diesem kann für die Grobeinstellung das rechtwinklig zum Standrohr montierte Trägerrohr auf- und abwärts verschoben werden. Zwischen zwei Manschetten läßt es sich mit einem Zahnstangengetriebe in die genaue Meßposition einregulieren. Am vorderen Trägerrohrende wird ein normales Tiefenmaß befestigt. Unten am verschiebbaren Teil des Tiefenmaßes ist ein Stiefel mit halbrunder Kuppe angeschraubt. Zum Einstellen des Meßgerätes wird diese Kuppe genau über ihr Gegengleich, einen ‹Finger›, gebracht. Als Nullstellung auf der Skala kann irgendeine Stelle gewählt werden, am besten jedoch ein Zehnerwert. Die Bilder 22 und 23 zeigen das beschriebene Instrument. In dieser Stellung müssen sich die beiden Kuppen genau und axial ausgerichtet berühren. Zur Anpassung an die Form des zu messenden Gefäßes stehen eine Anzahl gerader, aber verschieden langer und auch unterschiedlich gekröpfter ‹Finger› zur Verfügung. Diese können in passenden Positionen auf der Grundplatte befestigt werden. Die großen gekröpften Finger ermöglichen die Verlegung der Meßstelle über den Rand der Grundplatte hinaus, wodurch es möglich ist, große Gefäße am Tischrande vorbei zu bewegen und zu vermessen. Dadurch wird die Kapazität des Meßgerätes beträchtlich erhöht. Bei der Mehrzahl der untersuchten Gefäße leistete es gute Dienste. Nur bei ganz kleinen oder solchen mit engen Öffnungen konnte es nicht benutzt werden [43].

bestimmbare Stelle als ‹Rechts› bezeichnet worden, weil es bei runden Objekten kein Rechts oder Links geben kann. Bei Kasserollen ist immer der Griff oder Griffansatz als ‹Rechts› angenommen worden. In andern Fällen diente ein Loch oder sonst ein markantes Merkmal zur Fixierung. Über der Mitte der Strecke ‹Links›–‹Rechts› wird rückwärts ‹Hinten› und diesem gegenüber ‹Vorne› angenommen. Die Zahl der horizontalen Messungen am Wandungsprofil richtete sich nach der Form und der Größe des Objektes. Um eine spätere Unklarheit oder gar eine Verwechslung der Meßwerte möglichst auszuschließen, sind diese in den Museumsaufnahmen in farbigen Eintragungen vorgenommen worden [44].

Nach dieser Anordnung finden sich die Meßergebnisse in den Profilzeichnungen. Mit einiger Übung läßt sich die schematische Anordnung leicht in die räumliche Vorstellung übertragen. Direkter und auch bildhafter wären die Eintragungen in einer perspektivischen Zeichnung des Hohlkörpers. Aber auch damit könnte, trotz dem größeren zeichnerischen Aufwand, die Anschaulichkeit nicht gesteigert werden. Einheitlich sind auch alle Meßwerte ‹Vorne› auf der linken Seite der Mittelachse und jene von ‹Hinten› rechts von dieser eingetragen. Der Verfasser glaubt, auf diese Weise eine Darstellungsmethode gefunden zu haben, die die bestmögliche Vorstellung der Wirklichkeit zu vermitteln vermag. In horizontaler Richtung gehören die Meßergebnisse immer der gleichen Zone an.

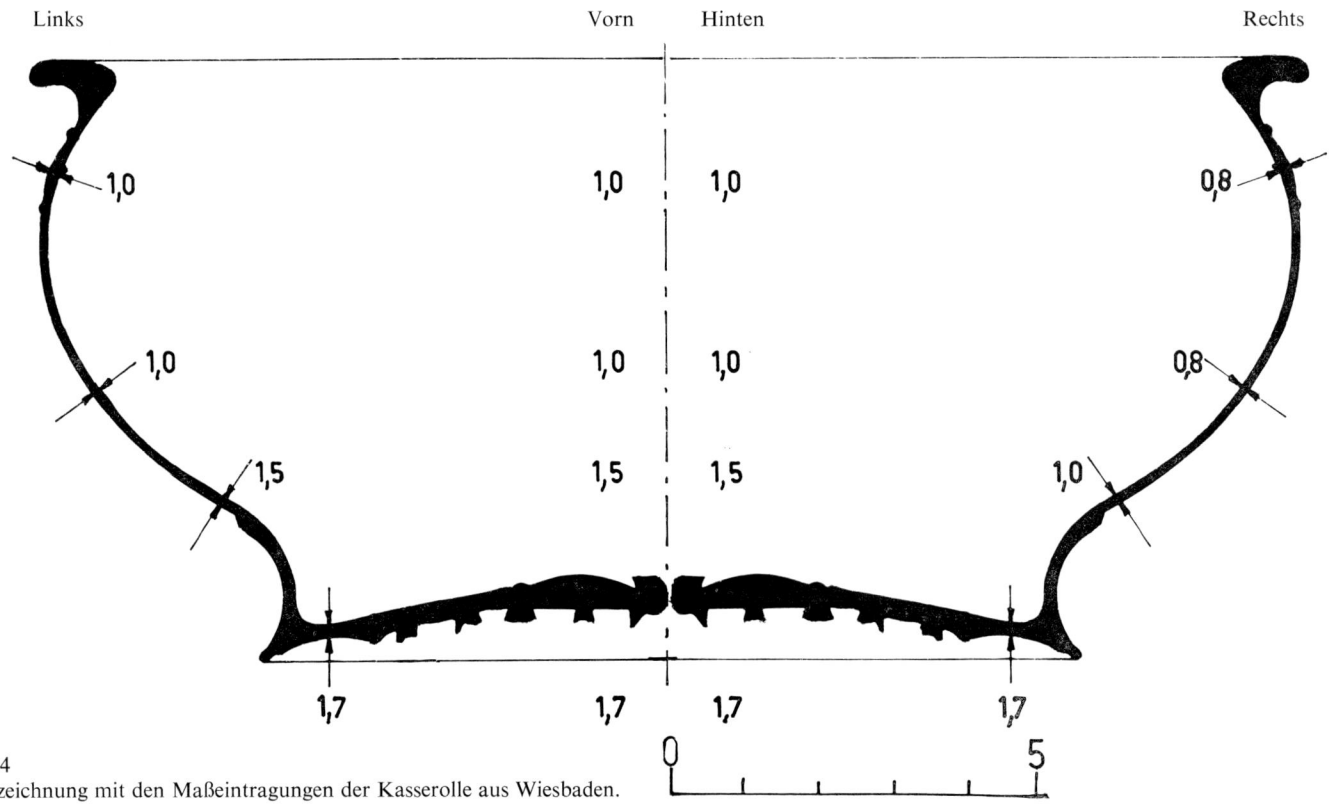

Bild 24
Profilzeichnung mit den Maßeintragungen der Kasserolle aus Wiesbaden.

Weiter oben wurde ausgeführt, daß die Ermittlung der Wandstärken nicht nur die Beurteilung der technischen Drehqualität, sondern gleichzeitig bestimmte Rückschlüsse auf die Leistungsfähigkeit der benutzten Drehbank erlaubt. Das Schema der Vermessungen liegt darin, daß an vier kreuzweise gegenüberliegenden Stellen der Gefäßwandung die Wanddicken in verschiedenen Höhenzonen gemessen werden. Zur verläßlichen Orientierung der so festgelegten Meßpunkte ist immer eine leicht wieder

F **Auswertung der Meßergebnisse**

Eine der saubersten und besterhaltenen Kasserollen ist jene, die sich unter der Inv.-Nr. 15166 in der Sammlung der Nassauischen Altertümer im Städtischen Museum in Wiesbaden befindet. Ihr tadelloser Erhaltungszustand, der sich zudem durch eine besonders feine und glatte Oberfläche auszeichnet, ermöglichte eine genaue Bestimmung der Wanddicken. Aus der Zeichnung (Bild 24) ist ersichtlich, daß im Profil in drei horizontalen Zonen, dem Schema entsprechend, je vier Stellen vermessen wurden. Weitere Messungen, in der gleichen Anordnung, wurden in der Bodenpartie, im Übergang Boden–Wandung, vorgenommen. Der Vergleich der Meßwerte in einer Horizontalen ergibt die Differenz der Wanddicken innerhalb dieser Zone. Betrachtet man dagegen die Meßwerte in der Vertikalen, also im Profil, so zeigen diese das An- und Abschwellen der Wandung. In der ersten und zweiten Horizontalen von oben ist die Genauigkeit der Übereinstimmung bemerkenswert. An je drei Meßstellen (links, hinten und vorn) beträgt die Wandstärke je 1,0 mm, dagegen rechts 0,8 mm. In der untersten Zone ist die Differenz mit 0,5 mm gar größer als oben. In der Randpartie des Bodens dagegen ist gar kein Unterschied in der Dicke festzustellen. Was läßt sich nun aus diesen Meßergebnissen für die Drehtechnik ableiten? Zunächst ist zu sagen, daß die beiden oberen Zonen wohl eine Differenz von 0,2 mm aufweisen; sie ist aber auf Grund mangelnder Achsgleichheit von innerer und äußerer Oberfläche anders zu bewerten. Die Differenz in der Achsenungleichheit beträgt im vorliegenden Falle lediglich 0,1 mm. Weil nun die Kasserolle bei der Bearbeitung rotiert, verdoppelt sich diese kleine Differenz. Zwischen den beiden Gefäßoberflächen besteht demnach eine geringe Exzentrizität von nur 0,1 mm. Diese minime Verschiebung ist beim Aufspannen der Kasserolle für die Bearbeitung der zweiten Seite entstanden. Mit anderen Worten: die Meßwerte dokumentieren eine sehr hohe Genauigkeit. Wie aber hat man sich jene Differenz in der dritten Zone von 0,5 mm zu erklären, da diese zwischen den genauen Partien von Boden und oberer Hälfte liegt. Für diese Feststellung lassen sich zwei Möglichkeiten anführen. Bei der einen wurde die Außenseite nach der Innenseite bearbeitet, wobei zunächst die obere Hälfte und dann der Boden fertig gedreht und beim Überdrehen des unteren Teiles die Kasserolle durch eine Schlagwirkung – solche gibt es beim Arbeiten mit Handdrehstählen – etwas aus der ursprünglichen Zentrierung verschoben worden ist. Die zweite Version wäre die, daß sich das Holzfutter mit der eingespannten Kasserolle während einer längeren Arbeitspause durch die Einwirkung feuchter Luft verzogen hat. Die Bilder 25, 26 und 27 zeigen die oben beschriebene Kasserolle.

Bild 26
Seitenansicht der Kasserolle.

Bild 27
Ansicht von oben in das Innere der Kasserolle.

G Rekonstruktion der antiken Drehbank

In den vorausgegangenen Abschnitten ist immer wieder auf die typischen technologischen Merkmale, die einem auf der Drehbank hergestellten Arbeitsstück unweigerlich anhaften, hingewiesen worden. Es erhebt sich daher die dringliche Frage, ob diese als genügende Anhaltspunkte betrachtet werden können, um die Fragen nach der einstigen Bauart der römischen Drehbank wenn auch nicht ganz, so doch teilweise zu beantworten. Grundsätzlich lauten die Antworten durchaus positiv, doch müssen konstruktive Details offenbleiben. Beim Bemühen, zu einem plausiblen Rekonstruktionsversuch der römischen Drehbank zu gelangen, dürfen nicht nur die technologischen Merkmale allein und einseitig herangezogen werden. Gewiß kommt ihnen bei diesem Problem eine primäre Stellung zu, aber sie müssen sinnvoll, das heißt aus klaren fachtechnischen Überlegungen und ebensolchen Erfahrungen interpretiert werden. Die Bedeutung dieser beiden Punkte darf nicht unterschätzt werden, denn immer wieder kommt es in handwerksgeschichtlichen Betrachtungen zum Ausdruck, daß noch heute angewandte (Handwerks)-Techniken schon in weit zurückliegenden Zeiten entstanden sein müssen. In einer Zeit also und unter Umständen, die den ausführenden Handwerker zwangen, die praktisch anwendbaren Arbeitsmethoden und die dazu gehörenden elementaren Hilfsmittel, die seither geblieben sind, wegweisend und gültig erst zu ersinnen.

Die Bearbeitung der inneren Oberflächen bei Kasserollen, Schalen und Tellern erheischt die Zuführung der Werkzeuge, der Handdrehstähle, von vorne. Für deren Manipulation mußte der Handwerker über eine möglichst große Bewegungsfreiheit verfügen. Diese Forderung wird gesteigert, wenn die recht feinen und differenzierten Profilierungen berücksichtigt werden. Deshalb mußten die zu bearbeitenden Werkstücke achsgleich mit der Drehspindel auf der Drehbank befestigt sein. Daraus folgt

Bild 25
Der fein gedrehte und profilierte Boden dieser Kasserolle.

wiederum, daß die Drehbankspindel an zwei Stellen gelagert sein mußte. Damit wird gleichzeitig die Vorstellung ausgeschlossen, solche Objekte hätten auf der primitiven Fiedeldrehbank hergestellt werden können. Ein Werkstück von der Form und im Gewicht einer Kasserolle oder noch größere und schwerere Objekte hätten niemals lediglich zwischen zwei Spitzen gehalten werden können. Noch problematischer wird dies, wenn nach der Möglichkeit der notwendigen Kraft- und Bewegungsübertragung mit Hilfe einer derartigen Werkstück‹befestigung› gefragt wird.

In diesem Zusammenhang sind die großen Differenzen in den Gefäßwandungen zu berücksichtigen. Diese bedingen zur Erreichung von minimalsten Dicken, wie sie aus den Profilzeichnungen ersichtlich sind, eine solide und genau rundlaufende Maschine. Weitere Indizien sind die deutlich vorhandenen kegelförmigen Vertiefungen, die durch das Eindringen einer Pinolenspitze entstanden sind. Um diese Haltepunkte drehen sich die Stücke. Das zeigt, daß die Pinole genau auf der Drehachse ausgerichtet war. In manchen Fällen war die Pinole stumpf und nur, wie aus Bild 28 hervorgeht, mit einer kleinen Stahlspitze bestückt. Das hatte zur Folge, daß nur bis an den Umfang der Pinole heran gedreht werden konnte, denn unter ihrer Berührungsfläche sind keine Bearbeitungsspuren vorhanden. Außerdem sind die kleinen runden Flächen gegenüber den gedrehten Partien leicht erhöht. Der Pinole kam demnach eine Doppelfunktion zu. Sie mußte zentrieren und gleichzeitig das Werkstück gegen das Futter drücken, wie dies in Bild 29 sichtbar ist. Auf diesen Druck konnte nicht verzichtet werden, weil sonst das Werkstück keinen Halt mehr gehabt hätte. Infolgedessen mußte man diesen Schönheitsfehler in Kauf nehmen und die Fläche unter der Pinole unbearbeitet lassen.

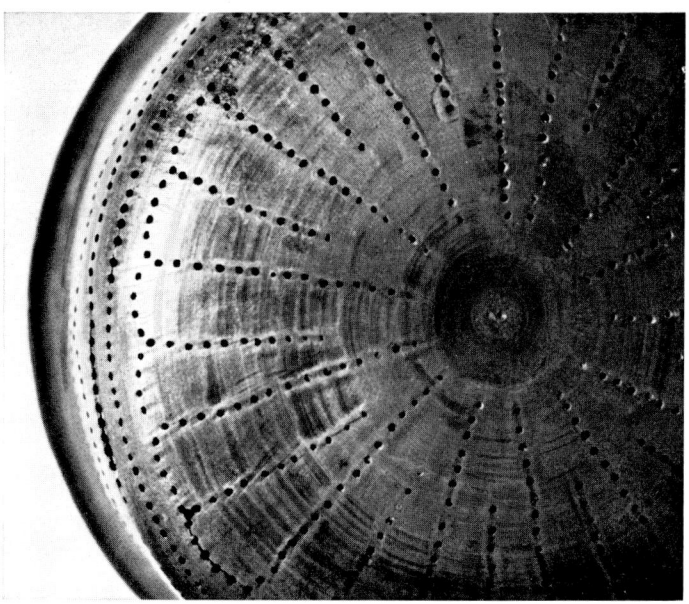

Bild 29
Am Beispiel dieses Siebbodens findet sich das bei Bild 28 Gesagte bestätigt. Der kleinere Eindruck der Pinolenspitze rührt vom Zentrieren her. Bei diesem bewegte sich das Sieb exzentrisch, weshalb dessen Lage korrigiert werden mußte. Außerdem ist das Überdrehen nach dem Lochen erfolgt, was einer ganz hervorragenden Leistung auf der Drehbank gleichkommt.

Bild 28
Bodenfragment eines Bechers aus dem spätrömischen Silberschatz aus Kaiseraugst. Deutlich sind der Eindruck der Pinolenspitze und die Drehrillen bis zum Umfang der Pinole zu erkennen. Auf der Andruckfläche der Pinole sind keine Drehspuren mehr möglich.

Noch ein Wort zum Ausdruck ‹Pinole›, deren Funktion aus der Skizze 5 in Kapitel II, Seite 15, ersichtlich ist. Dieser Maschinenteil trägt in der deutschen Sprache immer noch diese fremde Bezeichnung. ‹Das Wort ist abgeleitet von *pinola* = kleiner Pflock, verwandt ist *pina*, was Mauerspitze oder Helmspitze bedeutet. Im Mittellateinischen wird darunter «Nagel» verstanden [45].› Interessanterweise lautete die frühere deutsche Bezeichnung ‹Reitnagel›.

Die Formen gedrehter Gefäße, Platten, Teller, Becher und anderer Objekte bieten sich dem Betrachter in bunter Fülle an. In ihren Abmessungen sind sie nicht weniger differenziert, denn sie reichen vom kleinen Knauf bis zu großen Schalen und Platten. Diese Vielfalt verrät, daß die römische Metalldrehbank entweder sehr wandelbar gewesen sein muß oder bereits verschiedene Typen existierten, welche die Produktion so unterschiedlicher Gefäße ermöglichten. Solche indirekten Hinweise dürfen bei der Beurteilung einer möglichen Rekonstruktion nicht außer acht gelassen werden. Im Gegenteil, gerade diese Faktoren müssen bei den konstruktiven Überlegungen mit einbezogen werden.

Damit überhaupt gedreht werden kann, muß das zu bearbeitende Werkstück derart solide mit der Drehbank verbunden sein, daß die rotierende Bewegung auf dieses übertragen und Späne von ihm abgetrennt werden können. Die für die Zerspanung benötigte Kraft ist nicht gering. Abgesehen vom Einfluß anderer Faktoren, über die weiter unten die Rede sein wird, die aber jetzt nicht in diesen Zusammenhang einbezogen werden können, muß die Antriebskraft der Drehbank stets größer sein als der Widerstand, den das Material der eindringenden Werkzeugschneide entgegensetzt. Die heutige Drehtechnik kennt seit vielen Jahrzehnten mechanische Spannmittel, die die Werkstücke so solide festklemmen, daß die Kraftübertragung gewährleistet ist. In gewissen Grenzen sind sie den jeweiligen Erfordernissen anpaßbar. Doch muß gesagt sein, daß sie, trotz ihrer Wandelbarkeit, sich zum Spannen antiker Gefäßformen nicht besonders eignen würden. Ihre Wirkungsweise beruht darauf, daß drei bis vier Spannbacken entweder von außen gegen die Mitte oder umgekehrt mechanisch gegen das Werkstück bewegt werden und dieses dadurch angedrückt und festgehalten wird. Derartige Hilfsmittel sind für die Antike nicht anzunehmen. Damit ist aber noch gar nichts darüber gesagt, wie die antiken Dreher dieses entscheidende Problem bewältigten. Hier läßt sich durch eine Analogie aus dem Drechslergewerbe eine denkbare und praktisch mögliche Arbeitsweise finden. Für manche Arbeiten bereitet sich der Drechsler ein sogenanntes Futter vor, in welches dann das eigentliche Arbeitsstück aufgenommen wird. Ein solches besteht aus Holz, in das der Drechsler dem Objekt angepaßte Vertiefungen eindreht, die so geformt sind, daß durch das Einpressen dem Arbeitsstück der nötige Halt und die gewünschte Zentrierung verliehen wird. Sie erfordern gleichzeitig ein derartiges Festsitzen, daß die obengenannten Bedingungen erfüllt sind. Beim weicheren Werkstoff Holz tritt die Erleichterung ein, daß ohne die Anwendung einer Pinole gearbeitet werden kann. Die Herstellung solcher Holzfutter erheischt ein genaues Zusammenpassen der ausgedrechselten negativen oder positiven Aufnahmeformen mit jenen der Arbeitsstücke. In jedem Falle müssen diese mit Druck in das Futter gepreßt werden, und die vorgesetzte Pinole übernimmt die feste Zentrierung wie auch die Sicherung gegen ein eventuelles Ausspringen. Ein absolutes Festsitzen des Werkstückes im Futter soll Schwingungen, die beim Drehen leicht auftreten können, verhindern.

H Kontinuierlicher Antrieb

Die zentrale Frage bei den vielfältigen Problemen um die römische Metalldrehbank ist fraglos jene nach der Antriebsart. Wurde die Maschine alternierend mit Schnur und Bogen in Gang gesetzt oder konnte sie bereits mit kontinuierlichem Antrieb arbeiten? Für die exakte Vorstellung von der antiken Drehbank wie auch für einen Rekonstruktionsversuch kommt der Beantwortung dieser Frage entscheidende Bedeutung zu. Es muß daher mit aller Sorgfalt versucht werden, an den antiken Drehstücken Anhaltspunkte zu finden, die Schlüsse auf die Antriebsart erlauben. Andere Aussagemöglichkeiten gibt es nicht mehr. Spuren an den Drehstücken können aber nur indirekte Beweiskraft haben. Man stelle sich die Bearbeitung einer extrem großen Platte, wie sie sich beispielsweise im Kaiseraugster Silberschatz, Inv.-Nr. 62.3, Bild 211 im Katalog, findet, auf der Fiedeldrehbank praktisch vor. Von allen Nebenfragen (Befestigungsart usw.) soll dabei abgesehen werden. Man geht von der Annahme aus, die Platte sei einfach mit der Drehbank verbunden und bewege sich vor- und rückwärts. Weil, wie wir wissen, Späne nur bei der Vorwärtsbewegung losgelöst werden können, muß unbedingt am Ende eines derartigen Bewegungsintervalles das schneidende Werkzeug, wenn auch nur in geringer Tiefe, im Material steckenbleiben. Der Schnittwiderstand würde unweigerlich die nur mit geringer Antriebskraft bewegte Scheibe abrupt stoppen. An jeder derartigen Stelle hinterließe das Werkzeug eine entsprechende Markierung. Demnach müßte die ganze Fläche mit einer Unzahl solcher Stellen übersät sein und hätte ein pockennarbiges Aussehen. Da an sämtlichen untersuchten Objekten nirgends ein derartiges Aussehen festgestellt wurde, ist eine Bearbeitung auf einer alternierend bewegten Drehbank bestimmt ausgeschlossen. Wenn, im Gegensatz zu dieser Annahme, der Dreher jeweils mit großer Geschicklichkeit das Werkzeug gegen Ende der auslaufenden Vorwärtsbewegung von der Fläche abgehoben hätte, so müßten sich rasch verjüngende Drehrillen sichtbar sein. Dies wäre eine praktisch nicht durchführbare Arbeitsweise.

Eine Beobachtung, die an einer kleinen, etwa $1/2$ Liter fassenden Kasserolle gemacht werden konnte, liefert ein weiteres Argument für die kontinuierliche Antriebsart der antiken Drehbank. Die Kasserolle befindet sich in einer Walliser Privatsammlung. Nach Bild 30 ist ihr Boden sehr fein profiliert und sauber bearbeitet, und das ganze Gefäß ist nur mit einer dünnen Patina überzogen, so daß die gesamte Oberfläche genau kontrolliert werden kann. Auf dem Grund der innersten flachen Eindrehung sind deutlich zwei nebeneinander laufende Wellenbänder sichtbar. Diese Erscheinung ist nicht selten, doch hier besonders ausgeprägt, wie dies auf Bild 31 zu sehen ist. Sie läßt sich oft auch an modernen Drehstücken feststellen. In der Fachsprache werden solche Wellenbänder als ‹Rattermarken› bezeichnet. Sie entstehen dadurch, daß während des Drehvorganges entweder das Werkstück oder das Werkzeug in Vibration gerät. Die Ursache kann zum Beispiel darin bestehen, daß das Werkstück nicht fest genug mit der Drehbank verbunden ist. An Hohlkörpern treten Rattermarken besonders gerne auf. Beim genauen Beobachten der beiden Wellenbänder erkennt man, daß ihr Rhythmus nicht übereinstimmt. Daran läßt sich sogar die Breite des benutzten Werkzeuges, 1 mm, ablesen.

Bild 30
Boden der kleinen Kasserolle aus Binn (Privatbesitz). Nach Graeser, *Urschweiz 2* (1964), stammt sie aus dem 1. Jh. n. Chr.

Bild 31
Vergrößerter Ausschnitt aus der innersten Rille der Binner Kasserolle, auf dem deutlich die ‹Rattermarken› erkennbar sind. Vergr. = 7 ×.

Die Schlußfolgerung aus dieser Beobachtung kann nur die sein, daß die fragliche Kasserolle auf einer Drehbank mit kontinuierlichem Antrieb gedreht worden ist, denn Rattermarken dieser Art treten nur bei bestimmten Tourenzahlen auf, die wiederum nur bei kontinuierlichem Umlauf möglich sind. Bei alternierendem Antrieb ist die Entstehung von Rattermarken ausgeschlossen.

Hinzu kommen bei sehr vielen Schalen- oder Kasserollenböden derart feine und perfekte Formen, Profilierungen, tiefe und schmale Einstiche in das feste Material, daß sich bei alternierender Bewegung der Stichel darin unbedingt festgeklemmt haben müßte. Allein schon diese von der rein praktischen Seite her gedeuteten Feststellungen lassen nur die kontinuierlich angetriebene Drehbank zu. In verschiedenen Beispielen, die im Katalog enthalten sind, wird auf diese Besonderheit hingewiesen werden. Noch ein weiteres Argument sei dafür genannt. Es sind dies die ganz feinen Zierrillen auf den Innen- wie Außenseiten, die in ihrer Sauberkeit und Regelmäßigkeit nur in einer gleichmäßigen Umlaufbewegung erzeugt werden können.

Daß die Römer bereits über kontinuierlich angetriebene Drehbänke verfügt hätten, mag wohl da und dort Überraschung auslösen, da meist mit dem Begriff ‹antike Drehbank› die Vorstellung der primitiven Fiedeldrehbank bzw. Drechselbank verbunden ist. Geht man einen Schritt weiter und versucht, sich die herstellungstechnische Bewältigung großer Drehstücke mit einem Durchmesser von mehr als einem halben Meter zu vergegenwärtigen, so kommt man zum Schluße, daß solche unmöglich in kauernder Stellung ausgeführt werden konnten. Aus all diesen Gründen ist nur die Vorstellung einer großen, soliden und leistungsfähigen antiken Drehbank möglich. Außerdem ist die Annahme einer kontinuierlich angetriebenen Drehbank gar nicht so abwegig, denn die sich stets in gleichbleibender Richtung vollziehende Drehbewegung war bei anderen Anwendungen Selbstverständlichkeit. Als Analogien seien einige Beispiele angeführt: Wagenräder, Wasserräder, Laufräder an Kranen, Mühlen, von Menschen oder Tieren angetrieben, Zahnräder, Töpferscheibe und Knetmaschine [46]. Es dürften schwerlich plausible Gründe genannt werden, die es ausschlössen, daß gerade bei Drehbänken diese Bewegungsart nicht benützt worden wäre, da sie ja bei einer Reihe anderer antiker Maschinen zur Anwendung kam.

V Moderne Auswertungen und Deutungen

A Oberflächenprüfung

Die eingehende Beschäftigung mit gedrehten antiken Funden mußte schließlich zu der Frage führen, welche Aussagen man erwarten könnte, würden diese Gegenstände mit ganz modernen Verfahren geprüft. Für die praktische Durchführung eines solchen Gedankens ist selbstverständliche Voraussetzung, daß für eine Oberflächenprüfung ein Stück zur Verfügung steht, dessen Erhaltungszustand eine derartige Überprüfung überhaupt zuläßt. Ein Fundstück aus dem Rijksmuseum G. M. Kam, Nijmegen, Inv.-Nr. XXI, e. 13, bietet sich dazu an, weil an diesem, obwohl in drei Fragmente zerbrochen, die Oberfläche teilweise noch tadellos erhalten ist. Das Bild 32 zeigt das Objekt. Auf großen Flächenpartien ist die Unterseite nur leicht patiniert, so daß auf dieser die Oberflächenprüfung vorgenommen werden konnte [47]. Bild 33 vermag einigermaßen den Eindruck des Erhaltungszustandes der Unterseite zu vermitteln. Um ein optimales Ergebnis zu erreichen, wurde die Prüfung an vier möglichst weit auseinanderliegenden Stellen durchgeführt. Zwei davon befanden sich knapp außerhalb des Standringes, die dritte auf dem horizontalen Schalenrand (Bild 34) und die vierte auf der kurzen zylindrischen Außenseite des Standringes (Bild 35).

Bild 32
Römische Schale aus Bronze, aus drei Fragmenten zusammengesetzt. Durchmesser 188 mm, Höhe 46 mm. Inv.-Nr. XXI, e 13. Die ‹Füßchen› sind nur Photohilfen.

Bild 33
Bodenpartie mit Standring der Schale nach Bild 32. Der mittlere Wulst ist unterschnitten.

Bild 34
Randpartien der Schale nach Bild 32. Die Oberflächenprüfungen wurden an den am wenigsten beschädigten Stellen vorgenommen.

Bild 35
Der Standring der Bronzeschale. Die numerierten Pfeile stehen im Zusammenhang mit der Rundheitsprüfung.

Zum Verfahren der Oberflächenprüfung und der Deutung der Diagramme seien ein paar Bemerkungen vorausgeschickt. Mit einem sehr feinfühligen Taster (Abrundung $^3/_{1000}$–$^7/_{1000}$ mm) werden die Werkstückoberflächen mit hoher Frequenz abgetastet, wobei die von Auge nicht wahrnehmbaren Bewegungen elektronisch stark vergrößert auf einen laufenden Papierstreifen übertragen werden. Um kurze Diagramme zu erhalten, verwendet man für die Längsbewegung eine kleinere Vergrößerung, meist 100fach. Die Abstände zwischen den tiefsten und den höchsten Stellen der Bezugsstrecke geben die Rauhtiefe R_t an. Das Zeichen $\triangleq$ bedeutet ‹entspricht› und 1 μm $\triangleq$ $^1/_{1000}$ mm (gelesen Mikrometer). Das Tastverfahren wird heute neben anderen zur Kontrolle der Oberflächengüten, die im modernen Maschinenbau erforderlich sind, angewendet, wobei jedes Arbeitsverfahren typische Diagramme liefert.
Die Bilder 36 und 37 geben die Diagramme der zwei Prüfstellen an der Schalenunterseite wieder.

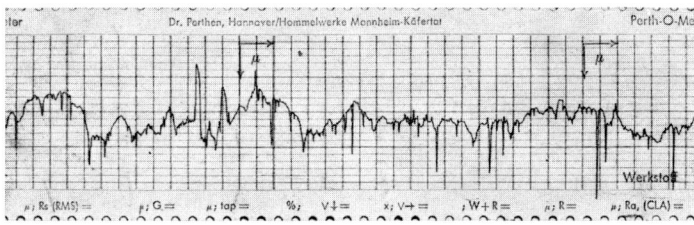

Bild 36
Oberflächenbild der Schale von der Prüfstelle rechts neben der Inv.-Nr. auf der Unterseite in Bild 33.
10 mm in der Höhe $\triangleq$ 2,5; V↓ 4000fach; R_t = 3 ... 4,5 μm (Ausreißer nicht berücksichtigt). 10 mm waagrecht μm V→ 100fach (1 μm = $^1/_{1000}$ mm).

Diese, wie auch jenes nach Bild 38, das das Diagramm von der Oberflächenprüfung einer horizontalen Randpartie nach Bild 34 wiedergibt, zeigen trotz der Korrosion und sonstigen Schäden, daß diese Teile durch Drehen bearbeitet wurden. Außerdem geht aus den Oberflächenbildern eindeutig hervor, daß die Schale nach dem Drehen zusätzlich einem Glättungsverfahren unterworfen wurde: Die nach außen liegenden Spitzen sind abgetragen und eingeebnet. Innen ist die Schale stärker poliert. Nach Lage der Dinge muß man annehmen, daß diese Politur mit losem, geschlämmtem Korn durchgeführt wurde, d. h. durch Läppen.

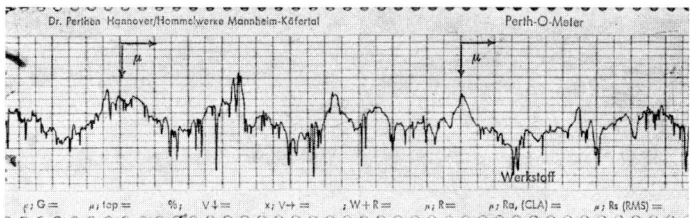

Bild 37
Oberflächenbild der Schale von der der ersten Prüfstelle gegenüberliegenden Stelle.
10 mm in der Höhe $\triangleq$ 2,5 mm; V↓ 4000fach; R_t = 4,5 μm. 10 mm waagrecht $\triangleq$ 250 μm; V→ 40fach.

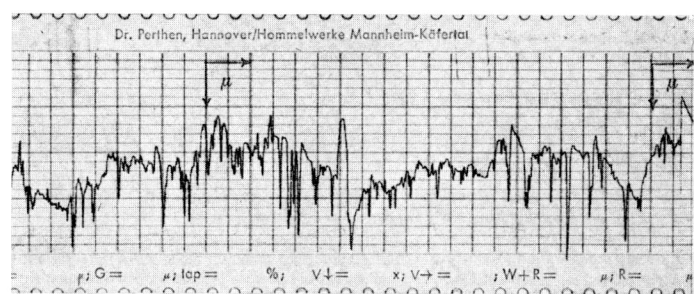

Bild 38
Oberflächenprüfung des Schalenrandes auf der Oberseite, nach Bild 32.
10 mm in der Höhe $\triangleq$ 2,5 μm; V↓ 4000fach; R_t ... 5,5 μm, 10 mm waagrecht $\triangleq$ = 250 μm; V→ 40fach.

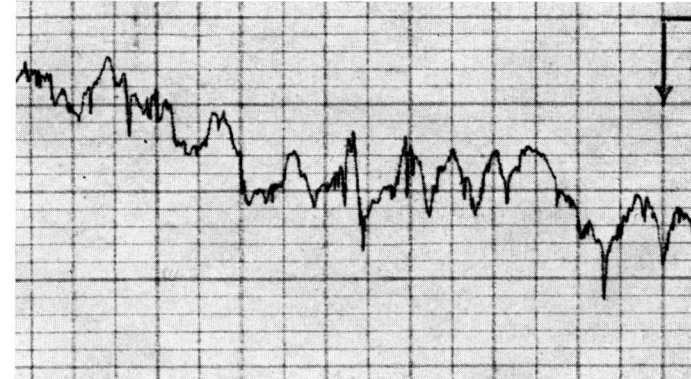

Bild 39
Oberflächenprüfung an der kegeligen Mantelfläche des Standringes von etwa 4 mm Höhe, nach Bild 35. Wegen der kurzen Abtastlänge war kein längeres Diagramm möglich.
10 mm in der Höhe $\triangleq$ 2,5 μm; V↓ 4000fach; R_t = 3,5 μm, 10 mm waagrecht $\triangleq$ 250 μm; V→ 40fach.

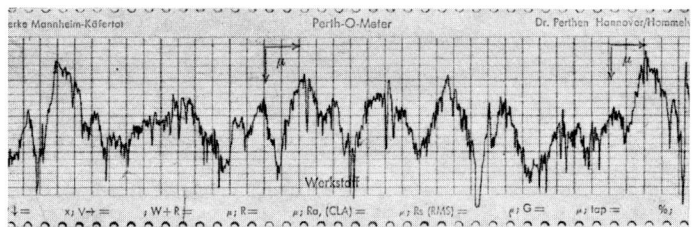

Bild 40
Oberflächenbild eines modernen Drehteiles, aufgenommen mit demselben Gerät, mit dem auch die Prüfungen an dem antiken Stück durchgeführt wurden.
10 mm in der Höhe $\triangleq$ 2,5 μm; V→ 4000fach; R_t 8 ... 12 μm, 10 mm waagrecht $\triangleq$ 250 μm; V→ 40fach.

Die tieferliegenden Ausreißer haben verschiedene Ursachen. Wesentlich daran beteiligt ist die Korrosion. Auch der Zustand der Drehwerkzeuge hat das Seinige dazu beigetragen. An manchen Stellen an der Unterseite der Schale sind Rattermarken deutlich zu erkennen. Das darf man als Beweis werten, daß sich die römischen Dreher bemühten, die Werkzeugmaschine und die Werkzeuge bis zur Grenze auszunützen. Offen ist noch die Frage, ob die Werkzeuge freihändig geführt wurden oder in einen Support gespannt waren. Bei dem hohen Stand der römischen Drehkunst darf man annehmen, daß den Römern der Support bekannt war. Auch das gleichmäßige Drehbild spricht für die Verwendung eines Supports. Ein Gleiches besagt auch Bild 39 mit dem Diagramm der Abtastung der Standringaußenseite. Zum Vergleich ist nach Bild 40 das Oberflächendiagramm eines normalgedrehten Werkstückes aus der heutigen Produktion beigefügt.

Rundheit der gedrehten Schalen.

Die beim Prüfen der Oberfläche ermittelten Ergebnisse gaben Veranlassung, eine Prüfung der Rundheit vorzunehmen. Als einzige Stelle eignete sich dazu der Standring (Bild 33) des Bodenprofils der Schale. Das Ergebnis dieser mit einem Mikrometer durchgeführten Prüfung ist in Bild 41 wiedergegeben. Die Rundheitsabweichungen sind außerordentlich klein, wenn man die Schwierigkeiten des Einspannens berücksichtigt. Wahrscheinlich ist die Abweichung unmittelbar nach der Herstellung vor fast 2000 Jahren noch kleiner gewesen als heute, denn es ist nicht anzunehmen, daß die Beanspruchungen und Beschädigungen der Rundheit nicht geschadet oder sie sogar verbessert haben sollten. Um die gemessene Rundheit noch weiter zu prüfen, wurde das gleiche Objekt an der gleichen Stelle noch einer Rundheitsprüfung mit dem Rundheitsmeßgerät ‹Talyrond› unterzogen [48].

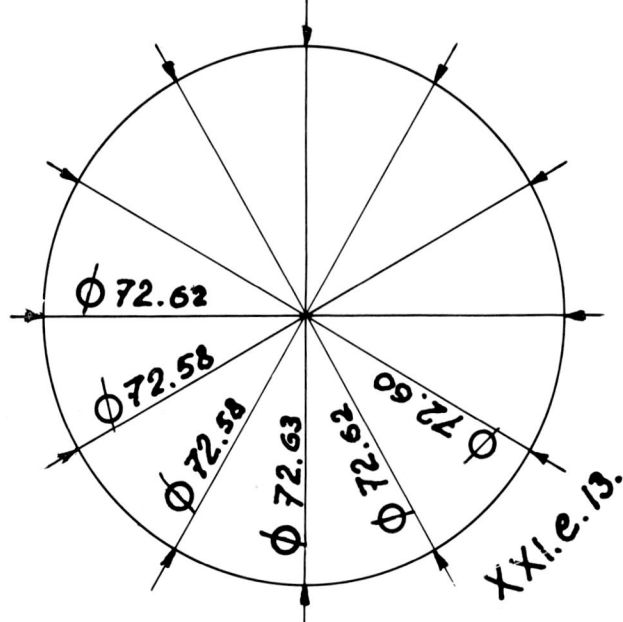

Bild 41
Durchmesser des Standringes in Bild 33. Die Messungen haben die richtige Lage, wenn sich die Inv.-Nr. deckt.

Die Numerierungen am Standring auf Bild 35 geben die Reihenfolge der Rundheitsdiagramme an, die mit den Diagrammen 1, 2 und 3, Bilder 42, 43 und 44, übereinstimmen. Die Kurven zeigen eine weitgehende Übereinstimmung der Prüfungsebenen. Selbst mit modernen Fertigungsmitteln sind Rundheitsabweichungen unter 0,02 mm an solch großen Teilen heute noch selten.

Dieser erstaunlich hohe Grad an Präzision wirft die Frage auf, ob es stimmt, daß die Hauptspindeln römischer Drehbänke in Holzlagern liefen. Wegen der enormen Fertigungsschwierigkeiten und des hohen Gewichts werden die Hauptspindeln damals aus Holz bestanden haben. Was spricht aber dagegen, daß an den Lagerstellen Metallringe aus Bronze aufgezogen und das Spindellager in gleicher Weise ausgebuchst war?

Betrugen die Abweichungen der Rundheit ursprünglich nur 0,02 bis 0,03 mm, was als wahrscheinlich anzusehen ist, dann darf

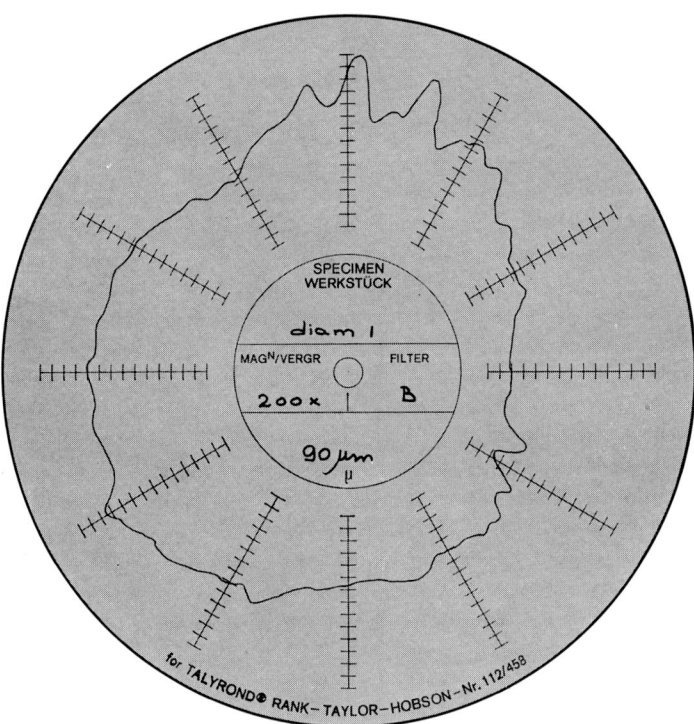

Bild 42
Kurvenbild der Rundheitsprüfung an Stelle 1. (Die Bilder 42, 43 und 44 sind mit Bild 35 zu betrachten.)

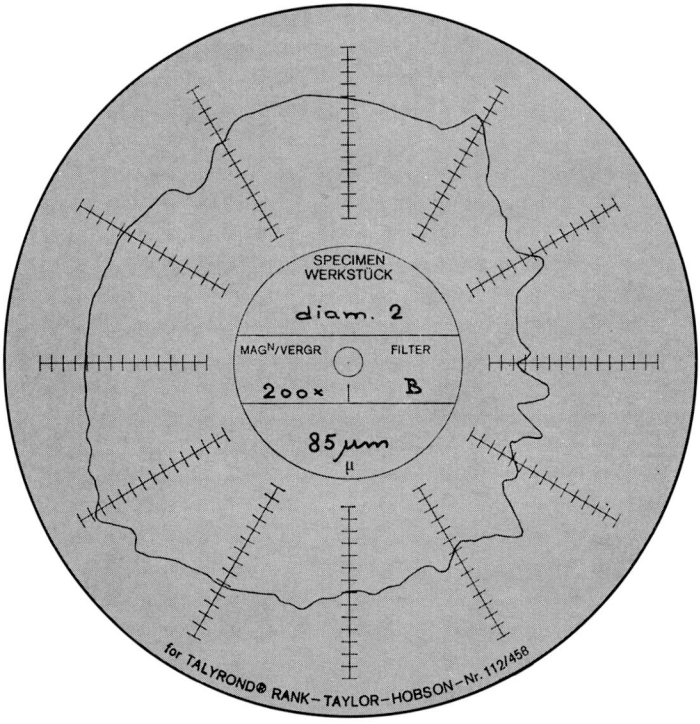

Bild 43
Kurvenbild der Rundheitsprüfung an Stelle 2.

man es bei der Größe der Spannmittel und der Werkstücke als erwiesen betrachten, daß die Metallager nicht zylindrisch, sondern kegelig waren. Anders sind so kleine Rundheitsabweichungen nicht zu erzielen. Kegellager haben auch den Vorteil, daß man sie in relativ einfacher Weise mit losem Korn genügend genau einläppen kann. Nur einwandfrei laufende Kegellager sind in der Lage, so kleine Rundheitsabweichungen, wie sie durch die durchgeführten Prüfungen festgestellt werden konnten, bei Werkstücken der genannten Größen einzuhalten.

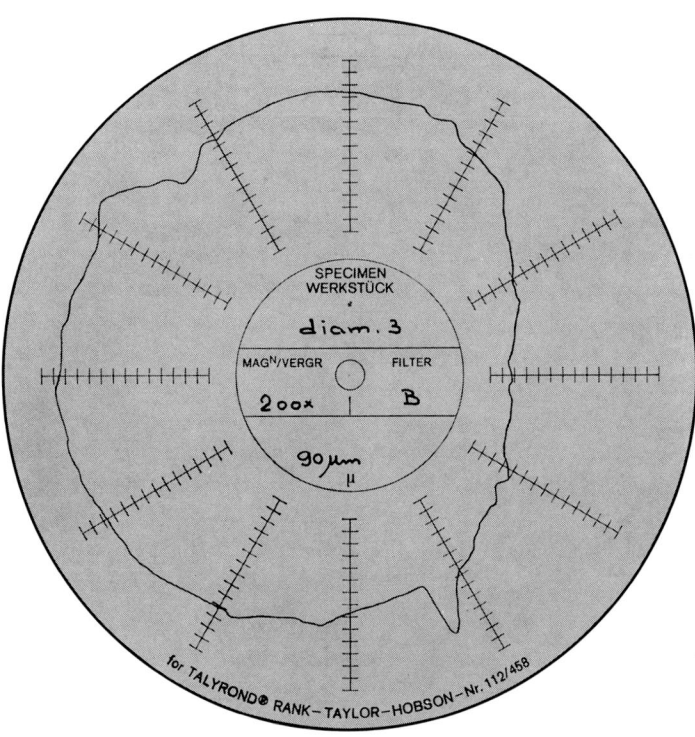

Bild 44
Kurvenbild der Rundheitsprüfung an Stelle 3.

B Berechnung der Schnittkraft

Beim Zerspanen durch Drehen sind nicht unerhebliche Kräfte wirksam. Es war daher eine wesentliche Frage, ob an den antiken Fundstücken sich genügend Indizien finden lassen, die als Grundlagen für entsprechende Berechnungen dienen können. In der grundsätzlichen Bewertung eines Ergebnisses derartiger Berechnungen müssen sowohl ein positiver als auch ein negativer Aspekt berücksichtigt werden. Beim positiven Aspekt ist festzuhalten, daß in den sachlichen Gegebenheiten (Materialeigenschaften, Abmessungen, Regelung der Schnittgeschwindigkeiten usw.) auch durch den großen zeitlichen Abstand keine Differenzen geltend gemacht werden können. Die Voraussetzungen waren in der Antike wie heute die gleichen. Auch wenn es selbstverständlich ist, daß den Römern eine mathematische Betrachtungsweise des Drehens unbekannt war, operierten sie ausschließlich empirisch. Anderseits muß ebenso bemerkt werden, daß manche wichtige Faktoren (Reibungsverluste, schlechte Kraftübertragung usw.) in keiner Weise rekonstruierbar sind [49]. In ganz besonderer Weise boten sich für derartige Untersuchungen zwei Stücke aus dem spätrömischen Silberschatz von Kaiseraugst an. Auf der Rückseite der berühmten Achilles-Platte, Inv.-Nr. 62.1, sind auf der ganzen Fläche deutliche, konzentrische, kreisrunde Drehrillen sichtbar. Auf Bild 45 läßt sich auch erkennen, daß diese meßbar sind. Die Breite einer besonders prägnanten Drehrille beträgt 4 mm. Beim zweiten Stück handelt es sich um die 610 mm im Durchmesser messende Platte, Inv.-Nr. 62.3. Wie aus Bild 46 ersichtlich ist, weist sie keinerlei figürlichen Schmuck auf. Dagegen sind beidseitig Drehspuren vorhanden, die in den Bildern 47 und 48 deutlich sichtbar sind. Diese Platte ist das größte gedrehte Stück, das der Verfasser bis heute bei seinen Nachforschungen gefunden hat. Die 4 mm breite Drehrille und der große Durchmesser von 610 mm sind die Ausgangspunkte für die folgenden technischen Berechnungen. Ziel dieser Berechnungen ist, wie oben angedeutet, den approximativen Kraftbedarf des Antriebes zu ermitteln.

Bild 45
Rückseite der Achillesplatte, Inv.-Nr. 62,1 vom spätrömischen Silberschatz von Kaiseraugst.

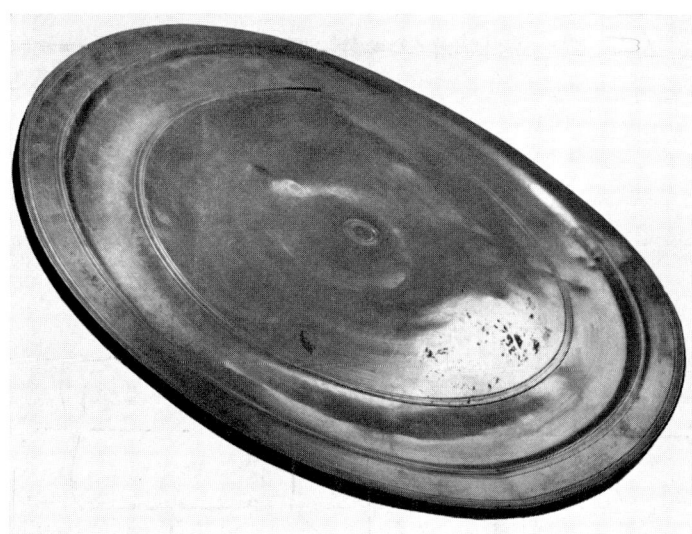

Bild 46
Rückseite der großen Platte, Inv.-Nr. 62,3 mit 610 mm Durchmesser aus dem spätrömischen Silberschatz von Kaiseraugst. Beide im Römermuseum Augst und vor der Restaurierung aufgenommen.

Von römischen Drehbänken sind weder Bilder noch Beschreibungen überliefert. Es bleibt daher kein anderer Weg, als aus den Fundstücken, die nachweisbar in römischer Zeit gedreht wurden, auf die Größe und Form der benutzten Drehbänke zu schließen. Als sicher kann angenommen werden, daß diese Maschinen aus Holz bestanden haben.

Bild 47
Randpartie von der Oberseite der großen Platte. Die scharfe Kante, die vom schrägen Rand zur inneren Plattenfläche gebildet wird, und die drei von feinen Einstichen flankierten Hohlkehlen sind nur durch Drehen herzustellen.

Bild 48
Teil der Unterseite der gleichen Platte, auf welcher beidseits des schmalen Standringes die Drehrillen ganz deutlich erkennbar sind.

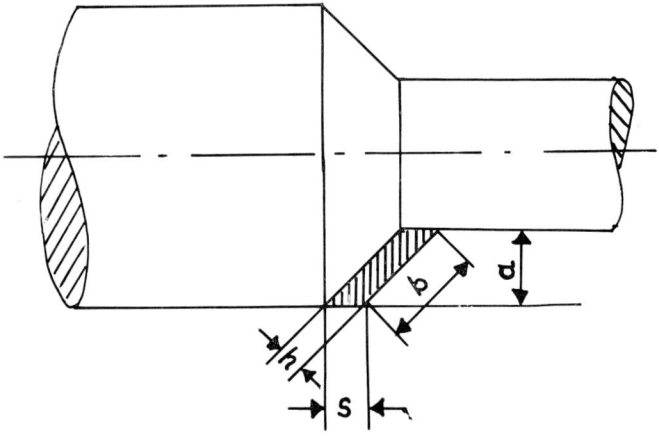

Bild 49
Skizze mit Legende zur Erklärung des Spanquerschnittes.

Vorbemerkungen zur Berechnung der Schnittkraft.
Die Schnittkraft F_s (P_s) wirkt in Schnittrichtung auf das Werkzeug. Sie berechnet sich nach folgender Formel:

F_s = Spanungsquerschnitt A · spezifische Schnittkraft k_s
$F_s = A \cdot k_s = a \cdot s \cdot k_s = h \cdot b \cdot k_s$

s = Vorschub in Millimeter pro Umdrehung (Bild 49).

Während die Querschnittsfläche A ohne Schwierigkeiten zu berechnen ist, wenn man die Schnittiefe a und den Vorschub s kennt, ist der Wert k_s für die spezifische Schnittkraft alles andere als eine Konstante. k_s ist sogar während der Bearbeitung eines Werkstückes – abgesehen von der Stumpfung der Schneide – veränderlich und mit vielen systematischen und zufälligen Fehlern behaftet. Wegen der Stumpfung der Schneide wächst k_s ständig, aber keineswegs in Form einer Geraden, sondern gleichförmig steigend.
Folgende Faktoren beeinflussen k_s:

1. Schnittgeschwindigkeit v,
2. Spanungsdicke h, die bei unveränderter Spantiefe mit kleiner werdendem Anstellwinkel abnimmt,
3. Stumpfung der Schneide,
4. Kühlschmierung,
5. Winkel am Werkzeug, Form des Werkzeuges,
6. Warmbehandlung des Stahles,
7. Werkstoff des Werkzeuges,
8. Schärfe der Schneiden, Schartenfreiheit der Schneiden, Glätte der Werkzeugflächen,
9. Schlankheitsgrad der Werkstücke,
10. Zustand der Werkzeugmaschine.

Diese keineswegs vollständige Aufstellung möge genügen, um die Schwierigkeiten einer nachträglichen Berechnung anzudeuten, denn die Einflußgrößen der meisten Faktoren sind für die von den Römern gedrehten Teile unbekannt und lassen sich günstigenfalls schätzen. Die Vielzahl der vorstehend genannten Faktoren dürfte auch die unterschiedlichen Ergebnisse der vielen, heute auf dem Gebiet der Zerspanung tätigen Forscher verständlich machen.

Eine weitere Formel für die Berechnung von F_s lautet:

$F_s = b \cdot h^{1-z} \cdot k_{s1.1}$
b = Spanungsbreite
h = Spanungsdicke
$1 - z$ = Anstiegswert im logarithmischen Feld,
$k_{s1.1}$ = Wert der spezifischen Schnittkraft für einen Spanungsquerschnitt $1 \cdot 1$ mm²

Trotz vielen Untersuchungen sind bis jetzt nur wenig übereinstimmende Werte für k_s, mitunter auch k_m bezeichnet (Schwerd), ermittelt worden. Wesentlichen Einfluß hat die Spanungsdicke h. In dem AWF-Blatt 158 (letzte Ausgabe 1949) ist z. B. zu finden:

St 50 $s = 0{,}1$ mm/U – $k_s = 400$ kp/mm² (St = Stahl)
       $s = 0{,}2$ mm/U – $k_s = 260$ kp/mm²
       $s = 0{,}4$ mm/U – $k_s = 190$ kp/mm²
       $s = 0{,}8$ mm/U – $k_s = 136$ kp/mm²
Rotguß (Bronze ist nicht aufgeführt)
       $s = 0{,}1$ mm/U – $k_s = 140$ kp/mm²
       $s = 0{,}2$ mm/U – $k_s = 100$ kp/mm²
       $s = 0{,}4$ mm/U – $k_s = 70$ kp/mm²
       $s = 0{,}8$ mm/U – $k_s = 52$ kp/mm²

In den ‹Technischen Informationen› der Firma Krupp TI J2-10067 (1969) sind (nach Kienzle) folgende Werte genannt:

St 50: $h = 0,06$ mm – $k_s = 420$ kp/mm²
$h = 0,1$ mm – $k_s = 361$ kp/mm²
$h = 0,16$ mm – $k_s = 319$ kp/mm²
$h = 0,25$ mm – $k_s = 283$ kp/mm²
$h = 0,4$ mm – $k_s = 250$ kp/mm²
$h = 0,63$ mm – $k_s = 224$ kp/mm²
$h = 1,0$ mm – $k_s = 199$ kp/mm²
$h = 1,6$ mm – $k_s = 178$ kp/mm²
$h = 2,5$ mm – $k_s = 158$ kp/mm²

Rotguß oder Bronze sind in dieser Aufstellung nicht enthalten. Ein Vergleich beider Tabellen ergibt nur geringe Übereinstimmung. Zieht man noch weitere Tabellen hinzu, so wird das Bild keineswegs besser.

Berechnung der Schnittkraft und der Leistung, die zum Drehen der römischen Gefäße aufzubringen waren:
Zum Berechnen der Schnittkraft F_s müssen folgende Werte bekannt sein:

Schnittiefe a
Vorschub b
Schnittdruck k_s
oder
Spanungsbreite b
Spanungsdicke h
$1 - z$ als werkstoffabhängiger Exponent
k_s 1 · 1

Bekannte Ausgangswerte

Für die Beschaffung verläßlicher Werte über die Festigkeit antiken Materials bot sich Gelegenheit, mit einem Splitter einer stark beschädigten Platte, Inv.-Nr. 62.5, aus dem spätrömischen Silberschatz von Kaiseraugst entsprechende Untersuchungen durchzuführen. Aus der metallographischen Aufnahme (Bild 50) und der Bildlegende wie auch aus der chemischen Analyse sind folgende Aufschlüsse zu entnehmen:

Silber $= 96,39\%$
Kupfer $= 2,57\%$
Gold $= 0,77\%$
Blei $= 0,25\%$
Wismut, Zinn = Spuren

Einem amerikanischen Aufsatz über Silber-Kupfer-Legierungen (Metals Handbook, 8. Ausgabe, 1. Bd., 1961, American Society for Metals, S. 1182/83) können die nötigen Vergleichszahlen entnommen werden. Nach dieser Arbeit läßt sich folgende Tabelle über die Zugfestigkeit aufstellen:

 0 % Cu = 19,0 kg/mm²
 5 % Cu = 21,8 kg/mm²
10 % Cu = 27,4 kg/mm²
20 % Cu = 33,4 kg/mm²
30 % Cu = 37,3 kg/mm²
40 % Cu = 38,5 kg/mm²
50 % Cu = 38,5 kg/mm²

Da sich diese Zahlen ebenfalls auf den geglühten Zustand beziehen, so kann bei einem Cu-Gehalt von 2,57 % der Silberplatte auf eine Zugfestigkeit von 20 kg/mm² geschlossen werden. Dieser Wert dürfte erfahrungsgemäß $\pm 10\%$ unsicher sein. Damit wäre für die folgenden Berechnungen ein wichtiger Faktor festgelegt.

Bild 50
Metallographische Aufnahme von einem Splitter einer Silberplatte aus dem spätrömischen Silberschatz von Kaiseraugst, Inv.-Nr. 62,5. Auswertung der Aufnahme: Es liegt ein einphasiges, ziemlich gleichmäßiges und feinkörniges Gefüge vor (mittlere Korngröße etwa 0,04 mm). Nach der Struktur zu urteilen, befindet sich das Metall nicht im Gußzustand, vielmehr ist es kaltverformt und hernach ausgeglüht, d. h. in den weichen Zustand übergeführt worden, wofür die vielen deutlich erkennbaren Zwillingskristalle sprechen. Diese (1) weisen auf Kaltverformung und Glühung hin, wie auch die Gleitlinien (2) Merkmale für die Kaltverformung sind. Vergrößerung: linear 100×.

Spanungsbreite b

Auf Grund der bei Bild 45 gemachten Angaben wurde eine Spanungsbreite von 4 mm zugrunde gelegt.

Angenommene Werte

Es ist weder die Form der Werkzeuge noch die Größe der Anstellwinkel bekannt. Ansatzpunkte für eine sichere Schätzung dieser Größen fehlen ebenfalls. Man ist deshalb nur auf Vermutungen angewiesen.

Spezifischer Schnittdruck k_s

Aus den oben angeführten Tabellen kann als maßgebender Faktor für den k_s-Wert eine Zugfestigkeit von 20 kp/mm² in die Berechnung eingesetzt werden.

Werkzeugwinkel – Zustand der Schneiden

Die Größe der Winkel am Werkzeug ist ebenso unbekannt wie der Zustand der Schneiden. Nach Lage der Dinge darf man jedoch annehmen, daß ‹schartenfreie Schneiden› noch unbekannt waren. Im Gegenteil, der Grat wird an den Werkzeugen verblieben sein, um zum mindesten zu Beginn des Drehens ein leichteres Schneiden zu erzielen. Auf Grund der Sachlage ist mit einem größeren Verschleiß der Werkzeuge zu rechnen als heute.

Benutzte Formel

Wegen den unvollständig vorhandenen Faktoren wird der Berechnung die Formel zugrunde gelegt, die am wenigsten Unbekannte enthält:

$$F_s = a \cdot s \cdot k_s$$

Vorschub s

Durch Versuche wurde beim Drehen von Hand, allerdings beim Drehen von G-CuZn 40 Pb (Gußmessing mit 58 % Kupfer) eine übliche Spandicke, d.h. ein Vorschub zwischen 0,15 und 0,4 mm/U, ermittelt. Dieser Vorschub ergab sich ziemlich unabhängig von der Schnittiefe. Bei kleineren Vorschüben muß der Dreher mit erhöhter Vorsicht arbeiten, während ein größerer Vorschub vermehrte Anstrengungen erforderte. Mit einem entsprechenden Kraftaufwand läßt sich der Vorschub allerdings merklich erhöhen. Der Berechnung wird deshalb ein Vorschub von 0,15–0,4 mm/U zugrunde gelegt. Gleichzeitig wird von der Voraussetzung ausgegangen, daß das Zerspanen von Gußmessing eine ausreichende Ähnlichkeit mit dem Zerspanen von Silber und Bronze bietet. Die Schneiden der Werkzeuge waren bei dem genannten Versuch nahezu schartenfrei. Mit dem Stumpfen der Werkzeuge wuchs der Kraftaufwand, und der Vorschub war weniger gleichmäßig.

Berechnung der k_s-Werte

Kronenberg weist in seinem Buche ‹Grundzüge der Zerspanungslehre› (Springer-Verlag, Berlin 1954) einen Zusammenhang zwischen Zugfestigkeit und dem Schnittdruck nach, ohne allerdings konkrete Zahlenwerte zu nennen. Offensichtlich nimmt das Verhältnis zwischen spezifischer Schnittkraft und der Bruchfestigkeit $= k_s : \delta_B$ mit der Härte der Werkstoffe ebenfalls ab. Für weiche Werkstoffe ist ein Verhältnis 2,5 ... 3,2 angegeben. In verschiedenen Tabellen findet man für Bronze k_s-Werte zwischen 60 und 100 kp/mm².

Werte für k_s (kp/mm²)

Werkstoff	Vorschub in mm/U		$2,5 \cdot \delta_B$	$3,2 \cdot \delta_B$	$F = 1 \cdot 1$ mm²	
	0,16	0,25	0,4			
Silber $\delta_B = 18$ kp/mm²	81	99	63	77	50	69	45	58
Silber $\delta_B = 22$ kp/mm²	104	126	81	98	73	88	55	70
Rotguß	108	180	84	140	75	125	60	100

Berechnung der Schnittkraft F_s $F_s = a \cdot s \cdot k_s$

Werkstoff	F_s für Vorschübe s in mm/U (kp)		
	$s = 0,16$ $a \cdot s = 0,64$ mm²	$s = 0,25$ $a \cdot s = 1$ mm²	$s = 0,4$ $a \cdot s = 1,6$ mm²
Silber $\delta_B = 18$ kp/mm²	51 63	63 77	89 110
Silber $\delta_B = 22$ kp/mm²	66 79	81 98	117 141
Rotguß	69 115	84 140	120 200

Für Silber liegen die Schnittkräfte zwischen 51 und 141 kp, für Rotguß zwischen 69 und 200 kp.

Berechnung der Leistung

Zur Berechnung der Leistung gelten folgende Formeln:

$$N_{ps} = \frac{a \cdot s \cdot k_s \cdot v}{60 \cdot 75} = \frac{F_s \cdot v}{60 \cdot 75},$$

$$P_{kW} = \frac{a \cdot s \cdot k_s \cdot v}{60 \cdot 102} = \frac{F_s \cdot v}{60 \cdot 102}.$$

In diesen Formeln ist die Schnittgeschwindigkeit ein noch unbekannter Faktor. Die Formel zur Berechnung von v lautet:

$$v = d \cdot \pi \cdot n$$

An den genannten Fundstücken sind die Durchmesser der Silberplatten mit 475 und 610 mm festgestellt, doch bleiben die Drehzahlen, mit denen diese Platten gedreht wurden, weiterhin in Dunkel gehüllt. Nur aus Versuchen läßt sich rekonstruieren, mit welchen Drehzahlen die Römer ihre Gefäße wahrscheinlich gedreht haben. Solche Versuche auf einer nachgebauten Drehbank (siehe Kapitel V, D) ergaben beim Drehen von Rotguß die besten Ergebnisse mit einer Drehzahl von $n = 80$ min^{-1}. Sowohl bei einer höheren als auch bei einer niederen Drehzahl neigte die Drehbank zum Rattern. Diese Feststellung gilt für Werkstückdurchmesser um 200 mm. Rechnen wir mit diesen Werten, so ergibt sich:

$$v = 200 \cdot 3,14 \cdot 80 = \text{rund } 50 \text{ m/min}.$$

Trotz den Durchmessern der Silberplatten von 475 und 610 mm bleiben wir bei der Schnittgeschwindigkeit von 50 m/min und gehen von der Annahme aus, daß beim Drehen von großen Durchmessern die Drehzahl vermindert wurde. Ein Blick in die Geschwindigkeitstabellen lehrt, daß der Wert von 50 m/min erheblich unter den heute üblichen Schnittgeschwindigkeiten für Bronze liegt.

Setzen wir diesen Wert in obige Formeln ein, so erhält man für die Grenzwerte $k_s = 51$ kp/mm² und 200 kp/mm² folgende Leistungen:

$k_s = 51$ kp/mm²: $N = 0,57$ PS $= 0,42$ kW
$k_s = 200$ kp/mm²: $N = 2,2$ PS $= 1,6$ kW

Diese Leistungen müssen an der Schneide des Drehmeißels zur Verfügung stehen, d.h. der Antrieb muß wegen der Verluste um einiges höher sein. Der Wirkungsgrad η heutiger Drehmaschinen liegt zwischen 0,7 und 0,85. Ein solcher Wirkungsgrad ist für die damalige Zeit jedoch entschieden zu hoch. Selbst wenn die Hauptspindeln römischer Drehbänke aus Metall bestanden, dürfte η nicht größer gewesen sein als 0,6. Daraus ergeben sich folgende Antriebsleistungen:

$k_s = 51$ kp/mm² $P = 0,95$ PS $= 0,7$ kW
$k_s = 200$ kp/mm² $P = 3,7$ PS $= 2,7$ kW

Nimmt man holzgelagerte Hauptspindeln an, so liegt die Antriebsleistung noch merklich höher.

Zusammenfassende Betrachtung der Leistung.

Sollten die Römer ihre Drehbänke so gebaut haben, daß sie in allen Fällen die günstigsten Werte erreichten – was aber mehr als unwahrscheinlich ist –, dann liegt selbst der Wert von knapp 1 PS so hoch, daß kein Mensch und auch kein Pferd diese Dauerleistung aufzubringen vermochte.

Große Drehbänke, um etwa die beschriebenen Werkstücke zu bearbeiten, brauchen aber unbedingt eine Reserve. Unter den damaligen Umständen kam zum Antrieb der Drehbänke Wasserkraft in Frage, oder mehrere Pferde bzw. Maulesel mußten den Antrieb übernehmen. Fiedelbögen als Antrieb scheiden auf jeden Fall aus. Die Drehbilder der gefundenen Gegenstände weisen eindeutig auf einen unveränderten Drehsinn der Hauptspindel hin.

Dieses interessante rechnerische Ergebnis, mit dem zum ersten Male versucht wurde, eine klare Vorstellung über die realen Gegebenheiten der antiken Drehtechnik zu gewinnen, hat noch weiterreichende Konsequenzen. Wenn man nun weiß, daß der Antrieb einer größeren Drehbank mindestens 1 PS erforderte, so kommen als Energiequellen nur die obengenannten Möglichkeiten in Betracht: Wasserkraft und Tiergöpel. Zwischen dem Antriebsaggregat, gleichgültig ob durch Wasser- oder tierische Kraft angetrieben, und der Drehbank muß sich notwendigerweise für das Ein- und Ausschalten der Drehbewegung eine entsprechende geeignete mechanische Einrichtung befunden haben. Aus der Vielzahl gedrehter römischer Objekte, von kleinen Knöpfen bis zu großen Platten und Eimern, kann geschlossen werden, daß verschiedene Typen von Drehmaschinen bezüglich Größe und Bauweise existiert haben müssen. Es ist völlig ausgeschlossen, daß diese reichen Varietäten an gedrehten Gegenständen auf ein und demselben Drehbanktyp hergestellt worden sind. Außerdem vermitteln diese Darlegungen eine ungefähre Vorstellung römischer industrieller Produktionsstätten, die aller Wahrscheinlichkeit nach um einiges umfangreicher waren, als man bisher anzunehmen geneigt war. Wenn meines Wissens auch noch keine Reste römischer Drehbänke gefunden oder als solche erkannt wurden, so hängt dies möglicherweise damit zusammen, daß sich die *vascularii* mit ihren Kraft und Raum erheischenden Werkstätten nicht in den Städten, sondern an geeigneten Flußläufen oder auf dem freien Lande etabliert hatten.

C Gießen und Drehen

Das Drehen ist eine rein mechanische Bearbeitungsart, mit der innerhalb gewisser Grenzen Formen hergestellt oder Oberflächen verbessert werden. Diesem Arbeitsprozeß muß notwendigerweise noch ein anderer vorausgegangen sein, mit dem die rohe Grundform geschaffen wurde. Denn erst an einer solchen lassen sich Verfeinerungen vollziehen. Glücklicherweise geben auch in dieser Beziehung die Fundstücke klare und eindeutige Auskünfte. Bronze ist ein ziemlich sprödes Material, weshalb sie leicht bricht. Besonders dann, wenn es sich um dünnwandige Gefäße handelt, die etwaigen Drücken nicht sehr viel Widerstand entgegensetzen können. Bruchstellen an Gefäßrändern oder Fragmenten zeigen auf den Bruchflächen auch eine von Auge zu erkennende grobe Struktur. Diese Rauheit der Bruchfläche ist ein deutlicher Beweis, daß gegossenes Material vorliegt. In Bild 51 handelt es sich um drei Aufnahmen eines Fragmentes der kleinen Kasserolle von Binn (Oberwallis). Deutlich ist die grobe Gußstruktur von der dicken Randlippe zur fein auslaufenden Spitze zu beobachten. Auch der scharfe und glatte Verlauf der Bruchkanten ist ein charakteristisches Merkmal des spröden Werkstoffes, der kaum Verformungsfähigkeit besitzt. Im Gegensatz dazu steht z. B. Schmiedeisen, das mehrmals hin- und hergebogen werden kann, bevor es bricht; seine Bruchfläche hat ein ganz anderes Aussehen.

Der Beweis dafür, daß es sich bei derartigen Bronzegefäßen um gegossene Stücke handelt, kann noch weitergeführt werden. An einem Bodenfragment der Augster Kasserolle (Inv.-Nr. 59/10 895) konnte eine metallographische Untersuchung durchgeführt werden. Bild 52 zeigt bei 75facher Vergrößerung die Gußstruktur, in der keine Anzeichen einer Kaltverformung festzustellen sind. Der große weiße Fleck am obern Bildrand ist eine Innenkante einer eingedrehten Bodenrille (im Schnitt). Diese Eindrehung erfolgte also in das kompakte Gußmaterial. Außer Gießen und Drehen wurde keine andere Verformung vorgenommen.

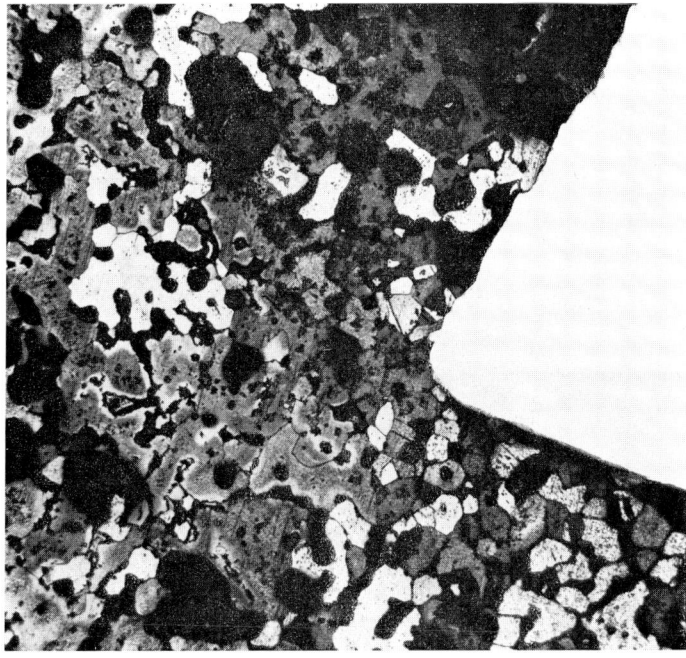

Bild 52
Metallographische Aufnahme aus der Bodenpartie der Kasserolle Inv.-Nr. 59/10895, Römermuseum Augst, die eine reine Gußstruktur zeigt, ohne irgendeine nachträgliche Kaltverformung. Die weiße Fläche ist eine Ecke einer direkt in das gegossene Material eingedrehten Bodenrille. Vergrößerung: linear 75 ×.

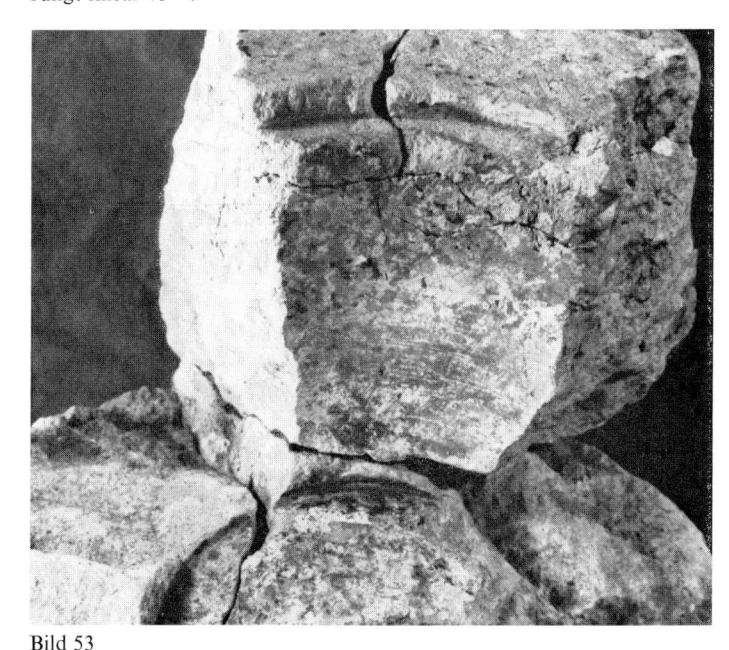

Bild 51
Bruchfläche eines Fragmentes der kleinen Kasserolle von Binn. Die Bilder zeigen sowohl die grobe Gußstruktur als auch die abnehmende Wanddicke.

Bild 53
Seitliche Ansicht der steinernen gedrehten Kasserollengußform. In den Fragmenten sind sowohl das Boden- als auch das Wandprofil gut erhalten.

Ob die Abgüsse nach dem Wachsausschmelzverfahren oder mittels fester Modelle hergestellt worden sind, kann, wenn die gesamte Oberfläche überarbeitet ist, nicht mehr festgestellt werden. Sind sie nach festen und teilbaren Modellen gegossen, ist nach dem Guß eine Gußnaht vorhanden, die dort entsteht, wo die Modellteile zusammentreffen.

In ganz unerwarteter Weise fand dieses Problem eine weitgehende Klärung. Bei zufälligen Erdarbeiten kamen 1968 in Lyon, auf dem Plateau La Sarra, das als römisches Handwerkerquartier bekannt war, einige Steinfragmente zum Vorschein, die sich bei der näheren Untersuchung als Teile von Metallgußformen erwiesen [50]. Die Gußformen sind außen roh zugehauen, aber auf der Innenseite sehr fein ausgedreht. Eine Aussage, die von Bild 53 mit den an der Wandung erkennbaren Drehspuren bestätigt wird. Sie bestehen aus Kalkstein und sind im Innern von der Hitze der Metallschmelzen stark kalziniert und durch den Gebrauch mit einer Deckschicht überzogen, die aus einer Mischung von Blei- und Zinnoxiden mit wenig Zink besteht. Es handelt sich um zweischalige Gießformen, von denen Bild 54 die Fragmente einer Kasserollengußform in der Ansicht von oben zeigt. Die Unterteile weisen Fugen auf, die es ermöglichten, die inneren Formteile zu zentrieren. Aus Bild 55 ist außer dem Querschnitt auch das auffallende Verhältnis der ausgedrehten Hohlform zur ganzen massiven Gußform ersichtlich.

Da diese große Steinmasse der relativ geringen eingegossenen Metallquantität die Hitze schnell zu entziehen vermochte, wäre die Frage durch Versuche zu prüfen, inwieweit eine rasche Erstarrung und Abkühlung der Schmelze die Qualität des gegossenen Materials zu beeinflussen vermochte. Diese Frage erhebt sich dadurch, weil der Verfasser immer wieder eine große Zähigkeit an derartigen Gefäßen beobachten konnte. Dr. Picon datiert diese Funde in das Ende des 1. Jh. n. Chr.

Die Gießform nach Bild 56 zeigt, daß diese Fragmente den ganzen Querschnitt im Original erkennen lassen. Hier handelt es sich um einen Teller, der im Verhältnis zu seinem Durchmesser niedrig ist. Aus Bild 57 ist wiederum das besagte Verhältnis zwischen der Hohlform und dem Gesamtvolumen der Gußform ersichtlich. Da leider die Gegenformen fehlen, ist es nicht auszumachen, in welcher Wandstärke die Gefäße gegossen wurden. Es wäre dies für die Beurteilung der Drehleistung von großer Bedeutung.

Kokillenformen aus hartem Material, die mehrmals verwendet werden können, sind aus weit älteren Perioden bekannt, doch zeigen diese Funde, daß die Römer diese Technik so weit entwickelt haben, daß sie für den Guß von großen, runden Hohlkörpern und komplizierten Gefäßformen angewendet werden konnte. Das Vorhandensein solcher fester Gießformen ist ein klarer Beweis für eine rationelle Produktion, die ihrerseits durch einen großen Bedarf an gleichen Gefäßen bedingt war. Es bleibt noch die Frage offen, wie der zweite Teil aussah, wie die Formteile verbunden wurden und wo der Einguß erfolgte.

Bild 54
Die zusammengefügten Fragmente in der Ansicht von oben.

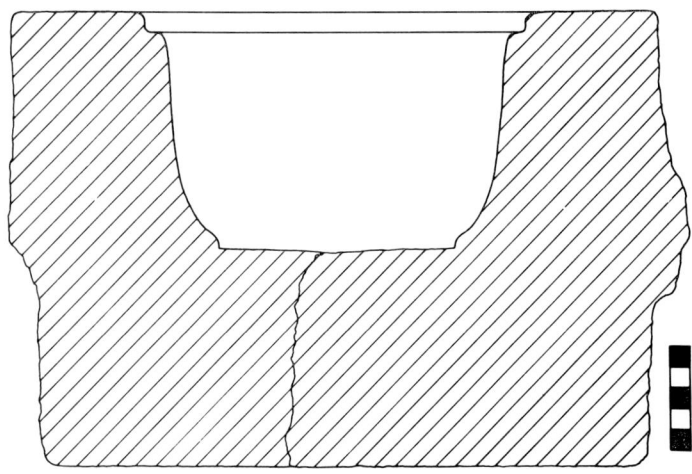

Bild 55
Rekonstruierter Querschnitt durch die Kasserollengußform. Größter Durchmesser etwa 190 mm, Höhe etwa 110 mm

Bild 56
Ansicht der Tellergußform von oben.

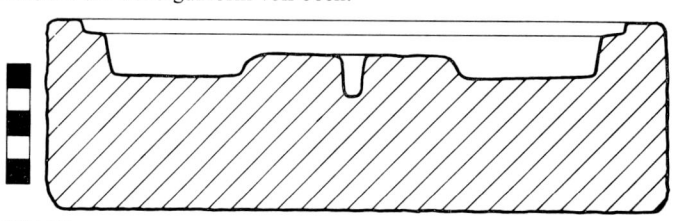

Bild 57
Querschnitt durch die Tellergußform. Durchmesser des Tellers etwa 235 mm, Höhe etwa 25 mm.

D Versuch der Rekonstruktion einer römischen Drehbank

Es ist naheliegend, daß die grundsätzlichen Erkenntnisse über die antike Metalldrehbank, wie sie oben angeführt und wie deren Merkmale sich an zahlreichen und in großer geographischer Streuung gefundenen Objekte immer wieder übereinstimmend ablesen lassen, nicht auf dem Papier bleiben durften. Alles drängte zu einem betriebstüchtigen Nachbau einer solchen Maschine. Hinter jede Rekonstruktion, mag es sich um ein Bauwerk, eine Maschine oder ein sonstiges Objekt handeln, müssen Fragezeichen gesetzt werden, wenn sie sich nicht auf genügend gesicherte und umfassende Anhaltspunkte stützt. Außerdem besteht die Gefahr, daß leicht heutige Kenntnisse und Erfahrungen zurückprojiziert werden. Anderseits ist zu beachten, daß in vielen Fällen gewisse Lösungsmöglichkeiten einfach gegeben sind.

Die oben dargelegten Konstruktionsprinzipien der zweifach gelagerten Spindel, des Vorhandenseins einer Pinole und des kontinuierlichen Antriebs sind gewiß bestimmend. Daneben bleibt noch eine ganze Reihe von Fragen offen, z. B. wie die einzelnen Teile miteinander verbunden waren. Gleichzeitig mußte beim Nachbau berücksichtigt werden, daß die Konstruktion der antiken Drehbank nicht so durchgebildet sein konnte, daß ein genaues Fluchten der beiden Lagerstellen gewährleistet war. Bis auf ganz wenige Teile wurde Metall vermieden; ebenso sollten keine Schrauben zur Anwendung gelangen. Bewußt wurde so eine gewisse Primitivität anvisiert. Gleichwohl sollte auf der Drehbank gute Arbeit in stehender Stellung geleistet werden können. Es wurde danach getrachtet, die Einzelteile so kräftig wie möglich zu dimensionieren, damit die erforderliche Stabilität erreicht werden konnte. Das Antriebsrad, in einer mit der Grundplatte beweglich verbundenen Schwinge gelagert, hat zum Rad auf der Drehspindel ein Übersetzungsverhältnis von 1:5. Mit zwei Kurbeln, links und rechts der Schwinge, wird es angetrieben. Zwei Menschen mußten, so die Annahme, die Maschine in Gang bringen. Während sie mit einer Hand kurbelten, konnten sie zur Straffung des Seiles mit der anderen Hand leicht auf die Schwinge drücken. Eine Version, die nicht undenkbar ist und die sich im Gebrauch auch tatsächlich bewährte. Zur Verbindung der Einzelteile kamen ausschließlich Keile zur Anwendung. So konnten Schrauben vermieden und gleichzeitig die Lagerböcke bzw. die Spindelbohrungen genügend genau gefluchtet werden.

Auf einem Bockgestell (Bild 58), dessen Verbindungsstreben mit Keilen gegen die Beine gezogen sind, ruht eine schwere Holzplatte. In dieser sind für zwei Lagerböcke je zwei rechteckige Schlitze eingelassen. Diese nehmen die als Zapfen dienenden partialen Verlängerungen der Lagerböcke auf. Sie sind länger als die Dicke der Platten und zum Eintreiben eines Rundkeiles durchbohrt. Die Länge des Schlitzes ist größer als die Dicke der Lagerböcke, so daß sie beidseitig zwei gegeneinanderwirkende Keile aufnehmen können. Mit diesen Keilen wird zweierlei erreicht: sie dienen zur Verbindung der Lagerböcke mit der Grundplatte, und gleichzeitig läßt sich mit ihnen das Fluchten der Lagerbohrungen erzielen. Bild 59 illustriert das Gesagte. Der Mittenabstand der Lagerböcke beträgt 400 mm, der Durchmesser der Holzwelle 100 mm, die Spitzenhöhe (max. Radius eines Drehstückes) 350 mm und die Spitzenweite (Abstand zwischen Futter und Pinolenspitze) etwa ebensoviel. Die Drehwelle läuft auf in die Lagerböcke eingelassenen Messingstreifen. Das Antriebsrad mit halbrunder Kehle für das Triebseil ist für die Verbindung mit der Welle axial für die Aufnahme zweier Rundstäbe, die um 90° versetzt sind, durchbohrt. Der ‹Reitstock› kann in einem langen, in der Mitte der Grundplatte vorhandenen Schlitz in der Längsrichtung verschoben und mit zwei Keilen gegen die Platte fixiert werden. Zur Aufnahme der Pinole ist er auf der Höhe der Drehachse durchbohrt.

Hier stellt sich das Problem der Pinolenverschiebung ohne Anwendung einer Schraube. Die Ausübung eines Druckes gegen die Werkstücke konnte mit Hilfe von Keilen erreicht werden. In regelmäßigen Abständen ist die Pinole durchbohrt, und durch diese Löcher werden beidseitig des Reitstockes, wie auf Bild 60 ersichtlich, Eisenstifte eingesteckt. Mittels schmaler Keile läßt sich der Druck gegen die Drehspindel regulieren. Noch darzulegen ist, wie die Übertragung der Bewegung von der Welle auf das Werkstück geschieht. Die Lösung dieser Aufgabe ist von großer Wichtigkeit, denn erst sie ermöglicht das Drehen. Gleichzeitig muß ein Wechsel der Holzfutter mit den Werkstücken auf einfache Art vorgenommen und trotzdem eine zentrische Auf-

Bild 58
Ansicht der rekonstruierten römischen Drehbank.

Bild 59
Auf der Drehbank ist die Nachbildung einer kleinen Kasserolle zum Überdrehen der Oberfläche eingespannt.

spannung ermöglicht werden. Am vorderen Wellenende ist auf einem kurzen zylindrischen Zapfen eine Art Planscheibe aufgeleimt, in welche die auf Bild 61 sichtbare zylindrische Vertiefung eingedreht ist. Um diese herum, auf zwei konzentrischen Kreisen (Teilkreisen), sind je drei Löcher eingebohrt, in welche angespitzte Stahlzylinder gesteckt sind. Die Futter haben eine genau passende positive Andrehung, entsprechend der Eindrehung in der Planscheibe. Die genaue Passung zusammen mit den Stahlspitzen gewährleistet ein genügendes Mitnehmen von Futter und Werkstück. Zur Auflage der Drehwerkzeuge dient ein massiver Klotz. Probearbeiten lieferten den Beweis, daß sich auf dieser einfachen Drehbank Dreharbeiten gut ausführen ließen. Durch mündliche Anweisungen des Drehers an die Kurbler konnte leicht und schnell die jeweilig benötigte Geschwindigkeit erzielt werden.

Bild 60
Auf diesem Bilde ist die Betätigung der Pinole mittels Querstäbchen und Keilen gut zu erkennen.

Bild 61
Die zylindrische Vertiefung und die drei Mitnehmerspitzen in der elementaren ‹Planscheibe›.

VI Weitere Herstellungstechniken

A Drücken

Es gibt Formen römischer Bronzegefäße, die sich auf Grund ihrer technologischen Merkmale nicht in die bis jetzt beschriebenen Gattungen einreihen lassen. Sie weisen weder Zentren in der ausgeprägten Form noch Spuren von Pinolen noch Drehrillen auf. Ihre Wandungen sind dünn und regelmäßig, und die Gefäße sind bisweilen von beachtlicher Höhe. Nach diesen Charakteristiken wäre das Treiben, also jenes Umformungsverfahren, bei welchem durch viele einzelne Hammerschläge das Ziel erreicht wird, anzunehmen. Dem steht entgegen, daß keine Spuren von Hammerschlägen zu erkennen sind und zudem Formen beobachtet werden können, die mittels Hammerarbeit nicht ausführbar sind. Wenn sich also, wie geschildert, die bekannten Herstellungsverfahren gegenseitig ausschließen, so muß notwendigerweise ein anderes, neues Verfahren angenommen werden. Ein solches kann im ‹Metalldrücken› gesehen werden. Da es aber ein ziemlich kompliziertes und viel Antriebskraft erheischendes Verfahren ist, erhebt sich der verständliche Einwand, ob es für diese frühe Zeit bereits angenommen werden kann. Das Metalldrücken ist dadurch gekennzeichnet, daß eine runde Blechscheibe zentrisch gegen eine vorbereitete Form (Holz oder Metall) gedrückt wird. Der nötige Druck erfolgt von der Pinole, muß aber noch die Rotation der Scheibe erlauben. Die rotierende Blechscheibe wird nun durch Werkzeuge, Druckstähle genannt, nach und nach über die Form gedrückt. Dabei liegen die Druckstähle auf einer Handauflage, wobei sie gegen seitliches Abgleiten zwischen in die Handauflage eingesteckte Stifte geführt werden. Zur Ausführung von Drückarbeit sind erhebliche Kräfte nötig, die je nach dem Durchmesser der Blechscheibe, deren Dicke und Material variieren. Während des Drückvorganges erfolgt eine Materialwanderung. Sellin [51] beschreibt diesen Vorgang wie folgt: ‹Die auf das Blech ausgeübten Kräfte müssen so groß sein, daß die in ihm auftretenden Spannungen die Elastizitätsgrenze überschreiten und das Blech in einen bildsamen Zustand überführen, in dem die Metallteilchen ihre Lage sowohl in axialer als auch in radialer Richtung verändern können, wie es der Übergang vom größeren Achsabstand in der Scheibe zum kleineren Achsabstand im Topf erfordert. Die Lagenveränderungen der Metallteilchen bestimmen den Grad der Umformung.›

Über die Geschichte des Metalldrückens besteht keine Klarheit. Es gibt sogar, wie die folgenden Zitate belegen, sehr viele Widersprüche, da die einen Autoren sein Entstehen in sehr früher Zeit vermuten, andere annehmen, daß es sich dabei um eine recht junge Technik handelt.

‹Die erste eindeutige Erwähnung der Drehbank findet sich nach Frémont bei Vitruv, Buch 10, Kap. 12. Aus der Oberflächenbeschaffenheit silbernen Tafelgeschirrs und eiserner Schildbuckel mit Tellerrand aus jener Zeit ist weiter zu schließen, daß man das «Drücken» von Blechen über ein rotierendes Holzmodel gekannt hat. Auch das setzt eine Drehbank bzw. Drückbank beachtlicher Spitzenhöhe voraus [52].›

‹In der Handschrift des Villard de Honnecourt aus dem Jahre 1245 ist auch eine Laterne dargestellt, die den Mönchen zum Mitnehmen brennender Kerzen diente. Der Technikhistoriker Feldhaus schreibt dazu, daß es sich hier um eine Blechlaterne handelt, die auf der Drehbank über ein Holzmodell gedrückt worden ist. Dieses Verfahren soll schon im 4. Jahrhundert bekannt gewesen sein. Auch Wenzel Jamnitzer (Goldschmied, 1508–1584) soll um 1560 das Drücken auf der Drehbank gekannt haben. Das Metalldrücken ist somit schon uralt [53].›

‹Metalldrücken ist ein Verfahren, durch das eine ebene Metallscheibe spanlos in ein tiefes Gefäß umgeformt werden kann. Der Ursprung des Verfahrens ist nicht bekannt, aber zweifellos geht das Metalldrücken auf das ältere Verfahren der Blechumformung, das «Treiben», zurück [54].›

‹Die Metalldrückerei, die wohl einen Teil jedes Betriebes, der Metalle verarbeitet, bildet, die es aber versäumt hat, ihre Selbständigkeit als Handwerk zu wahren, kann auf ein Alter von reichlich hundert Jahren zurückblicken. Sie wurde nach alten Überlieferungen von einem Klempner in Paris erfunden und nahm ihren Weg von Paris über Österreich auch nach Deutschland. Entstanden ist sie wohl aus der Not des betreffenden Handwerkers heraus, das zeitraubende Treiben oder Aufziehen mit dem Treibhammer durch eine mechanische Einrichtung zu ersetzen und dadurch zu beschleunigen. Zweifellos bedeutete diese Entdeckung für die damaligen Zeit- und Fertigungsverhältnisse eine gewaltige Verbesserung [55].›

‹Die Kunst des Metalldrückens ist am Anfang des 19. Jahrhunderts, und zwar im Jahre 1816, zum ersten Male in Paris angewendet. Hervorgegangen ist die Kunst des Metalldrückens aus dem Bestreben, die bis dahin durch Hämmern, «Treiben», des Metalls hergestellten Gegenstände schneller und billiger, dabei ebensogut oder noch besser herzustellen. Die ersten aus Paris eingeführten Sachen waren nach unseren heutigen Begriffen keineswegs großartige Leistungen. Sie waren meist aus mit Silber plattiertem Kupfer hergestellt. In Deutschland wurde das Metalldrücken kurz nach der Erfindung durch den Goldschmied Hossauer eingeführt. Die Arbeiten waren alle nicht hochgedrückt. Im Gegensatz zum «Treiben» bezeichnet man die Herstellung der Hohlkörper aus Blech mittels Drehbank mit «Drücken» [56].› Diese wenigen Zitate aus der Literatur, teils historischen, teils technischen Inhalts, zeigen, wie divergent die Ansichten über die Geschichte des Metalldrückens sind. Es mag dies auch daher rühren, daß das Metalldrücken selbst in Kompendien über die gesamte Metallbearbeitung nicht aufgeführt ist, d. h. daß von dessen Existenz keine Notiz genommen wird. Vor allem gehen die Angaben über die zeitliche Entstehung sehr weit auseinander.

Bild 62
Die Nijmeger Kragenschüssel von schräg oben gesehen. Vor der Restaurierung. Auf dem Kragen sind die Drückspuren deutlich zu sehen.

Unter der Inv.-Nr. 7.1964.1. bewahrt das Rijksmuseum G.M. Kam in Nijmegen (Holland) eine Kragenschüssel auf, die als ein ganz typisches Beispiel einer römischen Drückarbeit gelten kann. Sie wird in den Bildern 62, 63 und 64 vorgestellt. Da beim Drücken, im Gegensatz zum Drehen, keine scharfen, sondern gerundete und glatte Werkzeuge verwendet werden, hinterlassen diese nicht vertiefte Rillen an der Oberfläche. Und doch sind auch die Spuren dieser Bearbeitungsart noch erkennbar, sofern nicht die Oberfläche überschliffen und poliert worden ist. Glücklicherweise sind an diesem Fundstück die Bearbeitungsspuren noch recht deutlich vorhanden.

Bild 63
Die Kragenschüssel von der Seite. An Hals und Kragen sind die Drückspuren zu beachten.

Bild 64
Die Unterseite der Kragenschüssel. An diesem wie auch auf dem folgenden Bild ist der enge Zwischenraum zwischen Gefäß und Kragen zu erkennen.

In Bild 65 sind auf dem nach außen ragenden Kragen eng aneinanderliegende feine und leicht wellige Linien zu sehen. Am allerdeutlichsten sind sie auf Bild 66, das eine Detailaufnahme der eingedrückten Randpartie ist. Sie reichen von der obersten Stelle des Halses bis zum äußern Rand des Kragens. Von ganz besonderer Wichtigkeit ist das breite, dunklere Band an der Knickstelle, von der aus der Kragen nach auswärts ansetzt. Diese Spur des Drückwerkzeuges ist leicht vertieft und kann mit den Fingerspitzen abgetastet werden. Fachtechnisch ist es verständlich, daß gerade an dieser Stelle, an der das Material zu einer Richtungsänderung von 90° gezwungen wurde, das Drückwerkzeug mit großer Kraft angepreßt werden mußte. So kann es auch nicht überraschen, daß man hier diese deutliche Spur findet. Aus der Profilzeichnung (Bild 67), ist der eigenartige Verlauf der Wandung zu ersehen. Auch diese verrät ihre Geheimnisse, denn an der obersten Stelle der eigentlichen Schale biegt sie um 180° zurück, wobei ein wulstförmiger Rand entsteht. Allein, dieser hohle Rand kann nicht anders als durch Drücken erzeugt werden. Von diesem Wulst, der die Schale beim Gebrauch weicher und handlicher werden läßt, verläuft nun die Wandung parallel mit jener des Napfes, um dann, wie schon beschrieben, sich in einem Bogen nach außen zu wölben. Die Gleichmäßigkeit des Zwichenraumes bei der parallelen Randpartie, der weniger als ein Millimeter beträgt, ist ein Beleg dafür, dass Handarbeit ausgeschlossen ist. Ferner ist zu beachten, daß die Blechdicke der Kragenschüssel von 1 mm in der Bodennähe auf 0,5–0,6 mm gegen oben abnimmt und an der äußersten Randpartie wiederum eine Stärke von 1,5 bis 2,0 mm aufweist.

Es sei daran erinnert, daß beim Metalldrücken Metall verlagert wird. Dadurch wird es gegen die Randpartie geschoben, eine Erscheinung, die nur beim Drücken auftritt. Der massive Fuß ist gedreht und aufgelötet; sein Gewicht verleiht der eher leichten, dünnwandigen Schale die nötige Standfestigkeit.

Es mag mehr als erstaunlich sein, aus dem 1. Jahrhundert unserer Zeitrechnung Erzeugnisse in Händen zu halten, die ein so schwieriges Arbeitsverfahren voraussetzen. Der Einwand, man habe noch keine entsprechenden Maschinen gefunden, ist kein Beweis dafür, daß es sie nicht in dieser oder jener Form gegeben hat. Viel beweiskräftiger sind die technologischen Merkmale. Auch ist es abwegig, das Problem allein auf Grund moderner Erfahrungen und Kenntnisse zu betrachten. Außerdem sei hier auf den im Kapitel V, B, errechneten Energiebedarf (1 PS) hingewiesen, der ebenso für Drückarbeiten ausreichen konnte.

Bild 65
Detailaufnahme und Ausschnitt von Bild 64.

Bild 66
Detailaufnahme der Kragenpartie mit den hier ganz deutlich sichtbaren Drückspuren.

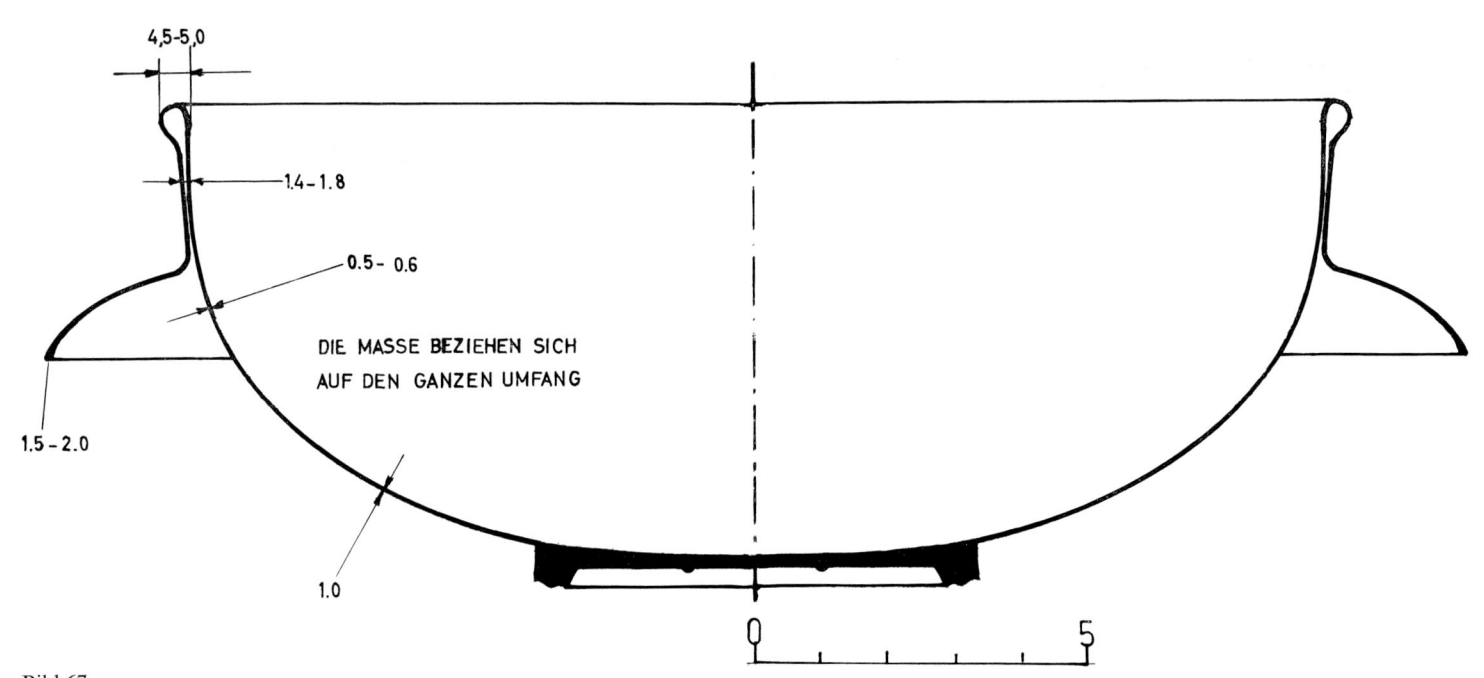

Bild 67
Profilzeichnung der Kragenschüssel. An dieser wird die weitgehende Umformung des Materials (Zurücklegen der Gefäßwandung um 180° zum Hals und dann zum Kragen) deutlich.

B Blechaustreiben

Viel schwieriger in ihrem technologischen Werdegang zu deuten ist die große Bronzeschale, die sich unter der Inv.-Nr. E.V.2 ebenfalls im Rijksmuseum G. M. Kam, Nijmegen, befindet. Ihr größter Durchmesser beträgt 364 mm und die Höhe 152 mm. Zweierlei Beobachtungen fallen an dieser großen Schale auf: einmal die ganz dünne Wandung zwischen dem dicken Rand und einem ebensolchen Boden; dann die Gestaltung des Bodens, der auf der Außenseite ganz anders ist als auf der Innenseite. Auf dem Umfang sind in regelmäßigen Abständen 22 nach außen getriebene Hohlrippen, zwischen welchen sich jeweilen eine gerade Partie befindet. Die fünf Bilder 68–72 mit ihren Legenden können eine direktere Anschauung als Worte vermitteln. Der Rand hat eine ungefähre Dicke von 5 mm, die sich nach und nach auf eine Wanddicke von nur 0,5 mm reduziert. Im Inneren der Schale laufen die Hohlrippen sternförmig zusammen und sind fast bis zur Mitte geführt. Auf der Außenseite hören die Hohlrippen kurz vor dem ziemlich breiten, aber niederen Standring auf. Die Fläche innerhalb des Standringes ist vertieft und hat vier eingedrehte Rillenpaare. Ein weiteres Rillenpaar ist auch außerhalb des Standringes vorhanden, genau dort, wo die Rippen aufhören.

Die Wandung ist stellenweise so dünn, daß sie auf weite Strecken durchgebrochen ist. Verständlicherweise befinden sich diese Durchbrüche immer an den Übergängen von den flachen zu den gewölbten Partien, da diese Längskanten mit einer Punze vorgezeichnet werden mußte. Die Hohlrippen sind sehr glatt und verlaufen ohne Übergänge von oben nach unten. Außer Treiben wurde bei der Herstellung der Schale auch noch das Drehen angewendet. Das verrät, daß die beiden Verfahren sehr sorgfältig aufeinander abgestimmt werden mußten, um ein technisch so vollkommenes Erzeugnis zu erreichen.

Die Herstellung dieser Schale läßt sich so erklären, daß zunächst eine wesentlich kleinere Schale rippenlos und glatt gegossen wurde; ihre Wandung wurde dann nach und nach ausgetrieben, wobei auch der Rand immer wieder gestreckt wurde. Abschließend folgte die Überdrehung der Außenseite des Bodens. Selbstverständlich sind hier nur die wichtigsten Herstellungsphasen angeführt.

Bild 68
Die große Rippenschale, Ansicht von außen.

Bild 69
Die gleiche Schale in der Sicht von unten. Zu beachten ist die Beendigung der halbrunden Rippen gegen die Standfläche zu.

Bild 70
Auf der Innenseite der Schale enden die Rippen erst in der Mitte.

Bild 71
Die flache, nur leicht abgesetzte Standfläche mit Zentrum und konzentrischen Rillenpaaren innerhalb und außerhalb des Standringes.

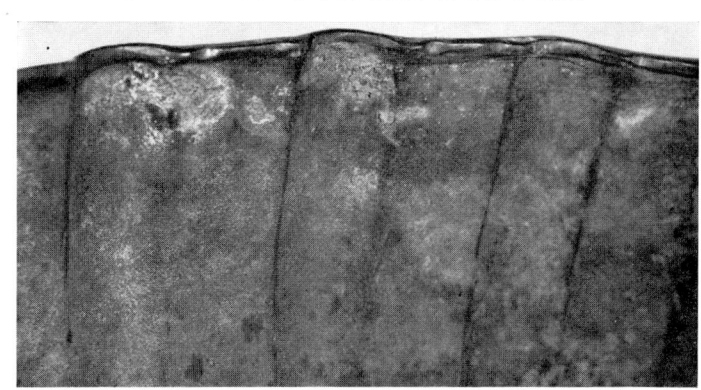

Bild 72
Detailaufnahme des dicken, massiven Schalenrandes von der Innenseite.

Einen in herstellungstechnischer Beziehung besonders interessanten Fundkomplex besitzt das Musée des Antiquités National in St-Germain-en-Laye. Es handelt sich um sieben große Messing- oder Kupferscheiben; sie sind ein alter Fund aus Reims. Diese sieben runden Scheiben, die alle am Rande dicker sind als auf der Fläche, können als recht seltene Exemplare angesprochen werden. In der Mitte haben die meisten eine getriebene umlaufende Eintiefung. Diese Beobachtungen zwingen zu der Annahme, daß es sich bei diesen Stücken um angefangene Arbeiten handelt. Unzweifelhaft hätten daraus Schalen entstehen sollen. Da sie aber unvollendet in den Boden kamen, können sie heute in ihrem Anfangsstadium Aussagen darüber machen, wie einst solche Schalen hergestellt wurden. Ausgangsmaterial für eine Schale ist eine entsprechend große Blechscheibe, die aber in der Antike und noch bis tief ins Mittelalter aus einer kleineren, jedoch dickeren Rondelle ausgestreckt werden mußte. Darin findet sich auch die Erklärung, warum man getriebene Schalen mit dickem Boden und ebensolchem Rande antrifft. Bild 73 zeigt die Oberseite und Bild 74 die Unterseite einer solchen Scheibe. Es handelt sich dabei um Inv.-Nr. 49835. Der Außendurchmesser beträgt 280 mm, die Dicke des Randes etwa 3,5 mm und jene der Fläche etwa 2 mm.

Bild 73
Oberseite der ausgestreckten Blechscheibe mit bereits eingetieftem Standring.

Hieraus ist zu schließen, daß das Treiben von Blechgefäßen einst nach einer ganz anderen Methode geschah, als dies heute der Fall ist, wo man leicht aus gewalzten Blechtafeln Stücke in der gewünschten Größe herausschneiden kann. Nachdem aus den gegossenen Rohlingen eine genügend große Scheibe mit besonderen Streckhämmern ausgebreitet worden war, erfolgte das Tiefertreiben des Standringes. Hernach wurde die runde Fläche weiter ausgestreckt, wobei der Rand geschont, d.h. weniger gehämmert wurde. Hatte dieser den nach der Erfahrung genügenden Durchmesser, so wurde nur noch das Feld zwischen Standring und Rand weitergeschmiedet. Da der dickere Rand das weitere flächenmäßige Ausstrecken verhinderte, ist dabei von selbst eine Wölbung entstanden. Je weiter nun ausgestreckt wurde, desto höher wurde die Schale und desto mehr nahm dabei die Wanddicke ab. Auf diese Weise erhielt die Schale gleichzeitig auch die nötige Steifheit am Umfang. Ohne diese würde jede Schale sehr bald deformiert werden und hielte dem praktischen Gebrauch nicht stand. Es muß wiederholt werden, daß diese unscheinbaren Blechscheiben in ihrem frühen Bearbeitungsstadium interessante und wichtige technologische Aufschlüsse vermitteln. Auf Bild 75, das eine antike Szene des Blechaustreibens darstellt, bin ich erst nach der schriftlichen Zusammenfassung meiner Studien gestoßen. Eindeutig stellt es das Ausstrecken einer Blechscheibe dar. Ob daraus ein Schild oder eine Schale entstehen sollte, bleibt dahingestellt. Sicher aber ist sie eine wertvolle Bestätigung dessen, was von den Fundobjekten abgelesen werden kann.

Bild 74
Unterseite der gleichen Scheibe. Jetzt erscheint der Standring als nach oben getrieben.

Bild 75
Vier Schmiede beim Ausstrecken einer Blechscheibe auf einem steinernen Amboß. Die sitzende Gestalt wird als Hephaistos bezeichnet, doch ist damit nicht gesagt, daß die Blechscheibe ein Schild werden soll. Die Darstellung zeigt anderseits, wie mühevoll und zeitraubend eine solche Arbeit war. Relief 0,84 × 1,43 m, Konservatorenpalast Rom.

C Mechanische Verbindungsarten

Die am gleichen Objekt auftretenden engen und weiten Querschnitte, die das Profil von Flaschen und Krügen bestimmen, weisen darauf hin, daß solche Gefäße nicht wie Kasserollen, Schalen oder Teller nur aus einem Stück bestehen. An sich könnten solche Hohlkörper mit ihren bewegten Umrißlinien wohl gegossen sein und damit aus einem Stück bestehen; doch einer derartigen Annahme steht entgegen, daß außer einer nicht unbeträchtlichen Dickwandigkeit eine rauhe Innenseite in Kauf genommen werden müßte, die bestimmten Ansprüchen im Gebrauch hinderlich wäre. Akzentuierte Knickungen der Umrißlinien, nach innen oder außen, verraten dem beobachtenden Auge, daß an solchen Stellen zwei Gefäßteile zusammenstoßen, und auf irgendeine Weise miteinander verbunden sein müssen. Solche intuitiven Annahmen haben sich bei genaueren technischen Kontrollen stets bestätigt. Überraschend klärten sich die aufgeworfenen Fragen dadurch, daß einwandfrei ermittelt werden konnte: an den fraglichen Stellen sind die Teile rein mechanisch miteinander verbunden.

Wiederum bietet das Rijksmuseum G. M. Kam, Nijmegen, in einem Fragment ein überaus günstiges Objekt für die Beweisführung des Gesagten an. Wie schon früher dargelegt, sind Fragmente, die eine ungehinderte Untersuchung gestatten, für solche technologischen Beurteilungen besonders vorteilhaft. Gewährt dann das Fragment überdies alle gewünschten Auskünfte wie im vorliegenden Falle, so kann der wissenschaftliche Gewinn, den solche scheinbar wertlosen Reste erbringen, nicht hoch genug veranschlagt werden.

Das Fragment besteht aus zwei Teilen und stammt von einer Krugmündung, deren Ausguß noch erhalten ist (Inv.-Nr. XXI. b.6.). Beide Teile bestehen aus Bronze; der größte Durchmesser beträgt 85 mm, die Höhe 75 mm. Es ist zu erkennen, daß der obere Teil, also die eigentliche Krugmündung, in einem kragenförmigen unteren Teil steckt, der an einer Stelle gesprungen ist; es handelt sich dabei um die obere Zone des Gefäßbauches. Auf Bild 76 sind die beiden Fragmente zu sehen, und Bild 77 zeigt einen vergrößerten Ausschnitt vom Übergang Wandung Mündung. In beiden Abbildungen ist deutlich zu sehen, wie die beiden Teile sauber ineinanderstecken, und zudem zeigt das mit feinen

Bild 77
Die Vergrößerung zeigt, wie perfekt die beiden Teile miteinander verbunden waren. Im Neuzustand war keine Fuge zu sehen. Das wäre jetzt noch so, wenn der untere Teil nicht gerissen wäre.

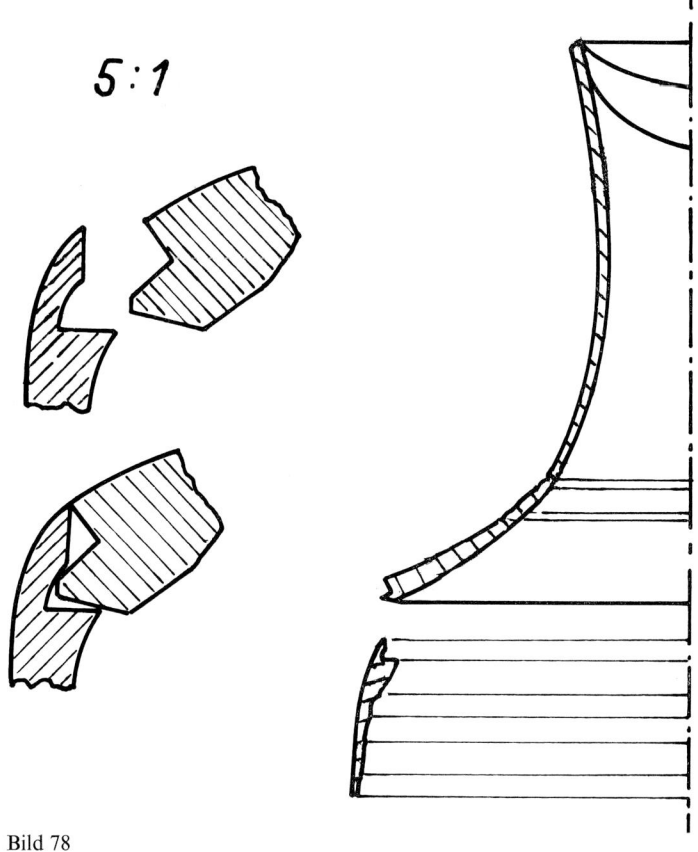

Bild 76
Die Fragmente der Krugmündung: unterer Teil auf dem Bilde = oberer abgebrochener Rand des Gefäßes; oberer Teil = Hals mit Ausguß.

Bild 78
Aus diesen Strichzeichnungen (5fach vergrößert) geht hervor, wie die beiden Gefäßteile zusammengepaßt und miteinander verbunden waren.

Wülsten eingefaßte Band zwischen Schulter und Hals, daß dieser Teil gedreht ist. Da der kragenförmige Rand des Unterteiles gesprungen ist, läßt er sich leicht so weit spreizen, daß ihm der obere Teil entnommen werden kann. Dadurch wird die Art der Verbindung sichtbar. Sie kommt zustande, indem am oberen Rande des Unterteils ein nach innen geneigter, etwa 3 mm hoher Absatz eingedreht ist, dessen Ecke noch vertieft eingestochen ist. Die Skizze (Bild 78) verdeutlicht dies. In den so vorbereiteten Absatz, den man auch als Falz bezeichnen könnte, ist die ebenfalls scharf gedrehte Kante am Umfang des Mündungsteiles als Gegenprofil genau passend eingefügt. Die Bilder 79 und 80 zeigen diese Profilkante auf dem Umfange und einen vergrößerten Ausschnitt davon, während Bild 81 den eingedrehten Falz gut erkennen läßt. Von der gediegenen Dreharbeit und der virtuosen Handhabung dieser Technik kann Bild 82 eine klare Vorstellung vermitteln. Es ist ein vergrößerter Ausschnitt des kragenförmigen Oberteils mit mehreren abgestuften Zonen der Spanabnahme mit den jeweiligen charakteristischen Rattermarken. Der bauchige Unterteil des Kruges wurde demnach gegossen und dann innen ausgedreht, wobei als letzte Operation der obenerwähnte Falz eingedreht wurde. Die Betrachtung dieses Arbeitsvorganges und die Würdigung seiner Qualität (genauer Rundlauf) müssen zu der Einsicht führen, es hätten den antiken Metalldrehern zuverlässige und genau arbeitende Drehbänke zur Verfügung gestanden, denn auf primitiven Einrichtungen sind derartige Leistungen undenkbar. Die im Bilde sichtbaren runden Vertiefungen sind modern und stammen von der Materialentnahme für die Metallanalyse. Schließlich ist noch auf die weitere Skizze (Bild 83) hinzuweisen, die das Ineinanderfügen der beiden Teile in vergrößerter Darstellung zeigt. Sie gibt jedoch die Verbindung der beiden Teile so wieder, wie sie in einem

Bild 81
Ansicht des abgesprengten Randes des Gefäßiteles. Am oberen Rand die gut sichtbare negative eingedrehte Falzrille.

Bild 82
Vergrößerung aus Bild 81 mit den deutlichen Abstufungen der Gefäßwandung. Die Rattermarken, in verschiedenen Rhythmen auf den Abstufungen, beweisen, daß die Innenseite des Gefäßes ausgedreht wurde. Am oberen Bildrand befindet sich die dickere Wandpartie mit der eingedrehten Falzrille. Am unteren Rand ist die Wandung nur noch wenige Zehntelmillimeter dick. Die runden Vertiefungen sind moderne Bohrlöcher zur Materialentnahme für eine Analyse.

Bild 79
Der positive, eingedrehte Falzteil der Krugmündung.

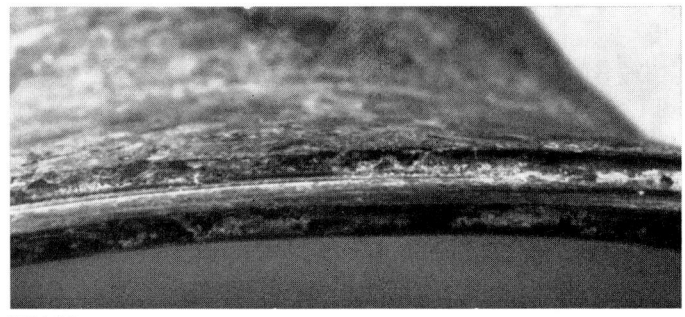

Bild 80
Vergrößerter Ausschnitt des Falzteiles aus Bild 79. Zu beachten ist die scharf geformte Kante.

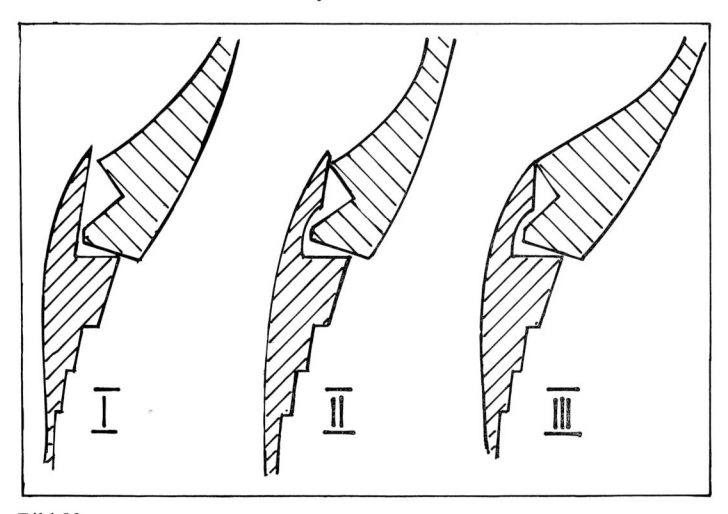

Bild 83
Die Skizzen zeigen die drei Hauptphasen des Einfalzens der beiden Teile in vergrößerter Darstellung.

besonderen Arbeitsablauf erfolgte. Der Falz mußte vor dem Zusammenfügen etwas höher sein als die profilierte Kante des Mündungsteiles. Nach dem Ineinanderfügen beider Teile wurde durch Hammerschläge die oberste Randpartie über die Kante des innen liegenden Teiles geschlagen. Auf diese rein mechanische Art sind Ober- und Unterteil dauerhaft miteinander verbunden worden. Erst danach ist der ganze Krug auf seiner Außenseite auf der Drehbank rundlaufend nochmals überarbeitet worden.

Andere Beispiele belegen, daß diese Verbindungsart von bloßem Auge nicht gesehen werden kann. Im Katalog werden noch weitere Beispiele mechanischer Verbindungen an ähnlichen Bronzegefäßen vorgeführt. Wenn die Machart der einzelnen Verbindungen auch nicht immer genau der geschilderten entspricht, so beruhen sie doch stets auf dem gleichen Prinzip. Die Anwendung und die praktische Handhabung dieser Verbindungsart setzen eine Reihe technischer Einrichtungen voraus, denn nur mit deren Hilfe konnten solche Resultate erreicht werden. Diese wiederum lassen erkennen, wie weit die Spezialisierung der Produkte gediehen war.

D Thermische Verbindungstechniken

In sehr vielen Fällen erheischt die Herstellung einer gewünschten Gefäßform das Zusammenfügen von Einzelteilen. Das kann auf verschiedene Arten erreicht werden. Die Verbindungen gliedern sich in feste und lösbare, wobei unter lösbaren solche verstanden werden, die sich schnell lösen und wieder schließen lassen. Keil- und Schraubenverbindungen sind dafür typisch, doch sind diese für Gefäßformen kaum anwendbar. Feste Verbindungen wie Nieten, Löten und Schweißen sind für die Bildung von Hohlgefäßen geeigneter. Nietungen lassen sich bei Gefäßen zur Befestigung von Henkeln und Attachen oft beobachten. Damit kann man feste mechanische Verbindungen leicht erzielen, nicht aber die für Flüssigkeitsbehälter notwendige Dichtigkeit; dafür sind Löten und Schweißen die geeignetsten Verbindungstechniken. Die Frage, ob bei antiken Bronzegefäßen ein Schweißverfahren angewendet werden konnte, muß hier zunächst offengelassen werden, doch wird noch darauf zurückzukommen sein. Somit bleibt vorerst nur das Lötverfahren für wasserdichte Verbindungen von Gefäßteilen. Löten ist eine sehr alte Verbindungstechnik, die bereits in der Bronzezeit ausgeübt wurde [57]. Je nach den verwendeten Loten bzw. deren Schmelztemperaturen unterscheidet man zwischen Weich- und Hartlöten. Von Brepohl [58] sei die folgende Begriffserklärung übernommen:

‹Beim Löten werden metallische Werkstoffe dadurch möglichst dauerhaft miteinander verbunden, daß ein metallisches Bindemittel, das Lot, schmilzt, während die zu verbindenden Metallteile noch in festem Zustande bleiben, sich aber in geringem Umfang im Lot lösen.

Das Lot ist ein reines Metall oder eine Legierung, es verbindet sich unter Legierungsbildung mit den zu lötenden Metallen, noch ehe deren Solidustemperatur erreicht ist. Die Chemikalien, die man braucht, um den Vereinigungsprozeß zu unterstützen, heißen Löt- und Flußmittel. Alle Verfahren, die sich unter 450 °C abspielen, werden als Weichlötungen bezeichnet. Die Verfahren, die eine Arbeitstemperatur von über 650 °C bedingen, sind Hartlötungen.

Weichlote:
Fast alle technisch wichtigen Weichlote sind auf der Zinn-Blei-Basis legiert.

Hartlote:
Diese sind aus Kupfer-Silber oder Kupfer-Zink (Messing) legiert und haben, je nach der Zusammensetzung, einen verschieden hohen Schmelzpunkt. Es gibt auch Lote, die aus drei oder mehr Komponenten bestehen, doch dürften solche erst in der neueren Zeit geschaffen worden sein.

Flußmittel:
Beim Lötvorgang üben die Flußmittel eine dreifache Wirkung aus: a) vorhandene Oxydationen müssen gelöst werden, b) Lötstellen und Lot müssen durch eine glasartige Deckschicht vor erneuter Oxydation geschützt werden, und c) das Lötmittel darf den Fluß des Lotes nicht behindern, sondern es soll das Fließen des Lotes fördern.›

Antike Lötungen beweisen, daß jene Zeit die nicht einfache Löttechnik bereits beherrschte. Dabei sind noch die Schwierigkeiten der Wärmezufuhr zu beachten, da neben dem offenen Holzkohlenfeuer nur noch das Lötrohr für feine Lötungen zur Verfügung stand. Die äußerst praktischen und rationellen Hilfsmittel, die heute in den vielseitig anwendbaren Brennern zur Verfügung stehen und die auf einfache Art eine intensive und örtlich begrenzte Erwärmung ermöglichen, können für die fragliche Zeit nicht angenommen werden.

In der Antikensammlung des Kunsthistorischen Museums in Wien befinden sich zwei vortreffliche Beispiele antiker Lötkunst. Es sind zwei durch verschiedene Verfahren hergestellte Krüge, der eine, Inv.-Nr. VI 1675, ist 240 mm hoch und gegossen, während der andere, Inv.-Nr. VI 2922, 265 mm hoch und dünnwandig ist. Sie gehören nicht dem gleichen Typus an: gemeinsam an ihnen ist der als ganze Scheibe eingelötete Boden. Nach diesem Befund ist der Werdegang des Kruges VI 1675 (Bild 84) einfach zu rekonstruieren. Nachdem die Wandung gegossen war, wurde die Fußpartie so ausgedreht, daß eine Bodenscheibe eingepaßt und eingelötet werden konnte (Bild 85). Das Zentrum auf dieser belegt, daß danach die gesamte äußere Oberfläche des Kruges, einschließlich der dekorativen Rillen und Profile an Hals und Fuß, überdreht wurde. Die Lötung des Bodens mußte demnach der Beanspruchung beim Drehen standhalten; und sollte der Krug als Gefäß brauchbar sein, mußte sie den Innenraum vollständig wasserdicht verschließen. Bei der Dickwandigkeit des Kruges ließ sich diese Aufgabe noch relativ leicht bewältigen.

Sehr viel schwieriger war die Durchführung der gleichen Aufgabe am dünnwandigen Krug VI 2922 nach Bild 86. An den aufgerissenen Stellen am Boden ist die Dünnwandigkeit leicht ersichtlich. Der Boden ist etwas eingetieft, und die Verbindung wurde so bewerkstelligt, daß Wandung und Boden überlappen. An der Stelle des eingeschobenen schmalen Papierstreifens ist auf Bild 87 die Überlappung deutlich. Auf der so entstandenen Berührungsfläche konnten beide Teile miteinander verlötet werden. Die Lötung ist auf dem ganzen Umfange durch eine leichte Verfärbung zu verfolgen.

Das Musée Curtius, Liège, beherbergt ebenfalls zwei dünnwandige Krüge. Leider sind beide stark beschädigt und korrodiert. Besonders trifft dies bei Krug Inv.-Nr. I 1384 zu. Bild 88 zeigt, daß dessen große Beschädigung in der unteren Hälfte wiederum einen ungehinderten Einblick in das Innere ermöglicht. Alle dünnwandigen Krüge weisen oberhalb der Bauchung eine eigenartige Knickung der sonst geschwungen verlaufenden Profillinie auf. Diese typische Einsenkung kommt bei gegossenen Krügen nicht vor, so daß anzunehmen ist, sie sei durch das Herstellungsverfahren bedingt. Mit andern Worten: an dieser Stelle kann eine Verbindung von Bauch- und Halsteil vermutet werden. Der Einblick in dieses Gefäß ist daher von besonderem Interesse. Auf Bild 89 ist diese Zone sehr rauh und besteht aus rundlichen Wülstchen und kleinen Vertiefungen. Diese eigenartige Gestaltung der Oberfläche vermittelt keineswegs den Eindruck einer Lötung. Wäre eine solche vorhanden, so müßten Reste der Ränder der zusammengefügten Teile vorhanden sein. Auf der Außenseite des Kruges Inv.-Nr. I 089 (Bild 90) befindet sich hingegen auf dieser Zone eine ganz scharf geformte Kante, wobei der Rand des Bauchteiles über dem Halsteil liegt. Die Schärfe dieser Kante und die Sauberkeit der Oberfläche müssen das Ergebnis einer mechanischen Überarbeitung (Drehen) sein. Aus diesen Gründen ist ein anderes Verbindungsverfahren anzunehmen. Es wäre etwa an eine Art von Hammerschweißen zu denken. Denn noch heute praktizieren Kupferschmiede eine solche Methode, bei welcher Teile ohne irgendeinen Zusatz, lediglich durch Hitze und Hammerschläge, miteinander verbunden werden. Die Gestaltung der inneren Oberfläche läßt ein solches Verfahren vermuten. Ein metallographische Untersuchung der Verbindungsstelle könnte nähere Klarheit verschaffen, doch sollte daneben durch Versuche abgeklärt werden, ob Hammerschweißen auch bei einer 12prozentigen Bronze durchführbar ist. Nimmt man aber gleichwohl ein solches Verfahren an, so dürfte die buckelige Oberfläche im Kruginnern von den Eindrücken eines kleinen Ambosses sein, auf dem das Hammerschweißen vollzogen wurde.

Durch das freundliche Entgegenkommen des Musée Curtius war es möglich, an kleinen Splittern von beiden Krügen chemische und metallographische Untersuchungen durchzuführen, deren Ergebnisse wie folgt lauten:

Inv.-Nr.	I 089	I 1384
Bestandteile		
Kupfer %	89,33	86,26
Zinn %	9,02	12,23
Blei %	Spur	Spur

Beide Legierungen zeichnen sich durch ihre Zusammensetzung von nur zwei Komponenten aus, was bei Untersuchungen antiker Metallproben recht selten ist. Eine genaue und vollständige chemische Analyse war bei der geringen Probemenge (0,21 bzw. 0,52 g) nicht möglich. Die metallographischen Beschreibungen der Bilder 91 und 92 finden sich in den Bildlegenden. Nach diesem Befund bestehen die Krüge aus reinen Zinnbronzen, und ihre Unterteile, von denen die Proben stammen, sind, aus der Form und der festgestellten Kaltverformung zu schließen, gedrückt worden. Auch für den Halsteil kann dies angenommen werden, zeigt doch Bild 93, daß der Randwulst der Krugmündung (eingeschobene kleine Spachtel) hohl ist und daher aus dünnem Blech eingerollt ist, was wiederum nur durch das Drückverfahren möglich ist.

Gerade die Beispiele der beiden Krüge zeigen eindrücklich, wie verschlungen die Klärung ihrer Herstellungsverfahren ist. Jede Beantwortung einer Frage wirft weitere auf, die nach noch weitergehenden Untersuchungen drängen. Hier muß auch klarwerden, daß rein äußerliche Beurteilungen niemals zu einem abschließenden Resultat führen können.

Bild 84
Die äußere Form des Kruges mit dem ungebrochenen Verlauf der Profillinie weist darauf hin, daß er aus einem Stück besteht, also gegossen ist. Die glatte Oberfläche mit dem harmonischen Schwung der Umrißlinie mit den zahlreichen feinen, genau parallel laufenden Rillen zeugen für eine gediegene Dreharbeit.

Bild 85
Die eingeschobene kleine Spachtel belegt die Trennfuge zwischen Boden und Wandung, die fast auf dem ganzen Umfange sichtbar ist.

Bild 86
Das Bild zeigt hier die charakteristische ‹Schulter›, d.h. die eingezogene, geknickte Linie über dem bauchigen Teil des Kruges bei diesem Typ. Ein technologischer Hinweis, daß das Gefäß dort zusammengesetzt sein muß.

Bild 88
Der stark beschädigte Krug Inv.-Nr. I 1384. Er zeigt, wohl etwas schwächer, die bei Bild 86 beschriebene ‹Schulter›.

Bild 87
Der eingelötete Krugboden. Der weiße Streifen ist ein eingeschobener Papierstreifen, um die Überlappung von Boden und Wandung deutlich zu machen. Der Boden greift nach außen über die untergeschobene Gefäßwand hinaus. Auf dem ganzen Umfange ist eine leichte Verfärbung der Lötstelle durch das Lot festzustellen.

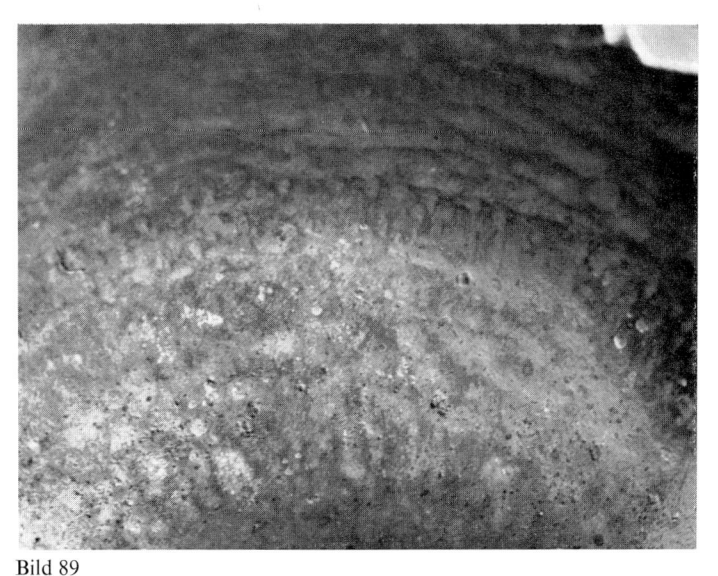

Bild 89
Die durch die Öffnung ermöglichte Aufnahme der inneren Gefäßwandung mit der gewellten Oberfläche.

Bild 90
Unter der Inv.-Nr. I 089.8 besitzt das gleiche Museum einen weiteren, aber etwas größeren Krug desselben Typs. Bei diesem ist an der Verbindungsstelle durch die nachträgliche Überarbeitung der Lötstelle eine ganz scharfe Kante entstanden, die im Bilde vorgeführt sei.

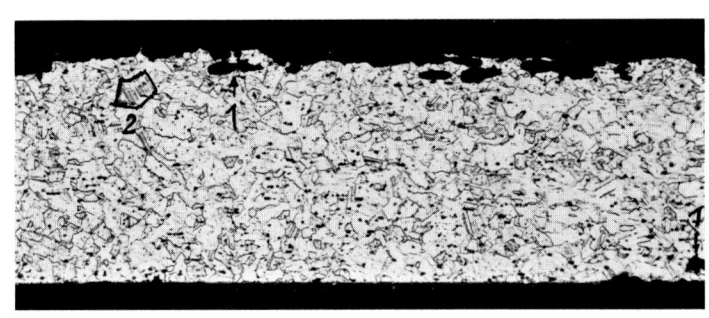

Bild 92
Metallographische Aufnahmen von Splittern aus der Wandung der beiden Krüge.
Inv.-Nr. I 089, Vergrößerung: 100×.

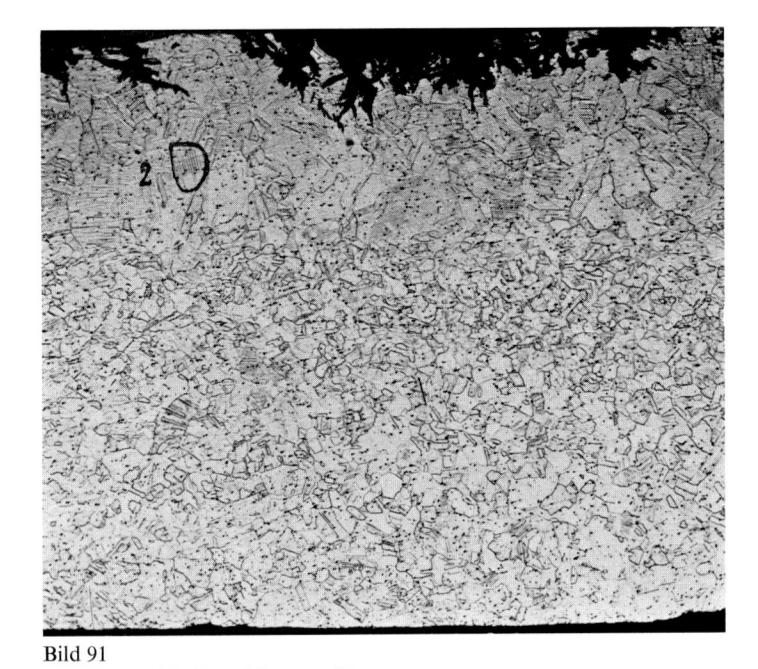

Bild 91
Inv.-Nr. I 1384, Vergrößerung: 75×.
Auswertung der Bilder:
Relativ feinkörniges und gleichmäßiges Gefüge und Inklusionen (1). Die Kristallite sind leicht deformiert und weisen mit ihren Gleitlinien (2) typische Merkmale einer Kaltverformung auf.

Bild 93
Die ganz feine Fuge, in die die kleine Spachtel eingeführt ist, beweist, daß der Wulst der Krugmündung hohl ist. Er muß durch Umrollen (Drücken) der Wandung entstanden sein.

Literaturverzeichnis

[1] P. Schauer, *Zwei römische Kasserollen aus Heddernheim (Nidda)*, Fundberichte aus Hessen 5/6 (1965/66), 57.

[2] H. Petrikovits, *Was erwartet der Archäologe von der Metallkunde?* Auszug aus einem Vortrag in ‹Stahl und Eisen› 7 (1957), 429/30.

[3] H. Lüpfert, *Metallische Werkstoffe*, Leipzig 1942, 9.

[4] M. Ebert, *Reallexikon der Vorgeschichte*, Berlin 1925, 14, 538, Stichwort Zinnober.

[5] J. R. Maréchal, *Prähistorische Metallurgie*, Otto Junkers GmbH, Lammersdorf über Aachen 1962.
J. R. Maréchal, *Kleine Geschichte von Messing und Zink*, Lammersdorf über Aachen, o. J., T 204 ff.

[6] von Wedel, *Die geschichtliche Entwicklung des Umformens in Gesenken*, Düsseldorf 1960.

[7] R. Pleiner, *Staré Európské Kovárstuí; Alteuropäisches Schmiedehandwerk* (mit Zusammenfassung in deutscher Sprache), Prag 1962.

[8] Straube, Tarmann und Plöckinger, *Erzreduktionsversuche in Rennöfen norischer Bauart*, Klagenfurt 1964, Tafeln I und II.

[9] U. E. Paoli, *Das Leben im alten Rom*, Bern 1961, Tafel LXII.

[10] E. Espérandieu, *Recueil Général des Bas-Reliefs, Statues et Bustes de la Gaule Romaine*, Paris 1911, Bd. 4, 12, Abb. 2769.
Siehe auch W. Jorns, ‹Der Feuergott Vulkan›, Stahl und Eisen 77/17 (1957), 1160–1164.

[11] U. E. Paoli, s. Anm. 9, 187.

[12] H. Blümner, *Die römischen Privataltertümer*, München 1911, 606.

[13] H. Blümner, s. Anm. 12, 597.

[14] Anm. Die Drehbank heißt *tornus;* darunter ist wohl ebenfalls die Holzdrehbank zu verstehen.

[15] A. Nedoluha, *Geschichte der Werkzeuge und der Werkzeugmaschinen*, Wien 1961, 28.

[16] F. M. Feldhaus, *Die Technik der Vorzeit, der geschichtlichen Zeit und der Naturvölker*, München, Nachdruck 1965, 212.

[17] F. Klemm und W. Treue u. a., *Das Hausbuch der Zwölfbrüderstiftung zu Nürnberg*, Faks., München 1965, 33.

[18] F. Spannagel, *Gedrechselte Geräte*, Ravensburg 1941, Abb. 16.

[19] A. Mutz, *Geheimnisse der alten Elfenbeindrechslerei*, Basler Volkskalender, Basel 1965.

[20] Ch. Plumier, *L'Art de Tourner en Perfection*, Lyon 1701.

[21] Vitruv, *Zehn Bücher über Architektur*, übersetzt von C. Fensterbusch, Darmstadt 1964.

[22] Anm. Die Übersetzung besorgte mir freundlicherweise Dr. J. Ewald, Liestal; Plinius, *Naturalis historia* (ed. Loeb), unter Benützung der Übersetzung von Gottfried Große, Frankfurt a. M. 1787.

[23] O. Lurati, *L'ultimo laveggiaio di Val Malenco*, Schweiz. Volkskunde, sterbendes Handwerk, Basel 1970, Heft 24.
In Film und Text ist die Arbeitsmethode dieses uralten, vorrömischen Handwerks festgehalten.

[24] L. Berger, *Römische Gläser aus Vindonissa*, Basel 1960, 24.
Dort wird in der gleichen Sache auch auf Kisa, *Das Glas im Altertum*, Leipzig 1908, hingewiesen.

[25] F. Kiechle, *Zur Verwendung der Schraube in der Antike*, Technikgeschichte, Düsseldorf 1967, Bd. 34/1, 21, Anm. 34 Oreibasios, Coll. med. 49, 5.

[26] A. Mutz, *Römische Bronzegewinde*, Technikgeschichte, Düsseldorf 1969, Bd. 36, 2.

[27] J. Benedum und Michler, *Zu den Schraubengewinden antiker Spekula*, Technikgeschichte, Düsseldorf 1970, Bd. 37, 4.

[28] Guhl und Koner, *Leben der Griechen und Römer*, Berlin 1893, 6, 699.

[29] M. F. Morel-Macler, *Antiquités de Mandeure*, Montbéliard 1847, plan 59.

[30] Th. Beck, *Heron der Ältere und seine Vorgänger*, Beiträge zur Geschichte des Maschinenbaues, Berlin 1899, 14.

[31] A. Neuburger, *Die Technik des Altertums*, Leipzig 1919, 78.

[32] R. S. Woodbury, *History of the Lathe to 1850*, Cleveland (Ohio) 1961, 35.

[33] H. Maryon, *American Journal of Archaeology*, Vol. LIII, Number 2 (1949), 101.

[34] H. Blümner, *Technologie und Terminologie der Gewerbe und Künste bei Griechen und Römern*, Leipzig 1879, II, 331 ff.

[35] Anm. Zur Spitzendrehbank siehe Kap. III D, Seite 21. Fitschel = Fiedeldrehbank.

[36] A. Rieth und K. Langenbacher, *Die Entwicklung der Drehbank*, Stuttgart, Köln, o. J., 7, 14.

[37] A. Nedoluha, s. Anm. 15, 28.

[38] F. M. Feldhaus, *Die Technik der Antike und des Mittelalters*, Potsdam 1931, 140.

[39] F. M. Feldhaus, s. Anm. 16, 210, 211, 212.

[40] F. M. Feldhaus, *Die Maschine im Leben der Völker*, Basel, Stuttgart 1954, passim.

[41] M. Ebert, s. Anm. 4, 2, 453, Stichwort Drehbank.

[42] E. Pernice, *Die Metalldrehbank im Altertum*, Jahreshefte des österreichischen Archäologischen Institutes, Wien 1908, 8, 1. Heft.

[43] Anm. Beim Ablesen der Dickenmessung an der Skala des Tiefenmaßes ist unbedingt zu beachten, daß es in dieser Verwendung keine Tiefe, sondern eine Dicke mißt. Daher muß die Ablesung rückwärts erfolgen. Ganze Millimeterbeträge sind als solche zu nehmen, doch bei den Bruchteilen ($1/10$) müssen, beispielsweise wenn die Skala bei 3 steht, nicht $3/10$, sondern $7/10$ mm zu den ganzen Millimetern hinzugezählt werden.

[44] Anm. ‹Links› = rot; ‹Rechts› = schwarz; ‹Hinten› = grün und ‹Vorn› = blau.

[45] Anm. Freundliche Mitteilung von Frau Prof. Dr. E. Schmid, Basel.

[46] F. M. Feldhaus, s. Anm. 40, Abb. 64 und 65.

[47] Anm. Die Oberflächenprüfungen konnten durch das freundliche Entgegenkommen von Herrn Prof. Stromberger, Inhaber des Lehrstuhles für Werkzeugmaschinen an der TH Darmstadt, durchgeführt werden.

[48] Anm. Solche Prüfungen sind in Europa nur an wenigen Orten möglich. Sie wurden in freundlicher Weise von Herrn Dr. Ir. J. J. van der Spek in den N. V. Philips Gloeilampenfabrieken in Eindhoven, Niederlande, durchgeführt.

[49] Anm. Herrn Kurt Häuser, Ingenieur, Gießen, bin ich zu besonders großem Dank verpflichtet, daß er es übernommen hat, aus den spärlichen Werten ermittelten die Schnittkraft und die Leistung römischer Drehbänke zu errechnen. Herr Häuser ist auch der Verfasser des Abschnittes ‹Berechnung der Schnittkraft›, weshalb die dazu benutzte Literatur darin selbst und nicht im Literaturverzeichnis enthalten ist.

[50] Anm. Die Kenntnis von diesem wichtigen Fund vermittelte mir Herr Dr. M. Picon, Direktor des C.N.R.S. in Lyon, welcher mir auch in zuvorkommender Weise die Bilder und die Zeichnungen zur Publikation überließ, wofür ihm auch hier mein Dank ausgesprochen sei.

[51] W. Sellin, *Metalldrücken*, Berlin, Göttingen, Heidelberg 1955, 38.

[52] E. v. Wedel, s. Anm. 6, 56.

[53] A. Nedoluha, s. Anm. 15, 44.

[54] W. Sellin, s. Anm. 51, 3.

[55] M. Thiele, *Das Metalldrücken*, Leipzig 1929, 1.

[56] C. A. Martin, *Der Drechsler*, Leipzig 1905, (hrsg. von C. Marggraf), 323.

[57] H. J. Hundt, *Technische Untersuchungen eines hallstattzeitlichen Dolches aus Estavayer-le-Lac*, Jahrbuch Schweiz. Ges. Urgesch. 52 (1965), 99.

[58] E. Brepohl, *Theorie und Praxis des Goldschmieds*, Leipzig 1962, 281 ff.

[59] H. Norling, *Kasseroller mes tre Huller eller tredel hul i Skaftet*. In Aarbøger for nordisk Aldkyndighed og Historie udgivne af Det kgl. nordiske Oldskriftselskab, København 1952.

[60] P. Schauer, s. Anm. 1, 72 ff.

[61] A. Mutz, s. Anm. 19, 11 ff.

[62] Auktionskatalog 34, Kunstwerke der Antike, Münzen und Medaillen AG. Basel, Basel 1967, 12, Abb. 17.

[63] A. Mutz, *Zu einigen gedrehten römischen Bronzen im Vorarlberger Landesmuseum*, Jahrb. des Vorarlberger Landesmuseums Vereins, Bregenz 1966, 176 ff.

[64] A. Mutz, *Eine selten große römische Glocke aus Augst*, Ur-Schweiz 2, Basel 1957, 48 ff.

[65] A. Mutz, s. Anm. 26.

[66] A. Mutz, *Eine kleine römische Authepsa*, Jahrb. des Römisch-Germanischen Zentralmuseums Mainz, 14. Jahrg. 1967, 167 ff.
A. Mutz, *Bau und Betrieb einer römischen Authepsa (Samovar)*, Ur-Schweiz 3, Basel 1959, 37 ff.

[67] F. Kretzschmer, *Bilddokumente römischer Technik*, Düsseldorf 1958, 23, Abb. 33, 34 und 35.

Bildnachweis

Seite	Bild-Nr.	Herkunft
11	Diagramm	W. Köster, *Der metallische Werkstoff*, Deutsches Museum, Abhandlungen und Berichte, 7. Jahrgang, Heft 4, Abb. 22.
12	2	A. Neuburger, *Die Technik des Altertums*, Leipzig 1919, Abb. 37.
12	3	*Buch der Erfindungen*, Leipzig 1900, Bd. VI, Abb. 1521.
14	4	A. Romain, *Tour – Tournage – Filetage*, Paris 1920, Fig. 1.
16	9	A. Nedoluha, *Geschichte der Werkzeuge und der Werkzeugmaschinen*, Wien 1961, Abb. 25.
16	10	C. A. Martin, *Der Drechsler*, Leipzig 1905, Fig. 1.
16	11	A. Romain, *Tour – Tournage – Filetage*, Paris 1920, Fig. 7.
17	13	A. Rieth und K. Langenbacher, *Die Entwicklung der Drehbank*, Stuttgart, Köln, o. J., Tf. IV.
20	14	Siehe Legende beim Bild.
31	36–40	TH. Darmstadt (Lehrstuhl für Werkzeugmaschinen).
32	42, 43	N.V. Philips Gloeilampenfabrieken, Eindhoven.
33	44	N.V. Philips Gloeilampenfabrieken, Eindhoven.
33	45, 46	Franz Christen, Basel.
34	49	Kurt Häuser, Gießen.
35	50	Laboratorium der Metallwerke Dornach AG.
37	52	Laboratorium der Metallwerke Dornach AG.
37	53	Dr. M. Picon, Lyon.
38	54–57	Dr. M. Picon, Lyon.
39	58, 59	Elisabeth Schulz, Basel.
40	60, 61	Elisabeth Schulz, Basel.
44	75	Deutsches Archäologisches Institut, Rom.
50	91, 92	Laboratorium der Metallwerke Dornach AG.
88	210, 212, 214, 216	Elisabeth Schulz, Basel.
90	218, 219, 220	Römisch-Germanisches Zentralmuseum, Mainz.
120	322, 323	Elisabeth Schulz, Basel.
130	349, 350	Franz Christen, Basel.
130	352	Museo Nazionale, Taranto.
132	355, 356	Dietrich Widmer, Basel.
150	429, 430, 431	Musée National des Antiquités, St-Germain-en-Laye.
151	432, 433, 434	dito.
152	435, 436	dito.
157	451	Laboratorium, Schweiz. Verein für Schweißtechnik, Basel.
161	460	Elisabeth Schulz, Basel.
162	466	Museo Nazionale, Neapel.
162	470	Deutsches Archäologisches Institut, Athen.
166	487	Dr. Jürg Ewald, Liestal.
172	504, 505	Vesper und Trost, Rottweil.
178	527	Römisch-Germanisches Zentralmuseum, Mainz.
178	528	Historisches Museum, Basel.

Alle übrigen Photos und Zeichnungen vom Verfasser.

VII Katalog

A Vorbemerkungen zum Katalog

Der anschließende Katalog ist nach den hauptsächlichsten Gefäßtypen geordnet. Um die Vielseitigkeit der römischen Metalldreherei eindrücklich zu illustrieren, ist das gezeigte Inventar in 14 Gruppen gegliedert. Das Nähere geht aus den einzelnen Abschnitten hervor. Gleichzeitig soll er in seiner Zusammensetzung die große geographische Streuung der Funde dokumentieren. Er erhebt in keiner Weise Anspruch auf Vollständigkeit, da es unmöglich ist, alle vorhandenen Objekte zu erreichen. Auch in technologischer Beziehung wird er keine Aussagen zu machen vermögen, die über die bereits im Textteil vorgebrachten Argumente hinausgehen. Er weist jeweilen auf besondere Umstände oder Feinheiten an den Fundstücken hin. In den Variationen wird das Grundsätzliche immer wieder hervorgehoben und bestätigt, woraus hervorgeht, wie souverän die angewandten Techniken beherrscht wurden.

In der gebotenen Übersicht sind alle erreichbaren und notwendigen Angaben über das einzelne Objekt zusammengefaßt und durch eine knappe Beschreibung ergänzt. Es muß beigefügt werden, daß auch aus den Inventaren der Museen nicht immer alle wissenswerten Fakten entnommen werden konnten. Nicht nur fehlte meist die zeitliche Einordnung, sondern auch der genaue Fundort. Finden sich entsprechende Angaben vor, so stammen sie von den Museen. Wo es möglich war, wurden die gleichen oder ähnlichen Gefäßtypen einander zugeordnet, auch wenn dadurch die Reihenfolge der Länder hie und da durchbrochen werden mußte.

Es ist zu betonen, daß zur Frage der zeitlichen Einordnung römischer Bronzegefäße noch keine zusammenfassende Arbeit erschienen ist. Lediglich H. Norling-Christensen [59] versuchte vor Jahren, über Bronzekasserollen eine Chronologie an Hand stilistischer Merkmale aufzustellen. Klarer in dieser Beziehung ist die tabellarische Gruppierung von 57 Kasserollen, die P. Schauer [60] zusammengestellt hat. Er ordnet sie in ihrer überwiegenden Mehrheit dem 1. Jahrhundert n. Chr. zu. Auch die vorliegende Arbeit kann für die Datierung nicht mehr bieten. Ihre Absicht liegt, wie schon dargelegt, darin, dem Archäologen eine Hilfe bei technologischen Beobachtungen zu bieten.

Mit Ausnahme der in den Bildern 352, 355, 356, 458, 470 und 527 gezeigten Objekte sind alle übrigen vom Verfasser persönlich untersucht worden.

Bei der Natur des Stoffes war es unvermeidlich, daß sich manche Formulierungen in den Objektbeschreibungen gleichlautend oder ähnlich wiederholen mußten. Die Leser werden dafür um Verständnis gebeten. Gleichwohl dürften sie es nicht übersehen, daß das in handwerklich-technischer Sicht in Wort und Bild Dargebotene ebenfalls seine volle Berechtigung hat, wird es doch einfach von einem anderen Standpunkt aus und nach einer anderen Methode beurteilt. Auf den zahlreichen Studienreisen, die sich über mehrere Jahre erstreckten, hat der Verfasser insgesamt 378 Objekte der verschiedensten Art untersucht. Für jedes Stück wurden neben einem Protokoll, Photos und in den meisten Fällen eine Zeichnung mit den Maßeintragungen angefertigt. Da es ausgeschlossen und auch wenig sinnvoll gewesen wäre, den gesamten Bestand publizieren zu wollen, sind davon immerhin 197 Objekte in diesen Band aufgenommen. Es dürfte außer Frage stehen, daß das im vorliegenden Umfange gebotene Material in seiner Vielfältigkeit vollauf genügt, eine Dokumentation über die Kunst des Metalldrehens bei den Römern vorzulegen.

B Kasserollen

94
95
96
97
98

94 Kasserolle von außen
95 Kasserolle von oben mit der Boden-Innenseite
96 Der Boden mit seinem Profil
97 Teil der Wandung mit den feinen Rillen
98 Partie am Übergang Griff–Wandung mit der durchgedrehten Hohlkehle
99 Profilzeichnung der Kasserolle

links vorn hinten rechts

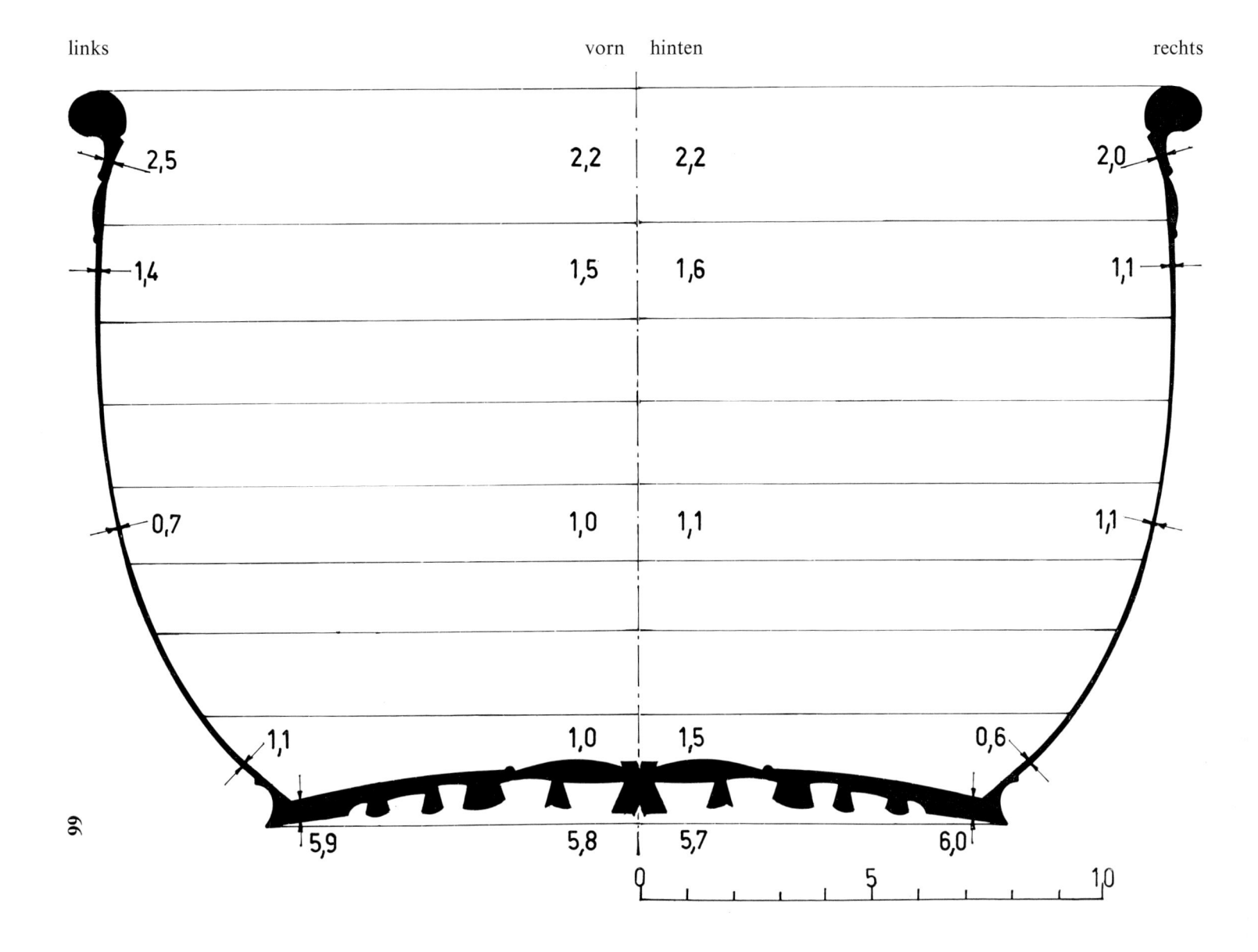

2,5	2,2	2,2	2,0
1,4	1,5	1,6	1,1
0,7	1,0	1,1	1,1
1,1	1,0	1,5	0,6
5,9	5,8	5,7	6,0

Kasserolle	Museumsverein f. d. Fürstentum Lüneburg, Lüneburg (D)
Bronze	
Inventar-Nr.	keine
Durchmesser	242 mm
Höhe	154 mm
Gesamtlänge	450 mm
Fundort	Fürstengrab von Marwedel, Kreis Lüchow, Dannenberg

Es handelt sich hier um ein ausgesprochen großes Exemplar. In gefülltem Zustande konnte die Kasserolle wegen des Gewichtes nur mehr schwer gehandhabt werden, weshalb am Napf, gegenüber dem Griff, ein Tragring angebracht ist (Bild 96). Unterhalb der Randlippe ist ein punziertes Zierband mit einem einfachen Ornament, das aber auf der Griffbreite unterbrochen ist (Bild 98). Auf dem Boden der Innenseite befindet sich ein Zentrum und um dieses eine leicht geschwungene Profilierung. Die Innenwandung ist sehr glatt, und in fast regelmäßigen Abständen sind darin sieben ganz feine horizontale Rillen eingedreht. Die gleichmäßige Tiefe und Breite dieser Rillen konnte nur dadurch erreicht werden, daß sie in der gleichen Aufspannung mit der Innenwand eingestochen wurden. Ihre Existenz läßt eine Eichung vermuten (Bilder 97 und 99).

Aus der Profilzeichnung ist der auffallend große Unterschied zwischen Randlippe und Boden einerseits und der Wandung anderseits ersichtlich. Der dicke, in einem Kreis angenäherte Querschnitt der Randlippe ist nach unten weiter profiliert. Zwischen zwei Wülstchen befindet sich das geschweifte Band, auf dem das Ornament eingepunzt ist (Bilder 94 und 98). Erst darunter setzt die glatte Wandung an. Es ist noch besonders darauf hinzuweisen, daß auf der Unterseite der Randlippe eine Hohlkehle auf dem ganzen Umfange eingedreht ist (Bild 98). Darauf wird noch weiter unten eingegangen werden.

Im reich variierten Bodenprofil fällt auf, daß die erhabenen Wülste alle unterschnitten sind. Im gesamten ist die Bodenfläche nur leicht konkav. Vergleicht man die Meßwerte in der Profilzeichnung, so ist man über die kleinen Abweichungen überrascht.

100   Außenansicht der Kasserolle
101   Die Boden-Innenseite der Kasserolle
102   Der Boden der Kasserolle
103   Profil der Kasserolle

links vorn hinten rechts

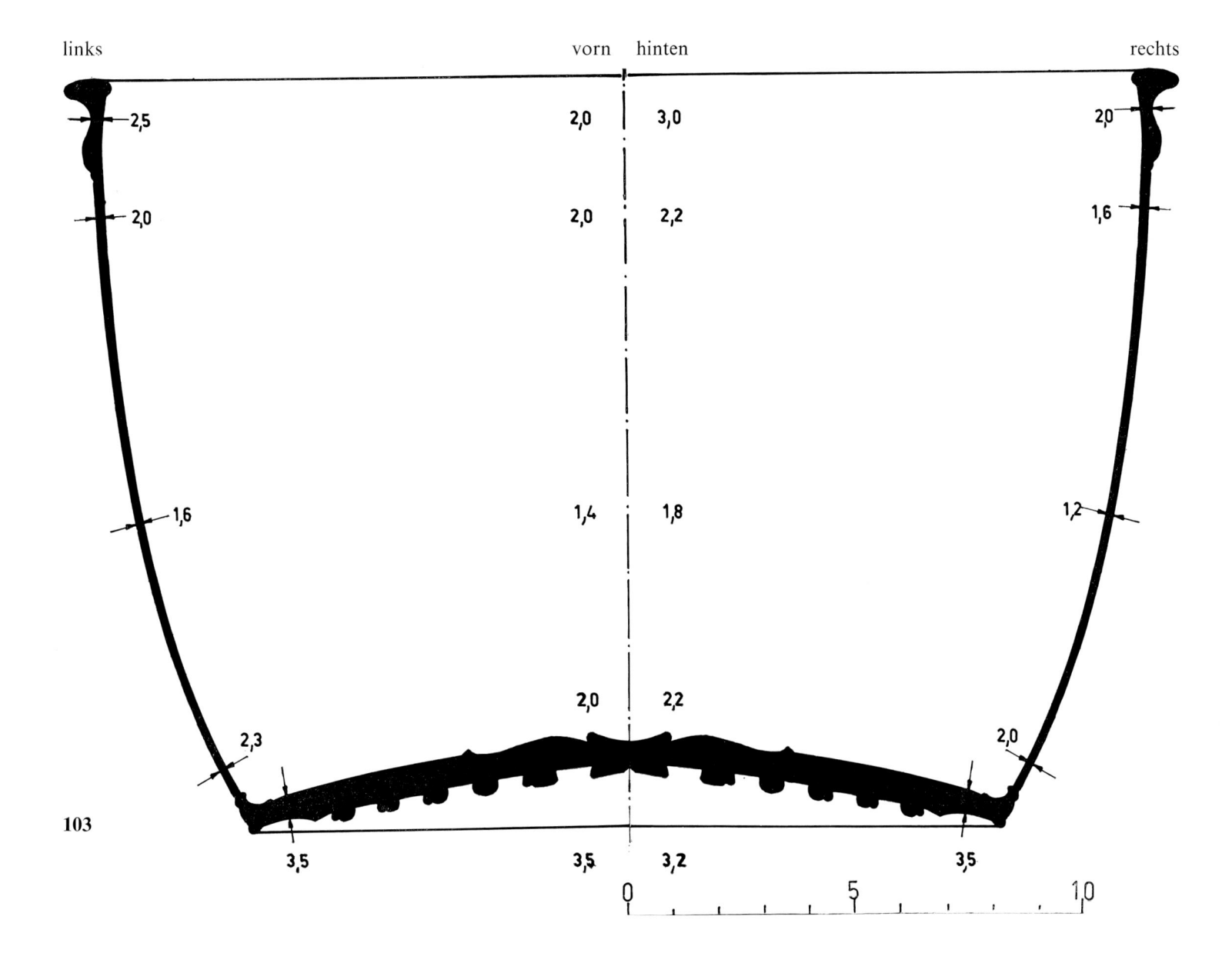

2,5	2,0	3,0	2,0
2,0	2,0	2,2	1,6
1,6	1,4	1,8	1,2
2,3	2,0	2,2	2,0
3,5	3,5	3,2	3,5

103

Kasserolle   Antikensammlung, Wien (A)
Bronze
Inventar-Nr.   VI 1674
Durchmesser   243 mm
Höhe   160 mm
Fundort   Kézdy-Vásárhely (Siebenbürgen)
Datierung   Um 100 n. Chr.

Auch diese Kasserolle ist ein grosses Exemplar und stimmt in ihren Abmessungen fast genau mit jener von Lüneburg, Seiten 54 und 55, überein. Sie hat auf der Innenseite sieben horizontale feine Rillen. Der Boden ist konkaver. Die Hohlkehle unter der Randlippe ist auf dem ganzen Umfange tief eingedreht, also auch auf der Unterseite des Griffes. Der Boden ist reich profiliert und tief eingestochen. Überraschend sind hier einzelne Feinheiten der Dreharbeit. Als solche seien angeführt: die kleinen Einstiche an vier Wülsten des Bodenprofils, der Wechsel von stark und schwach unterhalb der Randlippe und schließlich die Wülstchen am inneren Übergang Boden–Wandung, die eine Hohlkehle begleiten. Hiezu gehört auch das eingedrehte Band zuunterst auf der Außenseite (Bild 100).

Vom technischen Standpunkt aus verdienen die bereits erwähnten Rillen, wie sie sich auch beim Lüneburger Exemplar finden, besondere Beachtung. Diese Rillen sind auch schon als ‹Eichmarken› angesprochen worden. Sind es tatsächlich solche, mußten sie selbstverständlich an einer bestimmten Stelle, und nur an dieser, angebracht werden. Die ‹Eichung› konnte nur so vor sich gehen, daß die aufgespannte Kasserolle mitsamt dem Futter von der Drehbank abgenommen worden ist. Hierauf goß man die erste Quantität Flüssigkeit in das Gefäß und markierte das Niveau an der Gefäßwand. Danach folgten die anderen Quantitäten, und bei jeder wurde die Markierung vorgenommen. Selbstverständlich mußte jede in einem anderen Gefäß bestimmt werden. Nach erfolgter Wiederaufspannung konnten bei genauem Rundlauf die Rillen an den markierten Stellen eingedreht werden. Allein dieser Vorgang, mit dem eine so genaue Übereinstimmung von Wandfläche und Rillen erzielt werden konnte, läßt auf die hohe Qualität der benutzten Maschinen schließen.

104 Außenansicht der Kasserolle
105 Ansicht der Kasserolle von oben
106 Der Boden der Kasserolle
107 Durchgedrehte Hohlkehle unter dem Griff
108 Profilzeichnung der Kasserolle

109 Ansicht der kleinen Kasserolle
110 Das Innere der Kasserolle
111 Profilzeichnung der kleinen Kasserolle

108

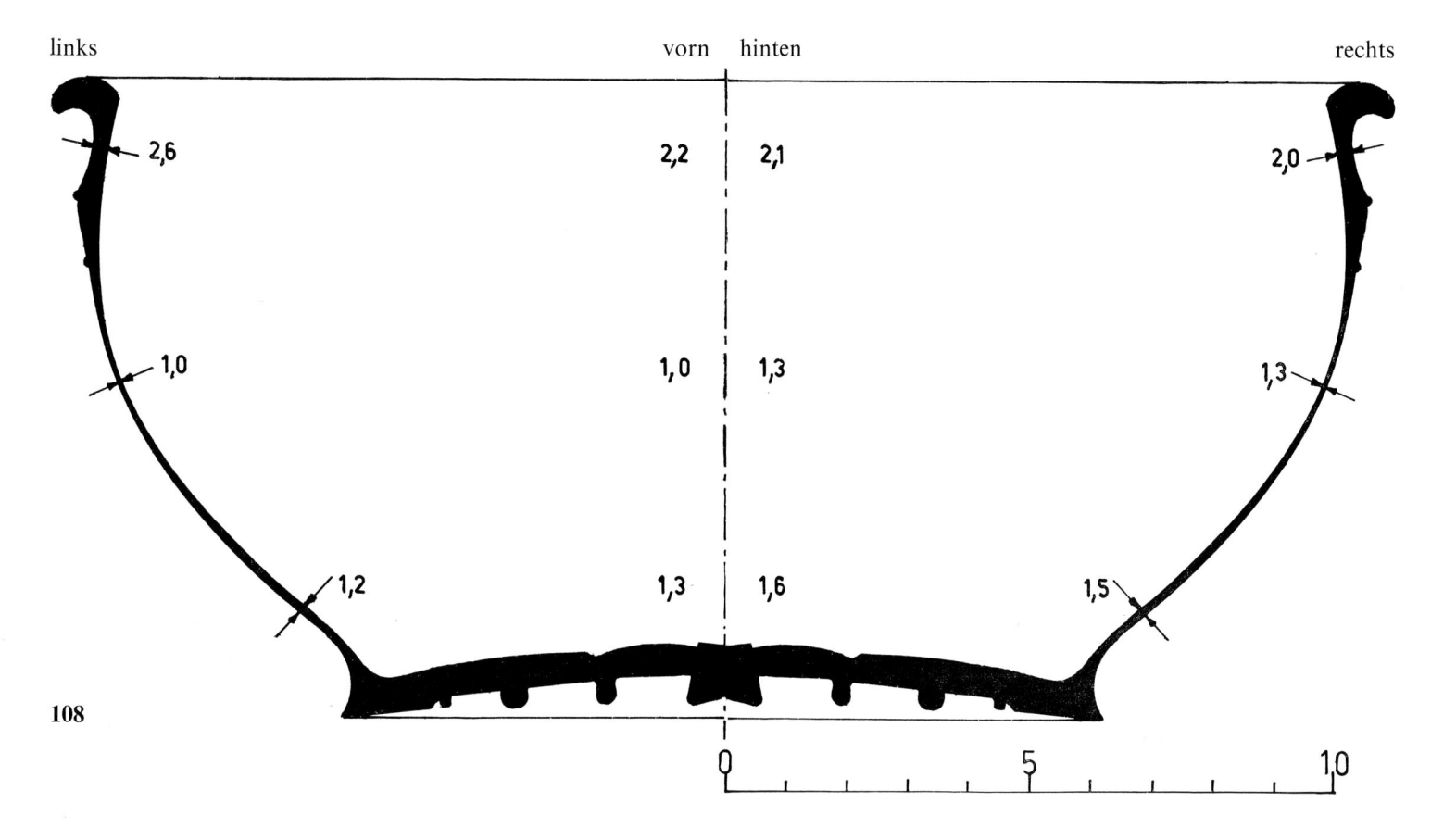

Kasserolle	Musée National des Antiquités St-Germain-en-Laye (F)
Bronze	
Inventar-Nr.	13 690
Durchmesser	219 mm
Höhe	102 mm
Gesamtlänge	393 mm

Gut erhaltene Kasserolle mit starker, tief unterschnittener Randlippe. Unterhalb dieser das durch Wülstchen eingefaßte Band für eine Ornamentverzierung (nicht ausgeführt). Auch bei diesem Exemplar ist die Hohlkehle auf dem ganzen Umfange durchgeführt (Bild 107). Das Bodenprofil besteht nur aus wenigen, leicht nach unten verjüngten, oben abgerundeten schmalen Wülsten. Die geschwungenen, mit den Griffrändern verlaufenden Einkerbungen sind besonders tief. Sie sind, wie auch an andern Beispielen festgestellt werden konnte, ebenfalls mechanisch eingearbeitet.

Kasserolle	Binn, Wallis (CH) Sammlung G. Graeser
Bronze	
Inventar-Nr.	keine
Durchmesser	126 mm
Höhe	73 mm
Gesamtlänge	250 mm
Fundort	Binn
Datierung:	1. Jh. n. Chr.

Diese kleine, zierliche Kasserolle ist gut erhalten. Innere und äußere Oberflächen sind sehr glatt. Die Innenseite ist versilbert mit sehr gut erhaltenem Reflexionsvermögen. Zu beachten ist die extreme Dünnheit der Wandung. Es sind zwei ‹Eichmarken› vorhanden. Die Volumen des Unterteils und des Ganzen verhalten sich etwa wie 2:3; ob sie römischen Maßeinheiten entsprechen, konnte nicht genau ermittelt werden.

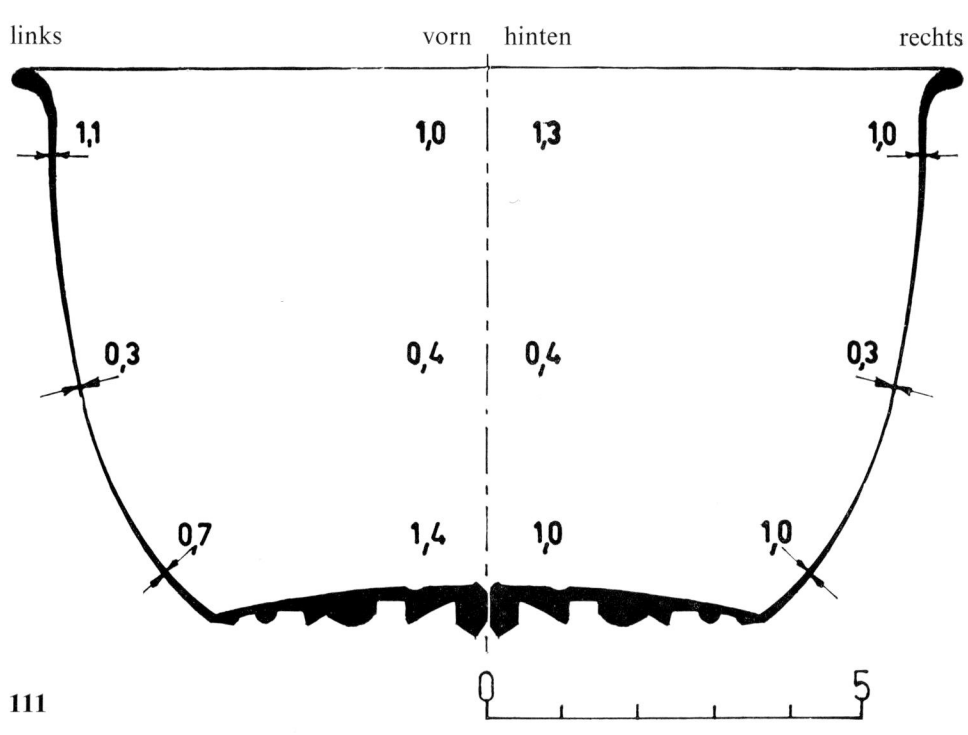

111

112 Kasserolle von außen
113 Kasserolle von oben
114 Der Kasserollenboden
115 Die Hohlkehle zwischen Griff und Wandung
116 Profilzeichnung der Kasserolle

117 Kasserolle von oben
118 Kasserolle in seitlicher Sicht
119 Profilzeichnung der Kasserolle

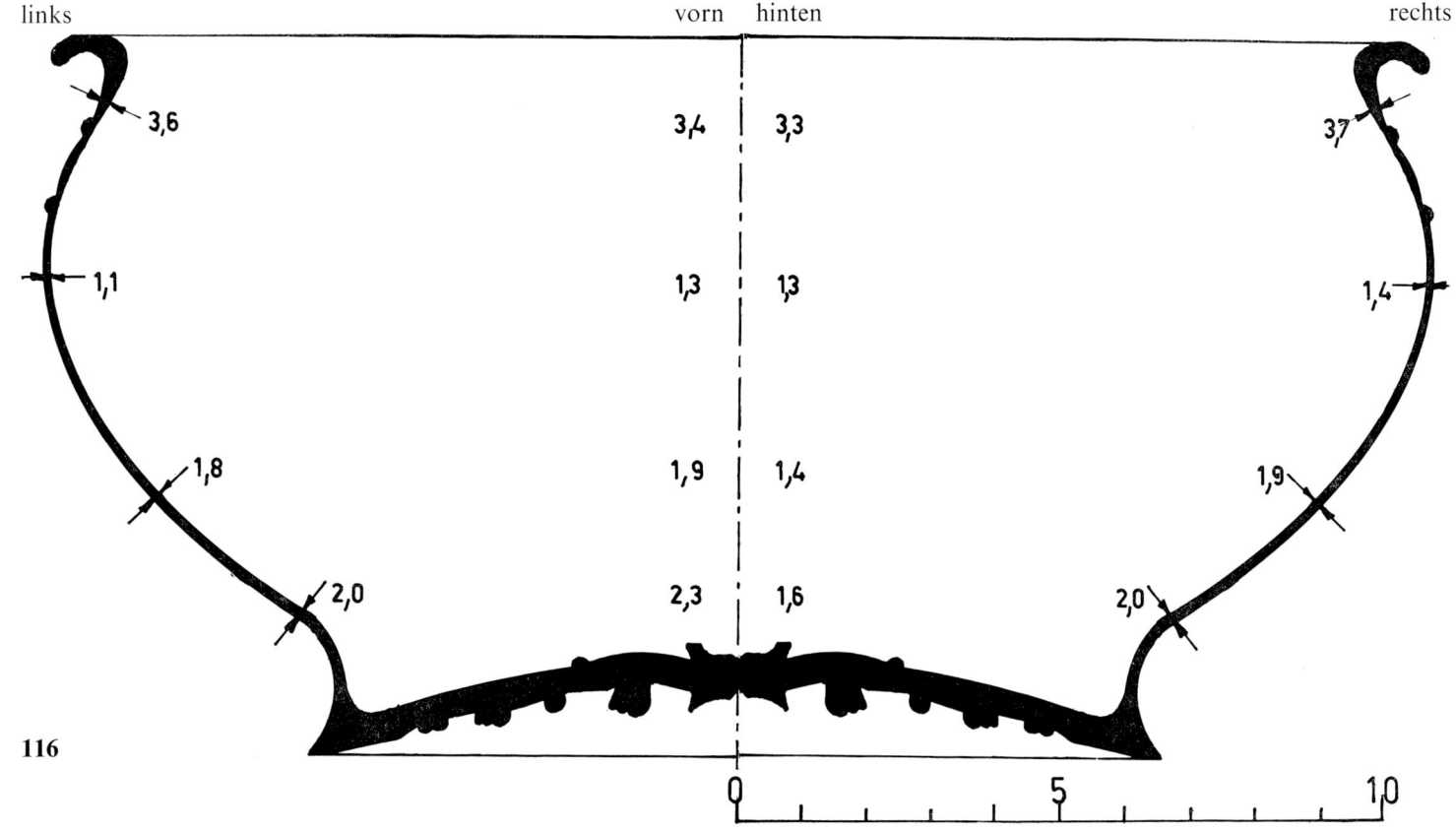

links vorn hinten rechts

116

Kasserolle	Musée National des Antiquités St-Germain-en-Laye (F)
Bronze	
Inventar-Nr.	34102
Durchmesser	212 mm
Höhe	108 mm
Gesamtlänge	370 mm

Abgesehen von geringen Differenzen in den Abmessungen handelt es sich um den gleichen Typ wie den auf den Seiten 58 und 59 beschriebenen, doch ist an diesem das Bodenprofil besonders reich differenziert. Auch hier ist die Hohlkehle unter der Randlippe durchgedreht (Bild 115). Deutlich hebt sich die Griffunterseite von der gedrehten Partie ab. Für uns ist es unverständlich, weshalb die römischen *vascularii* mit diesem Durchdrehen der Hohlkehlen auf dem ganzen Umfang die durch das Gewicht am stärksten belastete Stelle so stark schwächten.

Kasserolle	Rijksmuseum G. M. Kam Nijmegen (NL)
Bronze	
Inventar-Nr.	E.V. 36⁰
Durchmesser	198 mm
Höhe	63 mm
Gesamtlänge	333 mm

Trotz der beachtlich dünnen Wandung am ganzen Gefäß ist es auf beiden Seiten überdreht worden. Die eingetragenen Maße belegen eindrücklich die regelmäßige Wanddicke. Der Boden ist durchschnittlich 1 mm dicker als die Wand. Besonders zu beachten sind die innen und außen eingedrehten Rillenpaare, wie sie in der Profilzeichnung eingetragen sind (Bild 119). Der Griff ist mitgegossen und steht etwas in die Höhe und nicht waagrecht wie bei den übrigen Kasserollen.

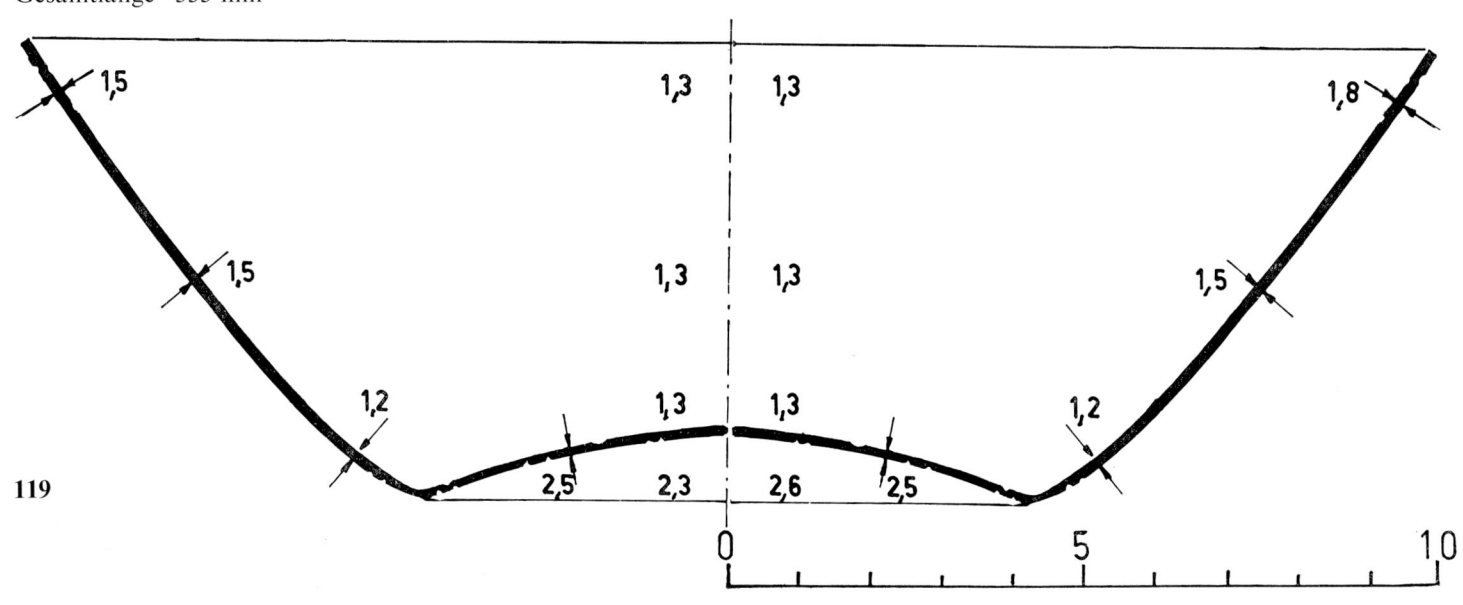

119

120 Inneres der Kasserolle
121 Die Kasserolle von schräg oben
122 Bruchstelle am Kasserollenrand
123 Boden der Kasserolle
124 Profilzeichnung

links   vorn   hinten   rechts

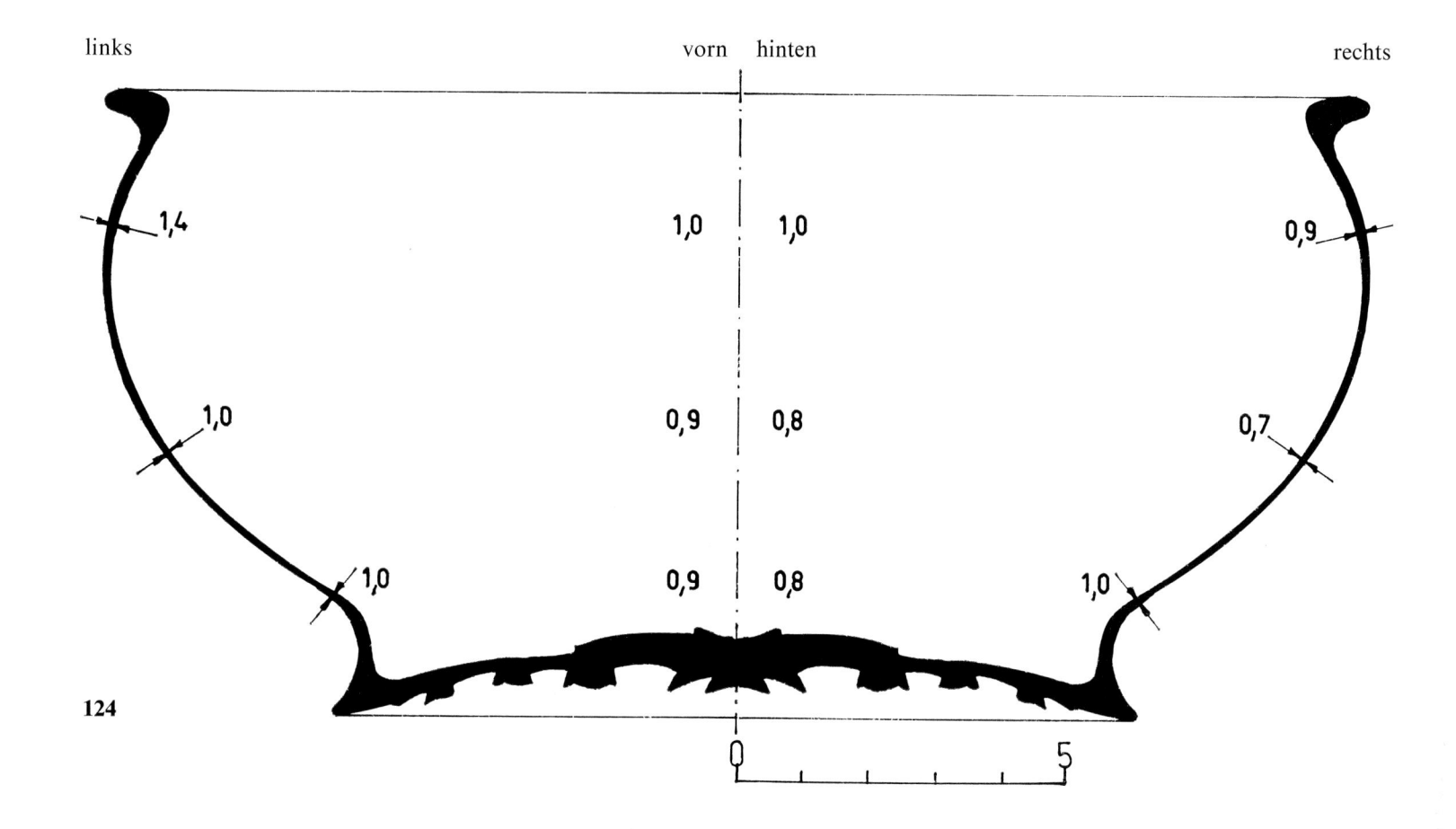

124

Kasserolle	Römisches Museum Augsburg (D)
Bronze	
Inventar-Nr.	VF 1057
Durchmesser	192 mm
Höhe	93 mm

Auch hier handelt es sich um den Kasserollentyp mit der stark geschweiften Wandung und der massiven Randlippe. Das Bodenprofil verrät wiederum eine perfekte Beherrschung der Drehtechnik. Nicht nur sind alle Wülste tief unterschnitten, sondern jeder ist außerdem auf der Stirnseite noch durch feinere Eindrehungen weiter variiert. Auch die innere Bodenfläche ist entsprechend gestaltet (Bilder 120 und 124). Genau an der schwächsten Stelle ist an dieser Kasserolle der Griff abgebrochen. Links und rechts der Bruchstelle sind noch Nieten von einer antiken Reparatur vorhanden. Auch der Ersatz des abgebrochenen Griffes hat nicht halten können. Diese Tatsache wie auch die Flickstelle an der Kasserolle auf Seite 60 oben und andere beobachtete antike Reparaturen zeigen, daß es damals viel schwieriger war, eine gute und einwandfreie Notlösung zu schaffen als neue Stücke herzustellen. Das mag zweierlei aussagen; einmal müssen gedrehte Stücke recht teuer gewesen sein, und zum andern sind die Flickarbeiten wahrscheinlich weit vom Herstellungsort entfernt durch unerfahrene und ungeschickte Leute ausgeführt worden. Auch hier sind die geringen Maßabweichungen zu beachten. Auch soll einmal auf die merkwürdige Tatsache aufmerksam gemacht werden, daß immer in der Mitte der geschweiften Wandung sich die dünnste Stelle befindet.

125 Kasserolle von vorn
126 Kasserolle von oben
127 Der Boden der Kasserolle
128 Die eingedrehte Hohlkehle
129 Profilzeichnung

130 Patera von schräg oben
131 Boden der Patera
132 Profilzeichnung

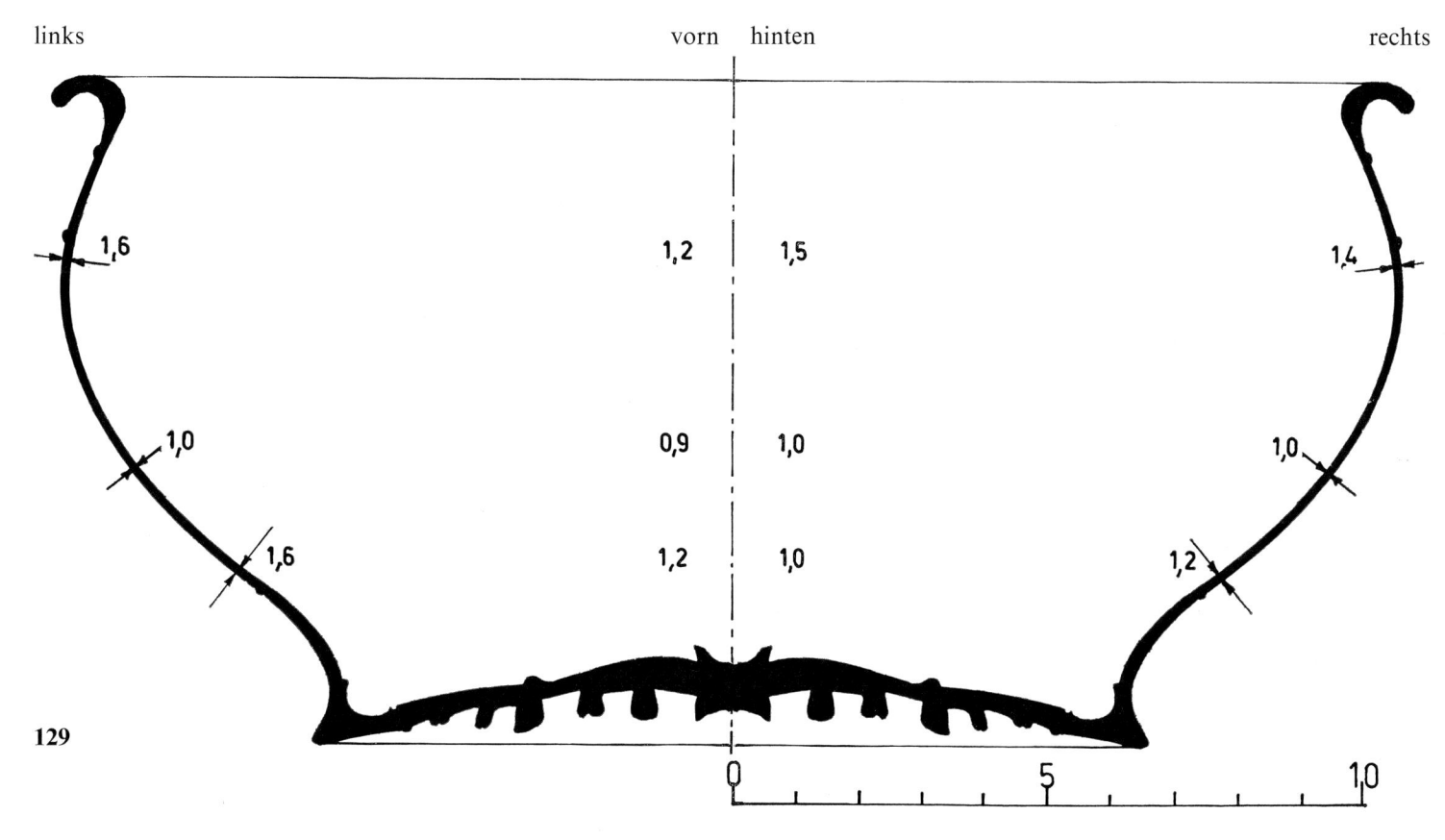

links   vorn   hinten   rechts

129

Kasserolle	Rijksmuseum
	van Oudheden Leiden (NL)
Bronze	
Inventar-Nr.	e 1931/303
Durchmesser	216 mm
Höhe	103 mm
Gesamtlänge	370 mm

Mit diesem Stück wird die Reihe der stark ausgebauchten Kasserollen abgeschlossen. Zu beachten ist wiederum das reich gegliederte Bodenprofil, das nicht weniger als fünf konzentrische Wülste aufweist. Daneben verdient der Übergang Boden–Wandung auf der Innenseite unsere Aufmerksamkeit. Er ist jenem der Wiener Kasserolle auf Seite 57 ähnlich. Die Hohlkehle unter der Randlippe ist so tief, daß die Dicke des Randes nur noch 3 mm beträgt.

Patera	Rijksmuseum G. M. Kam
	Nijmegen (NL)
Bronze	
Durchmesser	206 mm
Höhe	59 mm
Gesamtlänge	315 mm

Die Patera ist im Verhältnis zu ihrer Größe schwer, was besonders durch den massiven Boden verursacht ist. Im Innern sitzt auf einer eingedrehten Ringfläche der hohe Buckel, der lediglich auf der Außenseite bearbeitet ist. Er paßt genau in seinen Sitz und war noch angelötet. Innerhalb des starken Standringes ist noch eine 4 mm breite Rille eingedreht. Diese und zwei scharf abgesetzte Ringe bilden das einfache Profil. Oben endet die Wandung in einem nach innen gerichteten Dreieckrand. Der Griff ist angelötet.

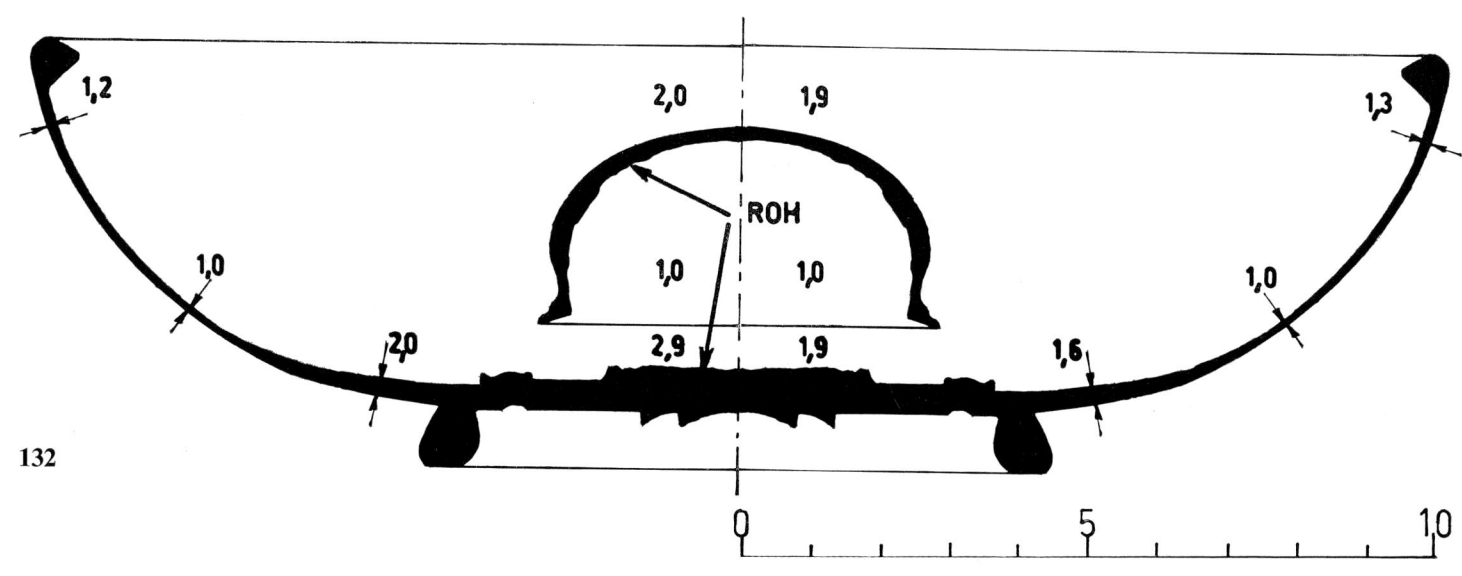

132

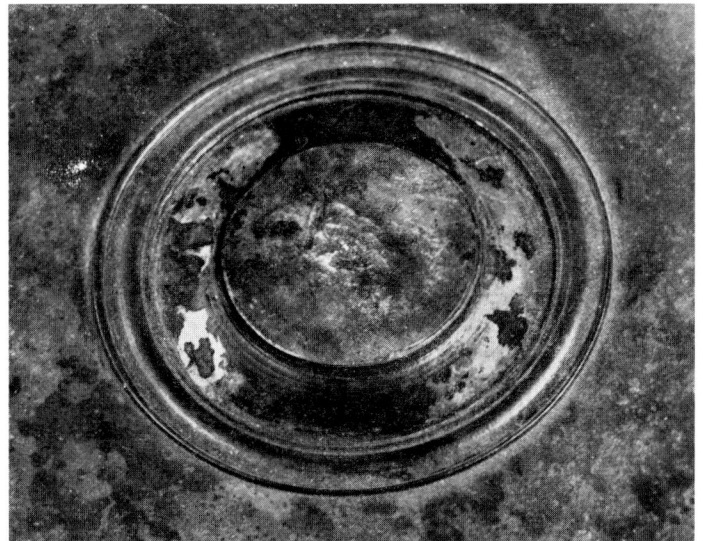

133 Patera von schräg oben
134 Ansicht des Bodenprofils
135 Buckel in der Gefäßmitte
136 Profilzeichnung

137 Ansicht direkt von oben
138 Ansicht von schräg oben
139 Profilzeichnung

links	vorn hinten		rechts

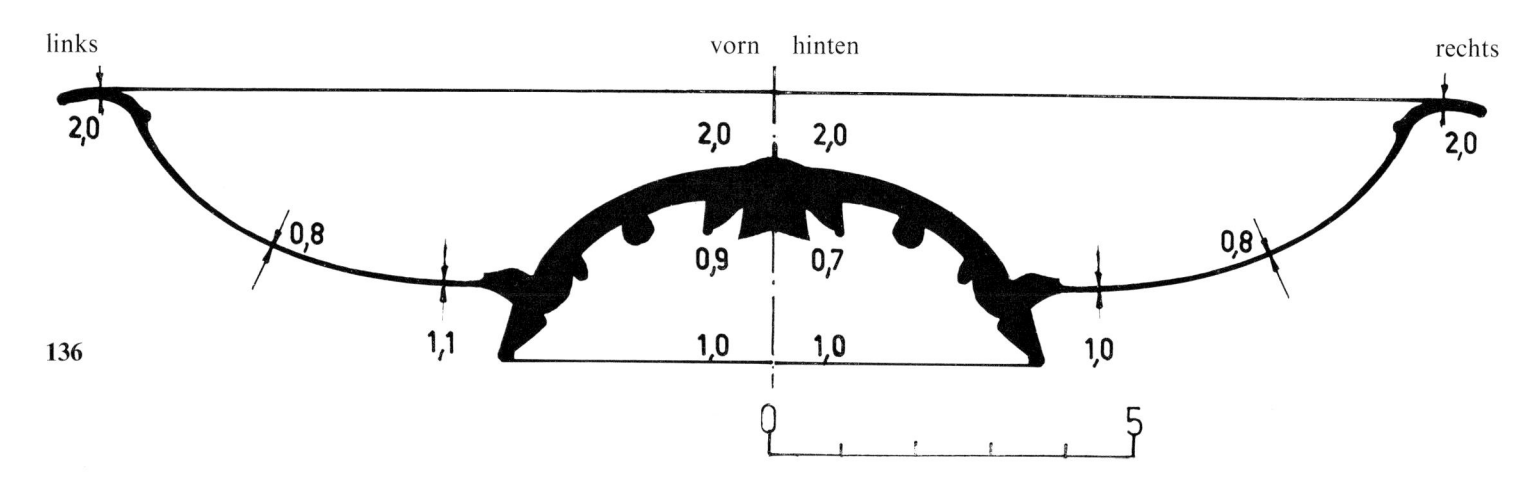

136

Patera	Rijksmuseum G. M. Kam Nijmegen (NL)
Bronze	
Inventar-Nr.	XXI. b. 5 b
Durchmesser	196 mm
Höhe	36 mm
Gesamtlänge	295 mm

Bei der Betrachtung des Profils dieser Patera fallen sofort zwei Tatsachen auf. Einmal der starke Gegensatz zwischen der sehr dünnen Wandung und dem massiven Mittelteil, in welchem Boden und Buckel zu einem einzigen Gebilde zusammengefaßt sind. Dies muß um so mehr überraschen, als das ganze Gefäß nicht aus mehreren Stücken zusammengesetzt ist. Stellt man außerdem am starken und geschwungenen Rande die Genauigkeit, das feine Wülstchen auf seiner Innenseite und die unterschnittenen und nuancierten Profilelemente in der fast halbkreisförmigen Höhlung des Mittelteiles fest, so kommt man zu dem bestimmten Urteil, daß diese Patera eine ganz besondere, meisterliche Leistung der antiken Drehkunst darstellt. Gesteigert wird dieser Eindruck, wenn man die eingetragenen Wanddicken in allen drei Horizonten unter sich vergleicht, wobei im obersten überhaupt keine und in den beiden andern lediglich Differenzen von 0,1 mm festgestellt sind. An die glatte Oberfläche des Buckels schließt sich an dessen Übergang zur Wandung ein erhabenes gedrehtes Profilband an. Alles in allem ein Musterbeispiel einer Verbindung zwischen ästhetischer Gestaltung und technischer Perfektion.

Patera	Museo Nazionale Neapel (I)
Bronze	
Durchmesser	222 mm
Höhe	49 mm

Im Gegensatz zu dem oben beschriebenen Stück hat diese Patera eine viel massivere Gestalt. Außer dem angelöteten Griff besteht sie ebenfalls nur aus einem Stück. Trotzdem ist die Arbeitsgenauigkeit hier nicht so groß, wie ja die Maßzahlen belegen. Bemerkenswert ist der flache, am Ende sich verdickende Rand. Auch hier liegt zwischen dem flachen Buckel und der Wandung ein zierliches Profilband. Auf der Unterseite des Randes ist ein feines Rillenpaar eingestochen (Bild 138). Besonders in der Ansicht von oben präsentiert sich das Gefäß sehr schön.

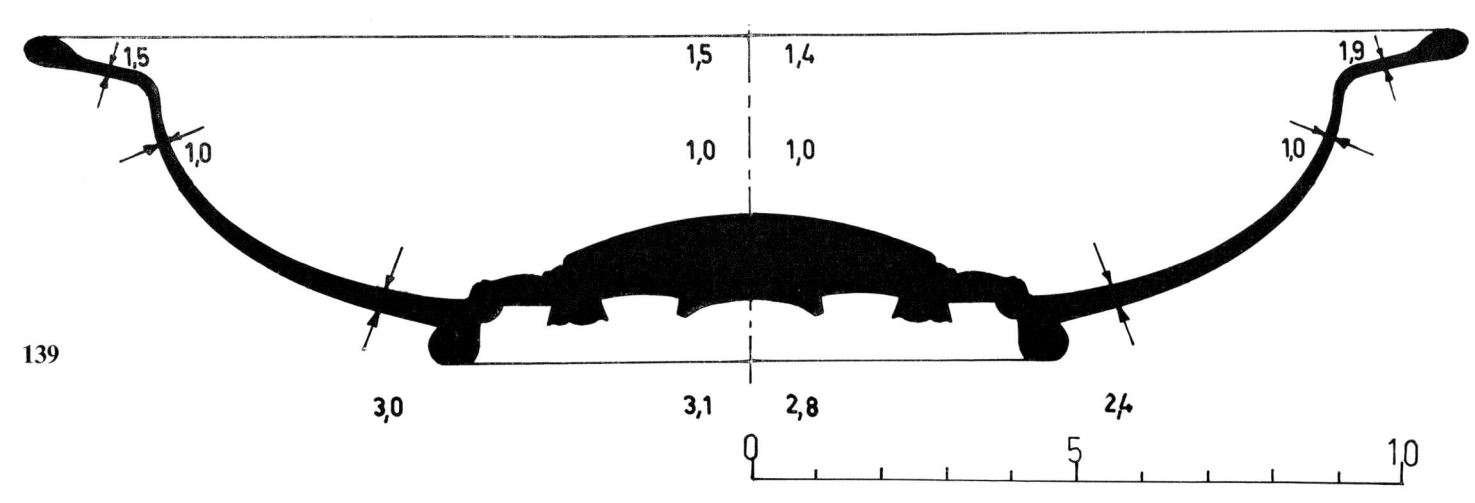

139

140 Patera von oben
141 Patera von unten
142 Buckel in der Gefäßmitte
143 Boden der Patera
144 Spachtel zwischen Boden und Wandung
145 Profilzeichnung

links   vorn   hinten   rechts

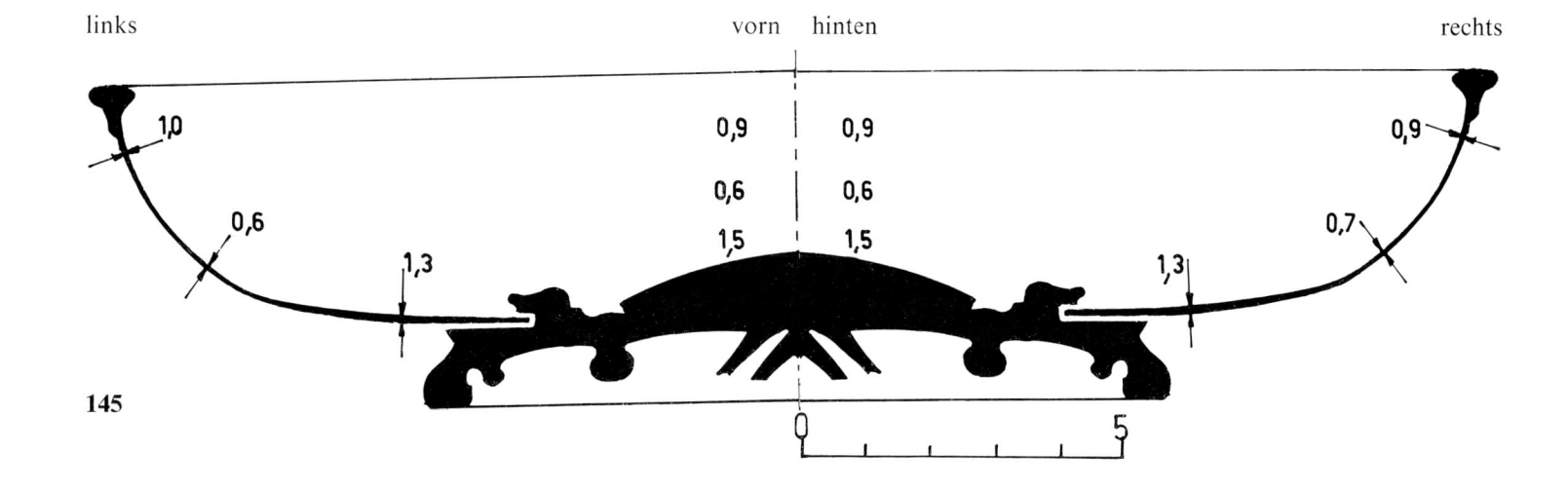

145

Patera	Römisch-Germanisches Museum Köln (D)
Bronze	
Durchmesser	220 mm
Höhe	50 mm
Gesamtlänge	353 mm

Hier muß auf eine technische Besonderheit hingewiesen werden. Zwischen Wandung und Boden ist auf dem ganzen Umfange eine offene Fuge, in die ein kleiner Spachtel eingeschoben werden kann (Bild 144). Auch der Buckel auf der Innenfläche ist ein Einzelteil: im Vordergrund klafft eine Öffnung (Bild 142). Folglich ist die dünne Wandung zwischen Boden und Buckel eingepreßt. Dies setzt voraus, daß alle drei Teile im neuen Zustande genau zusammengepaßt waren. Eine Verbindungstechnik, die nur auf der Drehbank erreicht werden kann. Wo die Verbindungsstelle sich befindet, konnte nicht ermittelt werden, weshalb in der Profilzeichnung dies nur andeutungsweise angegeben ist. Sicher setzt jedoch eine solche gegenseitige Zusammenpassung zweier Werkstücke, deren genaue Abmessungen nur mit Tast- und Greifzirkel möglich war, eine hohe Beherrschung der Drehtechnik voraus. In das gleiche Kapitel gehört auch der tiefe und schmale Einstich, der sich in der Mitte der Bodenfläche schräg gegen die Achse neigt (Bilder 143 und 145). Zur Erzeugung eines solchen schmalen und schräg verlaufenden Einstiches in das volle Material mußte ein noch schmälerer Stichel verwendet werden. Nur so wurde ein Verklemmen des Werkzeuges vermieden. Als kleine ‹Kunststücke› sind auch die im Querschnitt fast kreisrunden Wülste zu bewerten, besonders aber die im Standring nach innen erweiterte Eindrehung.

146 Kleine Kasserolle von oben
147 Die Kasserolle von der Bodenseite
148 Ansicht der Kasserolle schräg seitlich
149 Profilzeichnung

150 Boden der kleinen Kasserolle
151 Ansicht der kleinen Kasserolle von vorn
152 Ansicht der kleinen Kasserolle von oben
153 Profilzeichnung

149

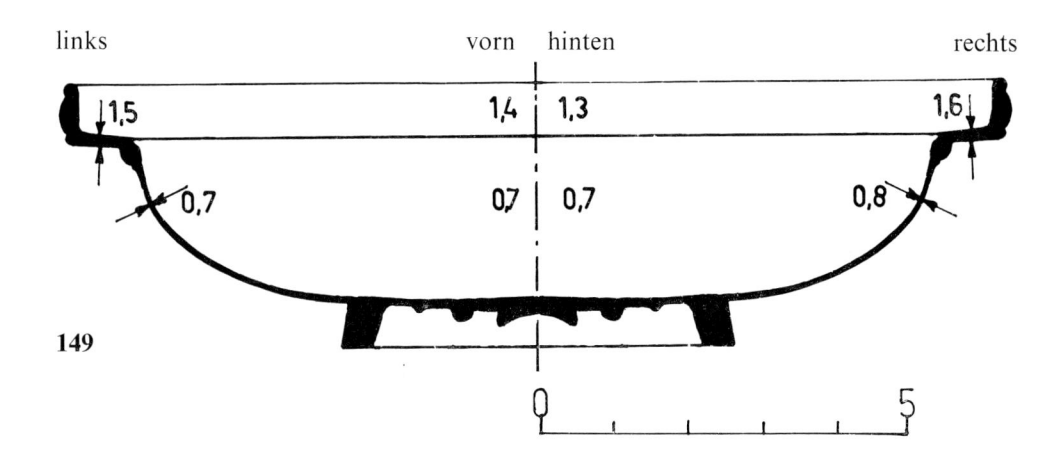

Kasserolle	Vorarlbergisches Landes-
	museum, Bregenz (A)
Bronze	
Durchmesser	129 mm
Höhe	35 mm
Gesamtlänge	225 mm

Nicht nur wegen der geringen Abmessungen, sondern auf Grund der sorgfältigen Ausführung muß dieses Exemplar als eine zierliche kleine Kasserolle bezeichnet werden. Dabei verdient die zarte Profilierung in der Ecke zwischen dem waagrechten Randstück und der Wandung hervorgehoben zu werden. Auf wenigen Millimetern ist sorgfältigst ein Karnies ausgedreht, dessen Ansatz bei der Wandung mit den Fingerspitzen abgetastet werden muß (Bild 148). Seine Feinheit kann nicht zeichnerisch festgehalten werden. Außer auf dem gewölbten Band am senkrechten Teil des Randes ist auch auf dem waagrecht liegenden Streifen auf der Innenseite ein Ornament eingepunzt.

Kasserolle	Ferdinandeum
	Innsbruck (A)
Bronze	
Durchmesser	100 mm
Höhe	58 mm
Gesamtlänge	201 mm
Fundort	Naters

Auch bei diesem Stück handelt es sich um eine kleindimensionierte Kasserolle. Gleichwohl zeigt sie alle Merkmale einer sauberen Dreharbeit. Der Boden ist ziemlich flach (Bilder 150 und 153). Die beiden konzentrischen Kreise sind leicht unterschnitten, und der Standring ist ganz schwach nach innen geneigt, so daß das Gefäß eigentlich auf dem äußersten Kreise aufliegt. Der ganz feine überstehende Rand am Fuß ist ebenfalls gedreht. Die Innenseite des Bodens ist nur leicht geschweift, und am Übergang Boden–Wandung sind zwei Rillen, die eine Viertelshohlkehle begleiten. Am Rande oben ist keine verstärkende Lippe vorhanden, sondern auf beiden Seiten ist je eine relativ tiefe Rille eingedreht.

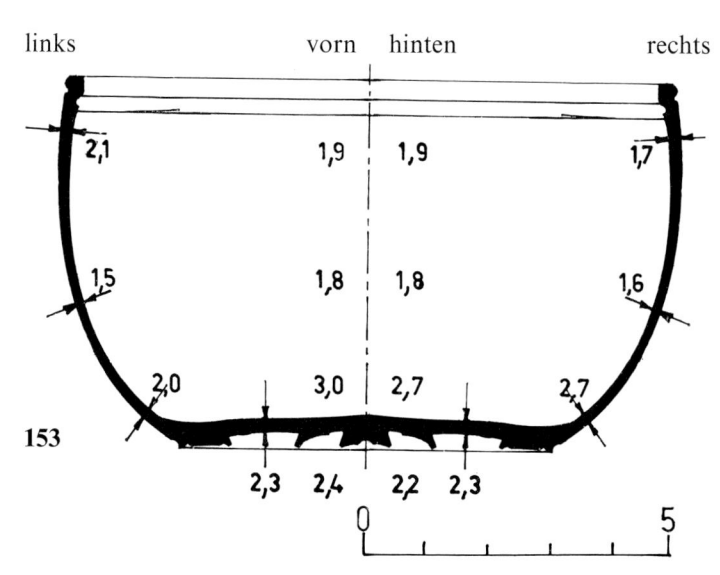

153

154 Kasserolle von außen
155 Kasserolle von oben
156 Der Kasserollenboden
157 Profilzeichnung

158 Boden und Wandung der Kasserolle
159 Kasserolle von der Seite
160 Kasserolle von oben
161 Profilzeichnung

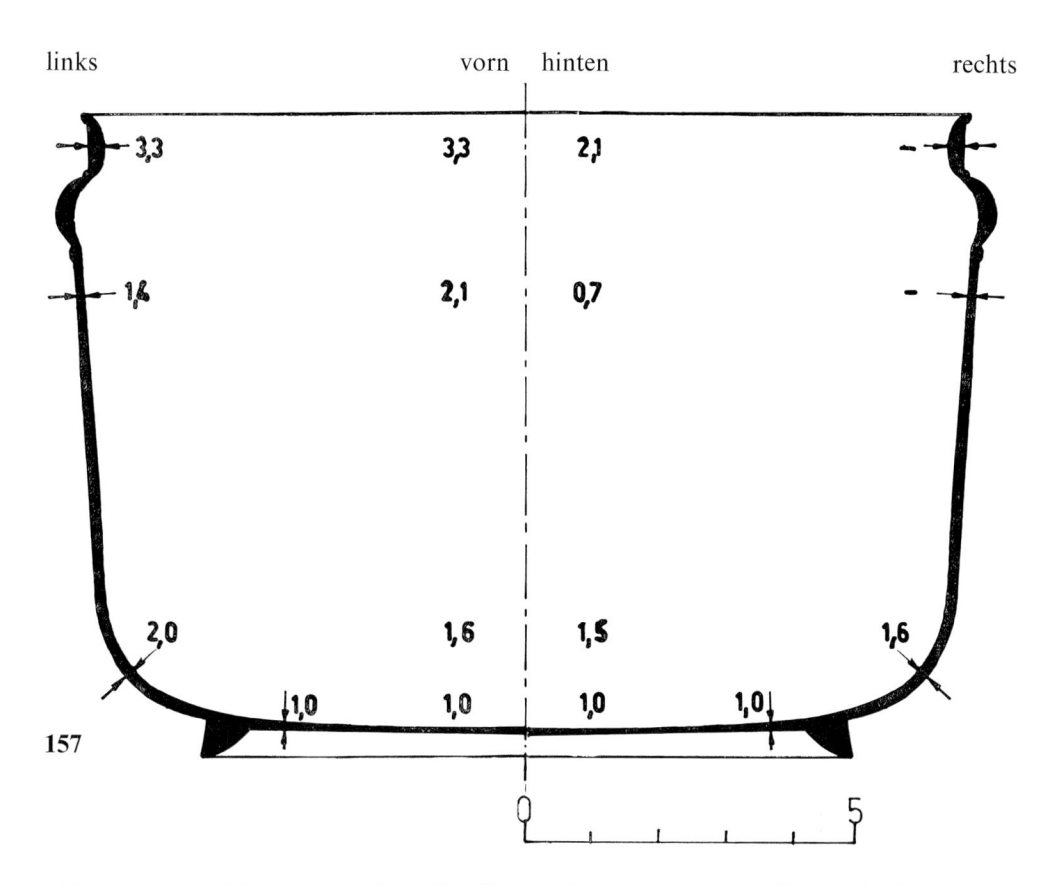

Kasserolle	Antikensammlung Wien (A)
Bronze	
Inventar-Nr.	VI 4976
Durchmesser	142 mm
Höhe	94 mm
Datierung	2. Hälfte 1. Jh. v. Chr.

Erstmals kann hier eine geradwandige Kasserolle gezeigt werden. Sie ist mit einem angelöteten reliefverzierten Griff versehen. Der Griff hat auf der Unterseite einen nach unten führenden Teil, der ebenfalls an die Kasserollenwandung angelötet ist. Durch diesen wird die Verbindungsfläche größer und die Lötung solider. Darauf hat man viel Sorgfalt verwendet, denn der oberste Teil der Wandung ist ein fast zylindrisches Halsstück, in das der Griff, der zudem etwa ein Drittel des Umfanges einnimmt, gut eingefügt werden konnte. Unterhalb des Halses ist die Wandung nach außen geschwungen und trägt ein sauberes, eingepunztes Ornamentband. Die Innenseite der Wandung macht diese Formen mit. Der Boden ist flach und hat nur wenig tief eingedrehte Rillen.

Kasserolle	Antikensammlung Wien (A)
Silber	
Inventar-Nr.	VII A 17
Durchmesser	105 mm
Höhe	66 mm
Gesamtlänge	190 mm
Datierung:	2. Jh. n. Chr.

Diese schlichte, allerdings in einem Edelmetall hergestellte Kasserolle hat in drehtechnischer Beziehung keine Besonderheiten. Anzuführen ist lediglich die Ausbildung der Randlippe. Unterhalb der obersten Partie liegt wiederum eine zwischen zwei Wülstchen eingefaßte, nach außen gewölbte Zone, jedoch ohne eingepunztes Ornament. Auf der Innenseite findet sich unterhalb des Randes eine tiefe Rille. Der Boden ist ganz flach und nur durch zwei breite halbrunde Vertiefungen belebt.

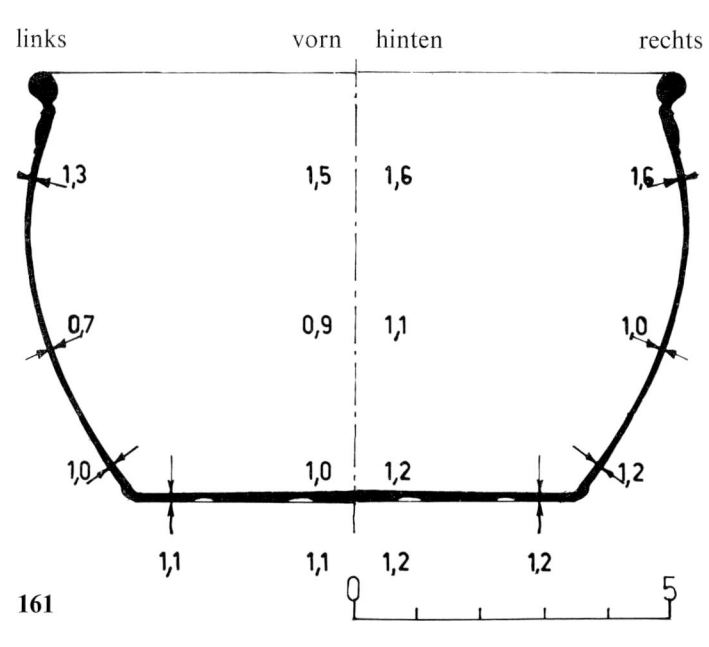

162　Seitenansicht der Patera
163　Die Patera von oben
164　Der Boden der Patera
165　Der Randwulst der Patera
166　Profilzeichnung

167　Ansicht des Bodens
168　Ansicht von oben
169　Ansicht von unten
170　Profilzeichnung

links vorn   hinten   rechts

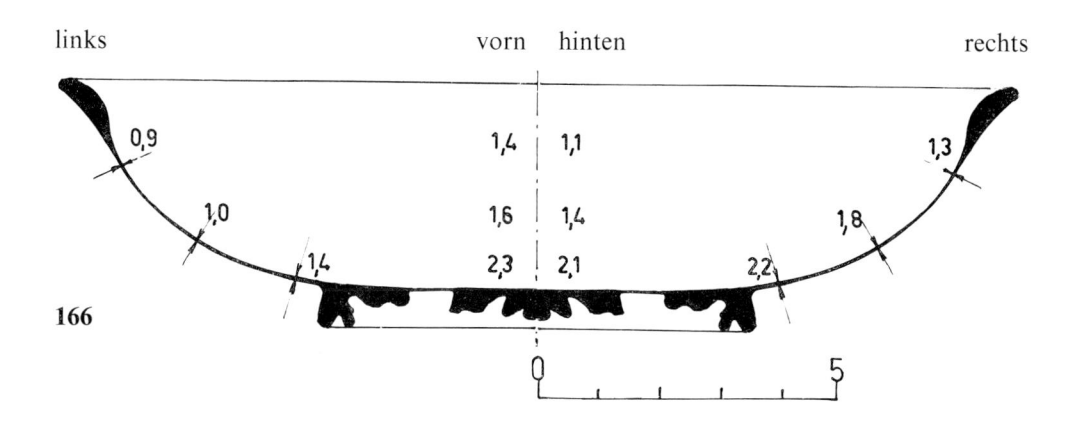

166

Patera	Antikenmuseum Basel (CH)
Bronze	
Inventar-Nr.	1921. 620
Durchmesser	162 mm
Höhe	40 mm
Gesamtlänge	285 mm

Diese Patera, deren Höhe sich zum Durchmesser wie 1:4 verhält, weist ein schön geschweiftes Außenprofil auf. Wiederum ist hier festzustellen, daß sich zwischen einem massiven Boden und einem dicken Rande eine sehr dünne Wandung befinden kann. Charakteristisch an diesem wie auch am folgenden Stück sind die halbrunden, nach innen gerichteten Anschwellungen der Wandung als verstärkter Rand. Das Bodenprofil ist reich variiert. Zwischen der Mittel- und der Randpartie enthält es eine ganz dünne Ringfläche, die so sehr abgedreht ist, daß der Boden an der Stelle ‹links› durchgeschnitten wurde. Das ist auch aus den Maßeintragungen verständlich, denn die Wanddicke beträgt auf jener Seite etwa die Hälfte von der gegenüber ‹rechts› festgestellten Stärke. Zwischen der auslaufenden Wandung und dem Randwulst befindet sich eine feine Rille.

Patera	Museo, Depot Pompeji (I)
Bronze	
Inventar-Nr.	5470/1933
Durchmesser	153 mm
Höhe	42 mm
Gesamtlänge	262 mm

Auf Grund des Fundortes kann gesagt werden, daß dieser Patera-Typ bereits im 1. Jh. n. Chr. bekannt war. Besitzt dieses Stück auch nicht die Eleganz des oben gezeigten, so ist es doch auch mit beachtenswerter Genauigkeit geschaffen. Die Wandung ist dicker, und der Randwulst setzt härter an und ist höher geschwungen. Zum Bodenprofil ist zu bemerken, daß der Standring mit seiner Krümmung ein kleines Gegenstück zum eigentlichen Gefäß bildet, die drei inneren Wülste sind oben gleichmäßig abgerundet und befinden sich in einer Ebene (Bilder 167, 169 und 170).

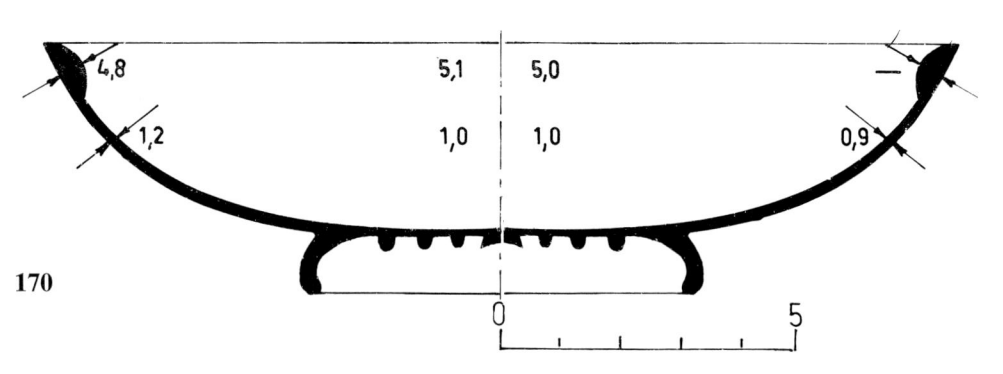

170

C Platten und Teller

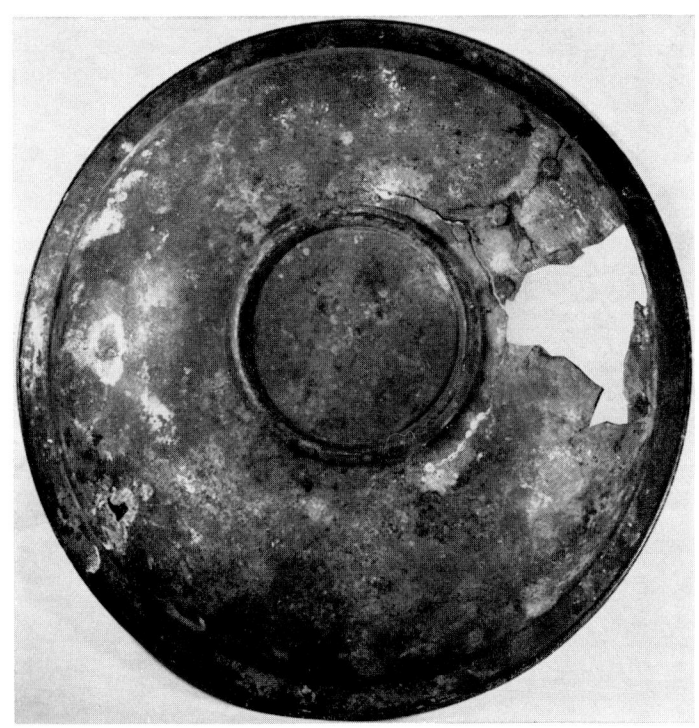

171 Platte von oben
172 Platte von unten
173 Detail der Platte
174 Profilzeichnung

175 Ansicht des Tellers von oben
176 Profilzeichnung

links vorn hinten rechts

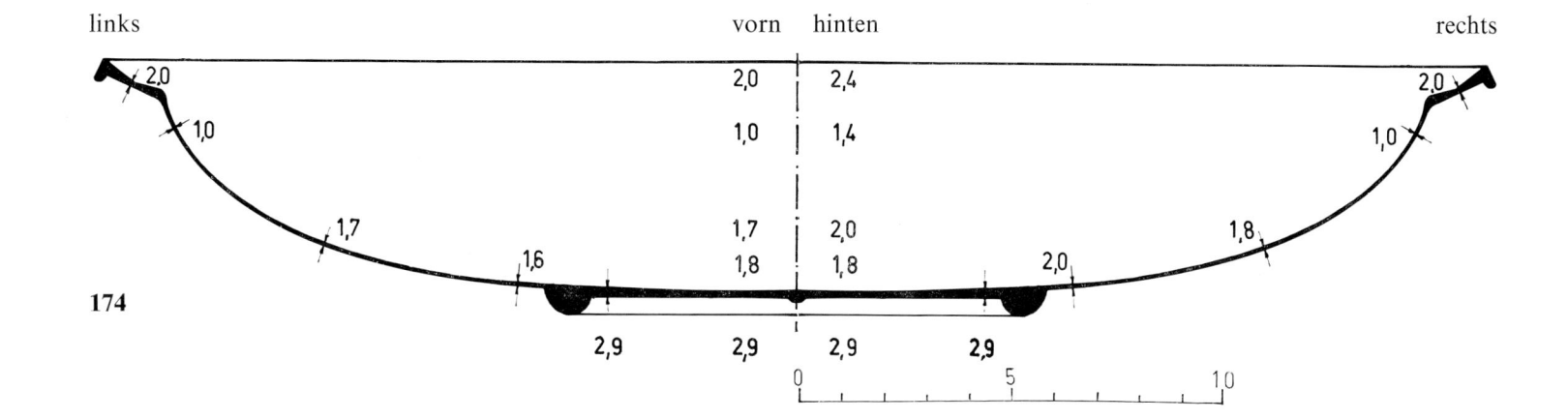

174

Großer Teller Mittelrheinisches Museum
　　　　　　　　Koblenz, Rhein (D)
Bronze
Depositum
Durchmesser 330 mm
Höhe   58 mm

Der Teller ist stark beschädigt, doch weist er alle typischen Merkmale der Dreharbeit auf. Beidseitig ist ein Zentrum vorhanden, und besonders auf der Innenseite sind die konzentrischen Drehspuren recht deutlich sichtbar. Mit den Fingerspitzen ist die wellige Oberfläche spürbar (Bild 173). Der wiederum verdickte Rand, der sich an eine dünne Wandung anschließt, hat an seiner äußersten Stelle eine nach unten gerichtete Lippe und ist auf der Innenseite in der Mitte eingeknickt. Seine Dicke beträgt dort mehrheitlich 2,0 mm. Der Boden mit dem niedrigen halbrunden Standring weist keine weiteren Profilierungen auf.

Teller   Musée Curtius
　　　　　　　Liège (B)
Bronze
Inventar-Nr. I. 7464
Durchmesser   214 mm
Höhe   36 mm

Ist dieser Teller in seinen Abmessungen auch kleiner als der oben beschriebene, so gehört er doch dem ganz genau gleichen Typus an. Alle obenerwähnten Merkmale finden sich auch hier. Der Rand ist sehr scharf und deutlich profiliert. Auch die Maße belegen eine genaue Dreharbeit.

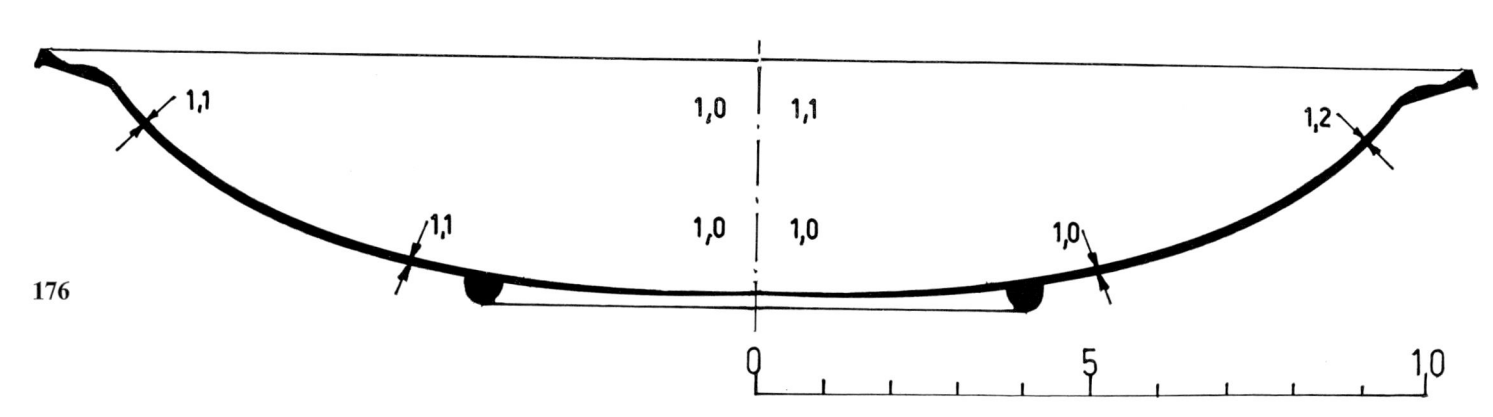

176

177
178
179

177 Teller von oben
178 Teller von unten
179 Bruchfläche am Teller
180 Profilzeichnung

181

181 Ansicht des Tellers von oben
182 Ansicht des Tellers von unten
183 Profilzeichnung

182

links   vorn   hinten   rechts

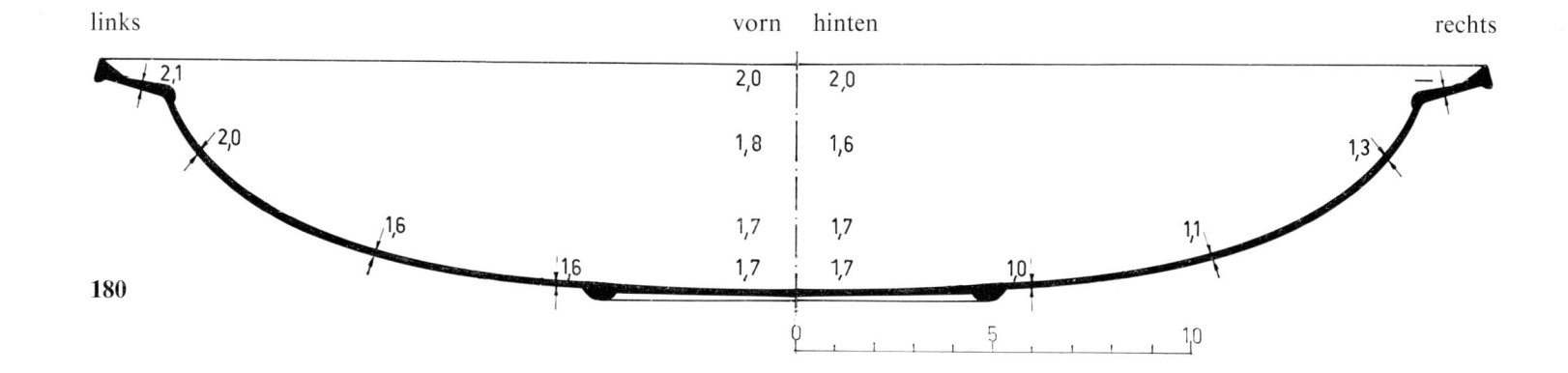

180

Großer Teller	Musée des Beaux-Arts Besançon (F)
Bronze	
Inventar-Nr.	852-2-147
Durchmesser	360 mm
Höhe	58 mm

Bei genau gleicher Höhe ist dieser Teller noch 30 mm größer im Durchmesser als der auf Seite 77 oben beschriebene. Nur in der Gestaltung des Randes weicht er geringfügig von den zwei vorangehenden ab. In der Form und der technischen Qualität stimmt er mit diesen überein. Wenn sich diese drei Exemplare heute auch an weit auseinanderliegenden Orten befinden, so könnten sie dennoch aus der gleichen Werkstatt stammen. Die Übereinstimmung der Dünnwandigkeit der Randformen und der einfachen Böden mit dem halbrunden Standring zwingen zu einer solchen Annahme. Die Beschädigung dieses Stückes an der Randpartie bot die Gelegenheit, den Randquerschnitt im Bilde (179) vorzuführen. Gleichzeitig läßt sich auf der Bruchfläche die Gußstruktur erkennen.

Platte mit Relief	Louvre Paris (F)
Silber	
Inventar-Nr.	2214
Durchmesser	350 mm
Höhe	30 mm

Der silberne große Teller ist stark poliert, trotzdem sind auf der Ober- und Unterseite die Drehspuren noch erkennbar. Die Reliefs in der Mitte und auf dem Rande sind aus dem vollen gearbeitet, so daß der Graveur seine Arbeit von einer überdrehten Oberfläche aus begann. Der Standring ist einfach, und um die Reliefdekoration in der Plattenmitte ist eine ebene Kreisringfläche herausgedreht, die dann ebenfalls verziert wurde. Das Ganze ist eine sehr saubere Arbeit, da die Maße nur sehr geringe Differenzen in allen drei Zonen belegen.

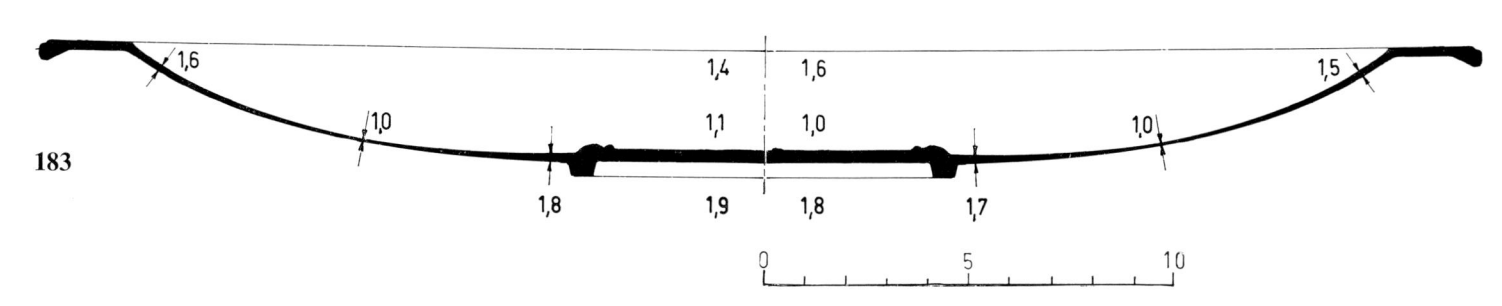

183

184 Seitliche Ansicht des Tellers
185 Seitliche Ansicht der Unterseite
186 Profilzeichnung

187 Ansicht direkt von oben
188 Profilzeichnung

links   vorn   hinten   rechts

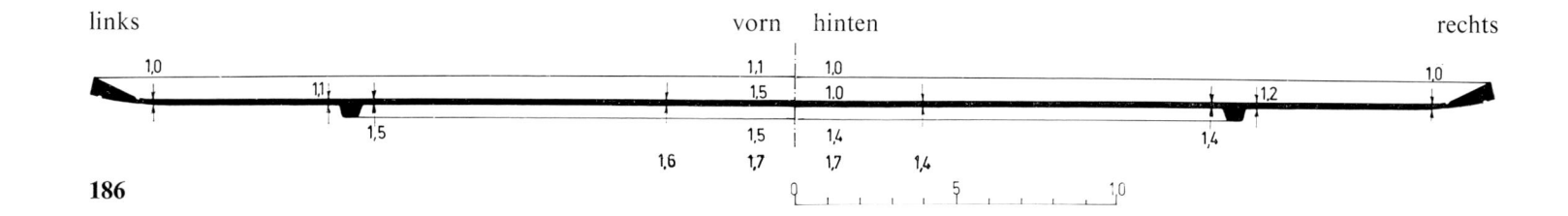

186

Große Platte	Louvre
	Paris (F)
Silber	
Inventar-Nr.	2215
Durchmesser	436 mm
Höhe	12 mm

Außerordentlich an dieser großen Platte ist das Verhältnis zwischen Höhe und Durchmesser. Der Durchmesser entspricht 36,3mal der Höhe. Diese Angaben belegen, daß ein fast scheibenförmiger Körper mit hoher Präzision hergestellt werden konnte. Ein Resultat, das nur auf einer dazu geeigneten Drehbank so zu erreichen war. Alle Formen sind sehr schlicht. Als Dekoration befindet sich in der Mitte ein Niellomotiv. Außerdem ist auf der Ober- und Unterseite des Randes noch je eine feine Rille eingedreht (Bild 186, Profil). Die Reflexe in der Photographie lassen leider die Ebenheit der großen Plattenfläche nicht erkennen (Bild 184).

Teller	Musée des Beaux-Arts
	Besançon (F)
Bronze	
Inventar-Nr.	Barville (Vosges)
Durchmesser	224 mm
Höhe	23 mm

Auffallend an diesem Teller ist die fast durchwegs gleiche Wandstärke. Nur der Boden ist etwas dicker als Wand und Rand. Er zeichnet sich durch eine fein gedrehte Oberfläche mit einer großen Regelmäßigkeit der Rillenbreite und -tiefe aus. Die Innenseite läßt Spuren einer Versilberung erkennen, wozu eine ganz glatte Bearbeitung unbedingte Voraussetzung war. Zum Vergleich sei die kleine Kasserolle von Binn (Seite 59 unten) angeführt. Als Dekoration weist dieser Teller auf beiden Seiten eingedrehte Rillen und Rillenpaare auf. Die fast durchgehend gleichmäßige Wanddicke und die Dekorationsrillen führen zu einem weiteren Vergleich, nämlich zu der Kasserolle auf Seite 61 unten. Auch diese Merkmale lassen eine gemeinsame Werkstätte vermuten.

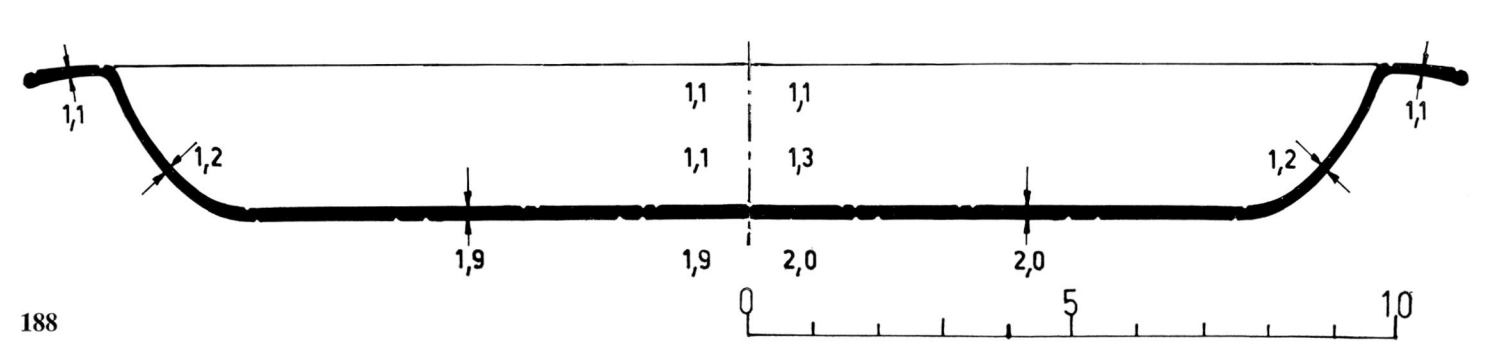

188

189

190

191

193

194

189 Der Teller von oben
190 Der Teller von unten
191 Unterseite des Tellers mit Grafitti
192 Profilzeichnung

193 Teller von schräg oben
194 Unterseite des Tellers von schräg oben
195 Profilzeichnung

192

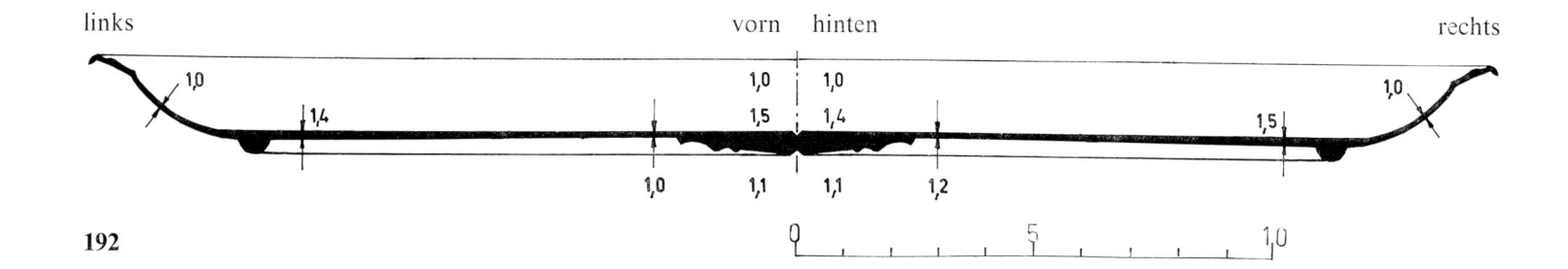

Teller	Rijksmuseum van Oudheden, Leiden (NL)
Bronze	
Inventar-Nr.	R 1926/12 2
Durchmesser	298 mm
Höhe	20 mm

Nur der Rand dieses sehr flachen Tellers ist etwas profiliert. Er ist beidseitig überdreht und sehr sauber gearbeitet. Wie noch erhaltene Reste zeigen, war die Innenseite versilbert. Der Standring liegt weit außen, unterhalb der Tellereintiefung. In der Mitte ein leicht profiliertes Rondell, das gleich hoch wie der Standring ist. Auf der Unterseite befindet sich eine eingeritzte Schrift.

Teller	Ioaneum Graz (A)
Bronze	
Inventar-Nr.	7282
Durchmesser	184 mm
Höhe	17 mm

In der Form ist dieser Teller viel straffer als der obige. Rand, Wand und Boden stoßen winklig gegeneinander. Rundungen finden sich nur am niederen Standring. In der Mitte der Unterseite befindet sich wiederum ein einfach profiliertes Rondell. Die Maße zeigen einige Abweichungen. Am horizontalen Rand finden sich auf der Unterseite eine und auf der Oberseite zwei feine Rillen. Die beidseitigen Zentren haben den dünnen Boden durchstoßen.

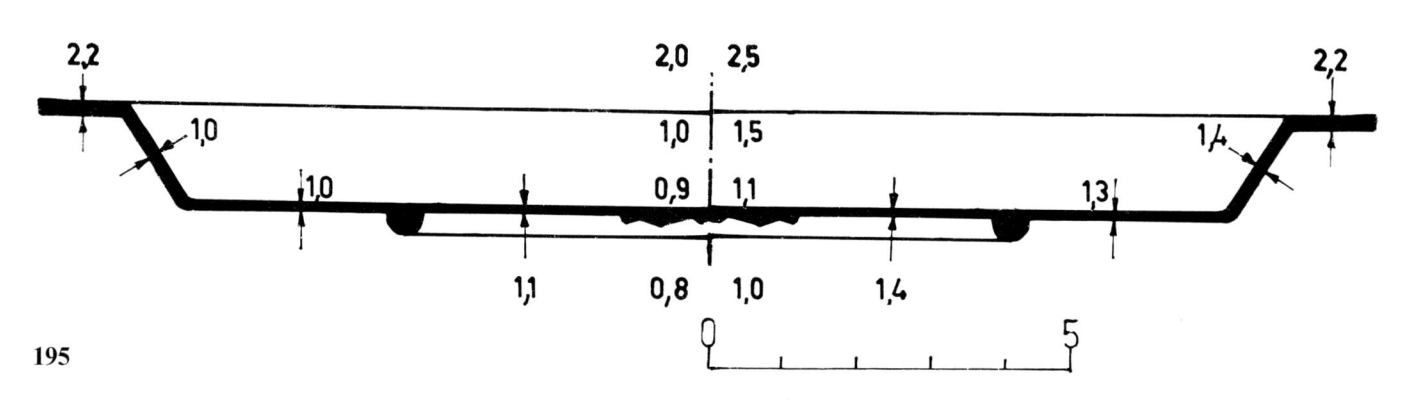

195

196 Teller, direkt von oben
197 Teller, leicht von schräg oben
198 Profilzeichnung

199 Kleiner Teller, direkt von oben
200 Gleicher Teller, von unten
201 Profilzeichnung

198

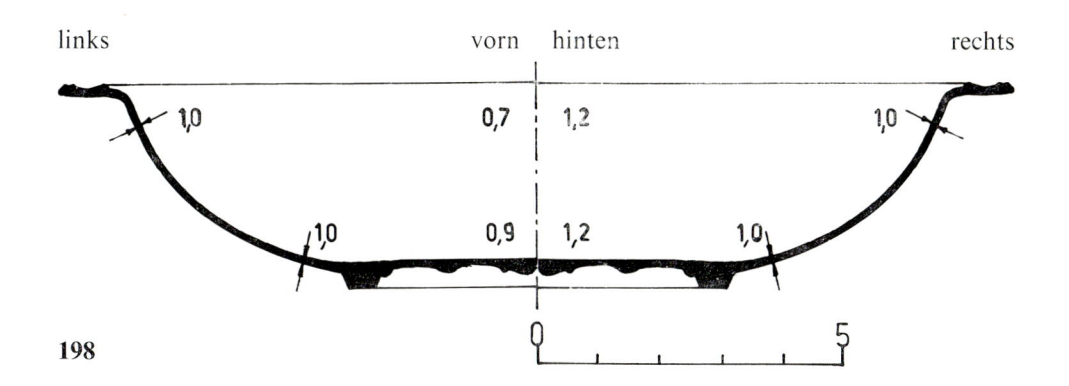

Teller	Rijksmuseum G. M. Kam Nijmegen (NL)
Bronze	
Inventar-Nr.	E. V 5
Durchmesser	158 mm
Höhe	33 mm

Beidseitig weist dieses Gefäß eine glatte Oberfläche auf. Der horizontale Rand ist auf der Oberseite leicht eingetieft. Die Wandung, an nur acht Stellen gemessen, ist ziemlich regelmäßig dick. Die Formen der Boden-Unterseite verlaufen geschweift ineinander. Der Standring ist niedrig und kantig-scharf abgesetzt. Ein Zentrum befindet sich nur auf der Unterseite.

Kleiner Teller	Rheinisches Landesmuseum, Trier (D)
Bronze	
Inventar-Nr.	12151
Durchmesser	106 mm
Höhe	14 mm

Dieser ganz kleine und niedrige Teller ist in den Abbildungen fast in natürlicher Größe wiedergegeben (Bilder 199 und 200). Der Tellerrand ist durch einen kleinen, 4,6 mm breiten Wulst betont. Besonders auf der Innenseite, die einmal versilbert war, sind die Kennzeichen der Drehtechnik sichtbar. Innerhalb des halbrunden Standringes ist der Boden flach.

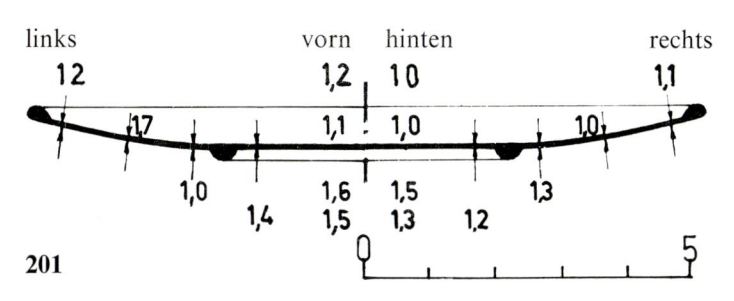

201

202 Kleiner Teller von oben
203 Der Teller von unten
204 Profilzeichnung

205 Ansicht des Tellers von unten
206 Der Teller von oben

207 Tellermitte mit Kreisornament
208 Teller von oben
209 Teller von unten

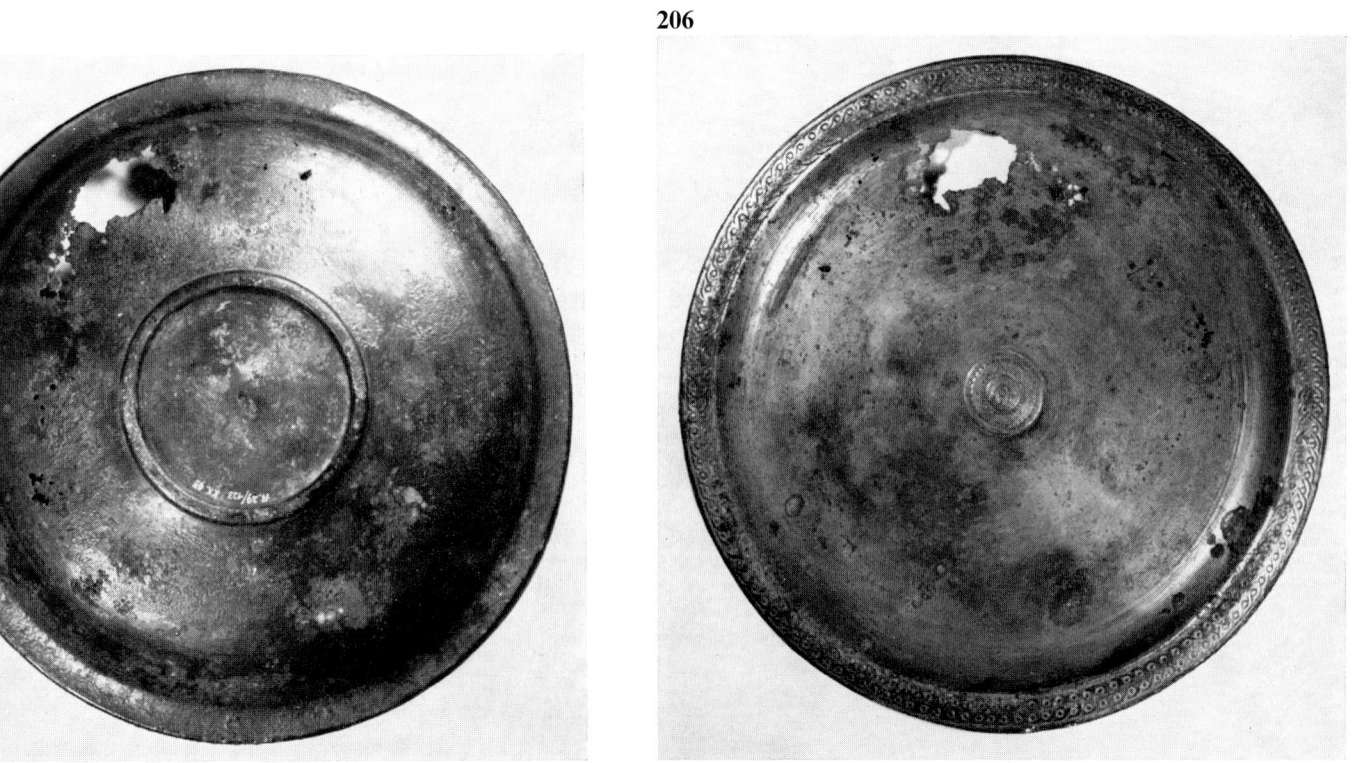

Teller	Antikensammlung Wien (A)	
Silber	Inventar-Nr. VII A 8	
Durchmesser	104 mm	
Höhe	8 mm	
Datierung	2. Jh. n. Chr.	

Auf dem nach oben geschweiften und mit einem kleinen Wulst abgeschlossenen Tellerrand liegt ein Kranz von Relieffiguren. Die Randseite ist von der Tellerfläche durch eine feine Rille abgetrennt (Bilder 202 und 204). Der Standring ist wiederum halbrund, und in der Mitte der Bodenfläche befindet sich ein einfaches eingedrehtes Rondell. Außerhalb des Standringes ein Graffito (Bild 203).

Teller	Württembergisches Landesmuseum, Stuttgart (D)
Bronze	Inventar-Nr. A 29/123 KK 93
Durchmesser	257 mm
Höhe	36 mm

Drehspuren finden sich auf beiden Seiten. Die Innenseite ist feiner bearbeitet und war ehemals versilbert. Der gewölbte Rand ist nach dem Überdrehen mit einem gepunzten Ornament verziert worden, das gleiche gilt für das Rondell in der Tellermitte (Bilder 205 und 206). Keine Profilzeichnung.

Teller	Schweizerisches Landesmuseum, Zürich (CH)
Messing	Inventar-Nr. 4308
Durchmesser	234 mm
Höhe	37 mm

Dieser Teller wurde nicht gegossen, sondern getrieben. Klare Werkspuren zeigen, daß der Handwerker die Mitte angerissen und dann einen Zirkelschlag auf dem Tellerboden gezogen hatte, um den massiven Standring genau zentriert auflöten zu können. Danach wurde die Außenseite grob überdreht; feiner wurde dagegen die Innenseite bearbeitet, denn sie wurde versilbert oder verzinnt. In der Mitte liegt ein gepunztes Ornament. Keine Profilzeichnung.

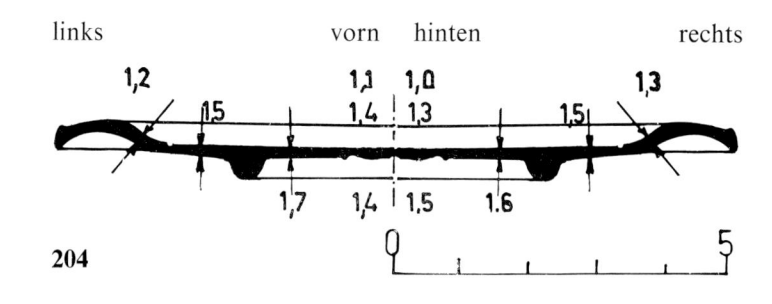

204

207

208

209

214 Achillesplatte von oben
215 Profil der Achillesplatte
216 Platte mit Hängelippe von oben
217 Profil der Platte mit Hängelippe

Achillesplatte	Römermuseum
Silber	Augst (CH)
Inventar-Nr.	62.1 A
Durchmesser	490/530 mm
Über die Kanten	490 mm
Über die Ecken	530 mm
Höhe	39 mm

Die wohl berühmteste Platte aus dem Silberschatz von Kaiseraugst verdient auch in technischer Beziehung als Zeugnis hoher Meisterschaft eine besondere Würdigung. Nach dem Guß hat auch diese Platte auf der Drehbank ihre sauberen und eleganten Formen erhalten. Lediglich eine runde Stelle innerhalb des Standringes, bei der der Einguß vermutet werden kann, ist nicht überdreht. Zwischen dem Medaillon und dem runden Abschluß der Wandung ist die Fläche sauber gedreht und poliert. Mit der genannten Ausnahme ist die gesamte Unterseite, einschließlich der Innen- und Außenwandung des Standringes, nachgedreht. Deutlich ist dies auf Bild 45 (Seite 33) sichtbar. Die dort vorhandenen Werkspuren und die Abmessungen der großen Platte (Durchmesser 610 mm) waren denn auch die wichtigsten Ausgangspunkte für die Berechnungen in Kapitel V, B.

Platte mit Hängelippe	Römermuseum Augst (CH)
Silber	Inventar-Nr. 62.7 A
Durchmesser	470 mm
Höhe	29 mm

Diese Platte hat – wie die größere Platte (Bilder 210 und 211) weder figürlichen noch ornamentalen Schmuck. Sie ist ganz glatt, und ihre Sichtseite hat drei Rillen in der Art, wie sie bereits oben beschrieben worden sind. Weder die Ober- noch die Unterseite weisen Rattermarken auf. Die Arbeit vollzog sich demnach in einer soliden Aufspannung. Eine Kreisfläche von 85 mm Durchmesser innerhalb des Standringes blieb unbearbeitet. Diese Platte war stark beschädigt und mußte an einigen Stellen repariert werden, weshalb die Wanddicken nicht überall gemessen werden konnten. Hier sei generell auf die vier Profilzeichnungen hingewiesen, die weit besser als die Ansichten die hohen Anforderungen an das handwerklich-technische Können illustrieren. Sind die Profile im Detail auch sehr verschieden, so gleichen sie sich doch darin, daß ihre Höhen im Verhältnis zum Durchmesser sehr gering sind.

210 Große Platte von oben
211 Profil der großen Platte
212 Meerstadtplatte von oben
213 Profil der Meerstadtplatte

Platte	Römermuseum
	Augst (CH)
Silber	
Inventar-Nr.	62.3 A
Durchmesser	610 mm
Höhe	20 mm

Auf dieser Doppelseite kommen die vier größten Platten des spätrömischen Silberschatzes von Kaiseraugst (Schweiz) zur Darstellung. Die erste, die zugleich das größte gedrehte Objekt ist, dem der Verfasser je begegnet ist, ist sowohl auf beiden Seiten als auch auf dem geneigten Rand überdreht. Die Arbeitsspuren sind besonders auf Bild 48 (Seite 34) gut festgehalten. Auf der Unterseite ist die innerste Kreisfläche mit einem Durchmesser von 210 mm unbearbeitet geblieben. Daraus ist zu schließen, daß die rohe gegossene Platte nur wenig dicker als das fertige Stück war. Viele Stellen weisen tangential verlaufende ‹Rattermarken› (vgl. Seite 29) auf, ein Hinweis auf entsprechende Haltung des Drehwerkzeuges, die das ‹Flattern› der großen Platte verringern hilft. Typisch für die Dreharbeit sind die fünf auf der Oberseite eingedrehten halbrunden Rillen, die beidseitig von scharfen Einstichen begleitet sind.

Meerstadt-	Römermuseum
platte	Augst (CH)
Silber	Inventar-Nr. 62.2 A
Durchmesser	568 mm
Höhe	42 mm

Von einer Besprechung der Niellodekoration dieser Platte, deren Name vom Medaillon in ihrer Mitte abgeleitet wurde, muß hier abgesehen werden. Die Schauseite der Platte ist auf ihrer gesamten Ausdehnung überdreht, was für die Unterseite nicht zutrifft. Dort sind nur Arbeitsspuren am Standring, an der Wandwölbung und am Rande selbst vorhanden. Das wiederum zeigt, daß der Guß der rohen Platte schon sehr präzis war. Rings um das Medaillon, am Ende der ebenen Plattenfläche über dem Standring und an den Kanten des Randes sind auch wieder die halbrunden Rillen mit den begleitenden Einstichen vorhanden. Sie gehören zu den wenigen Möglichkeiten, eine größere oder kleinere ebene Fläche mit Drehwerkzeugen überhaupt zu verzieren. Die plastische Belebung eines zudem dünnen Werkstückes ist nur durch solch bescheidene negative Veränderung möglich.

hinten					rechts

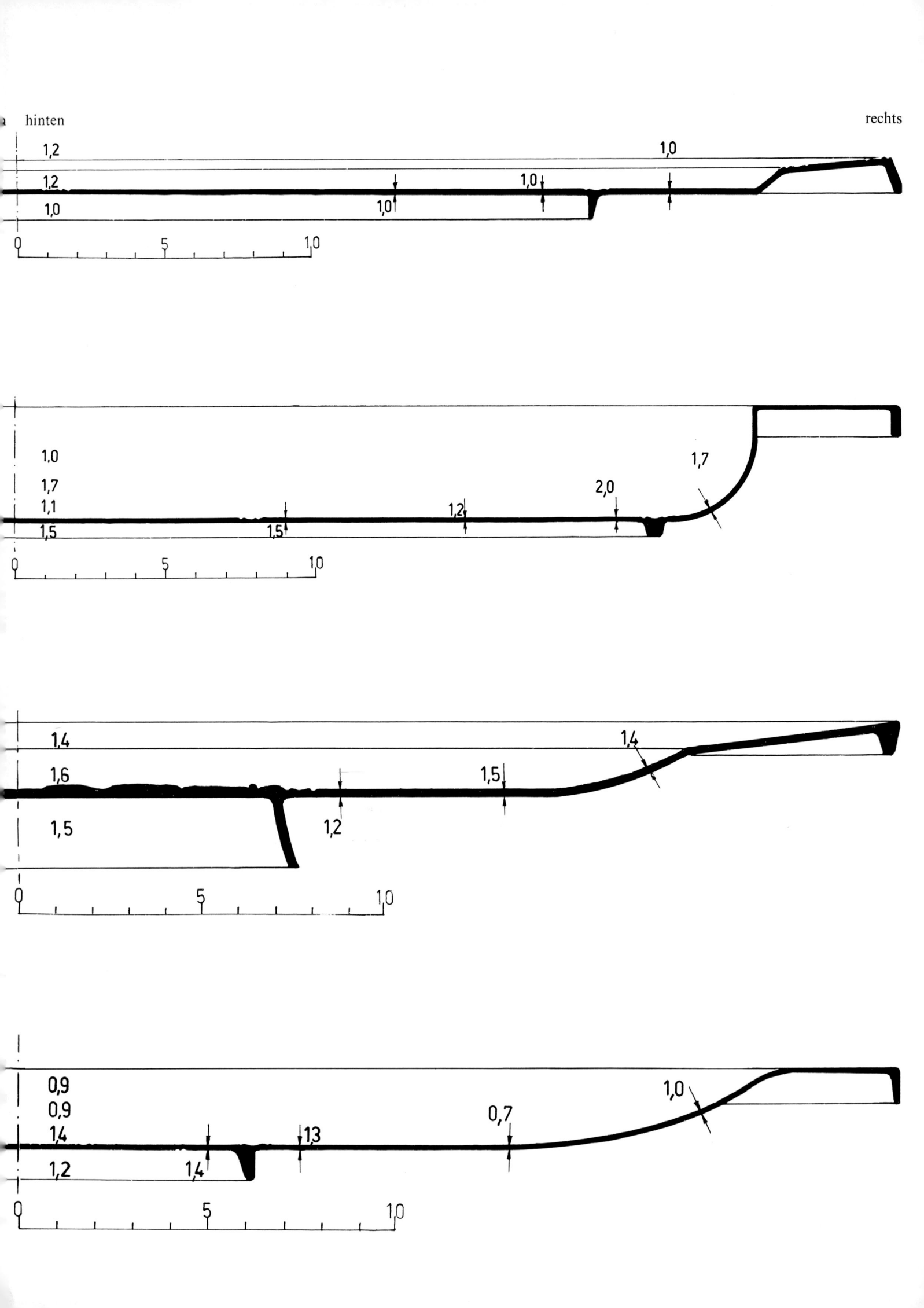

1,2					1,0
1,2				1,0
1,0			1,0
0   5   1,0

1,0
1,7				 1,7
1,1			1,2	2,0
1,5		1,5
0   5   1,0

1,4				1,4
1,6		1,5
1,5	1,2
0   5   1,0

0,9				1,0
0,9		0,7
1,4	1,3
1,2	1,4
0   5   1,0

links   vorn

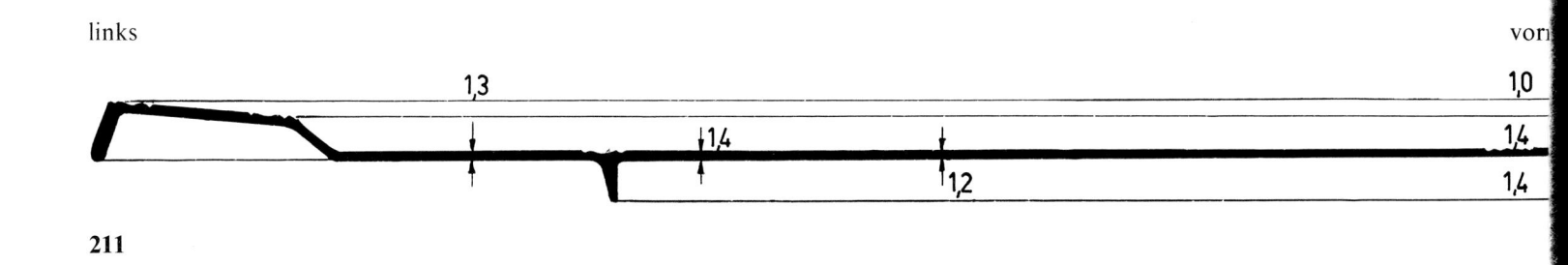

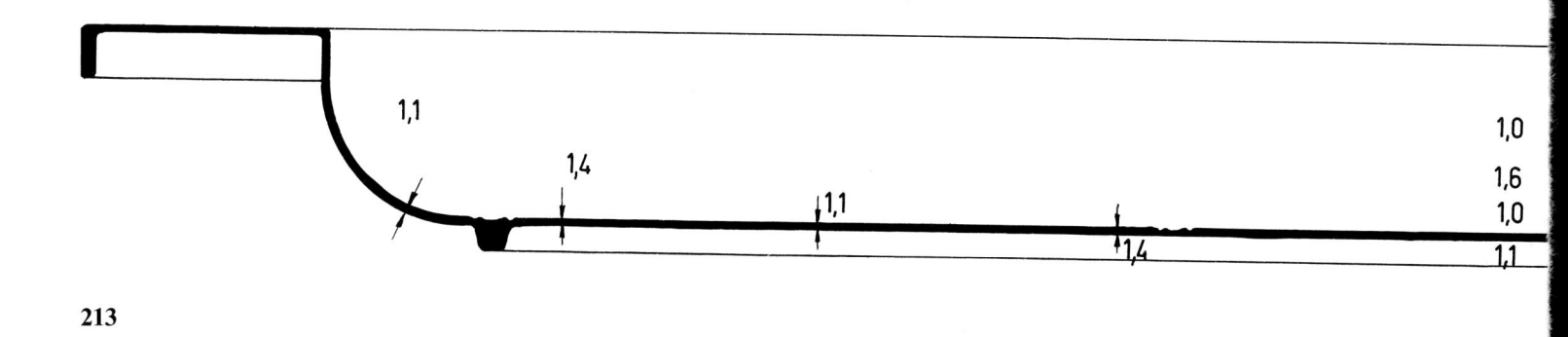

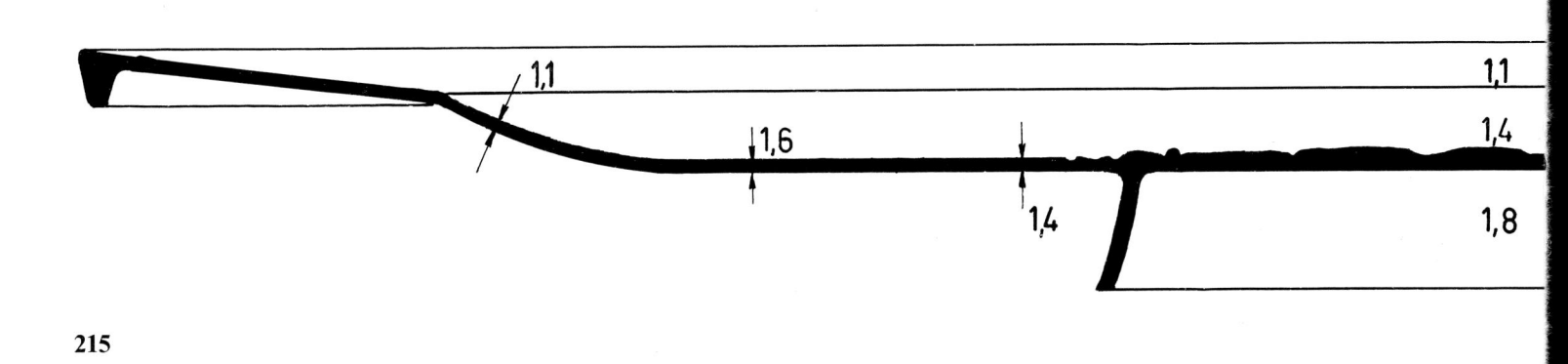

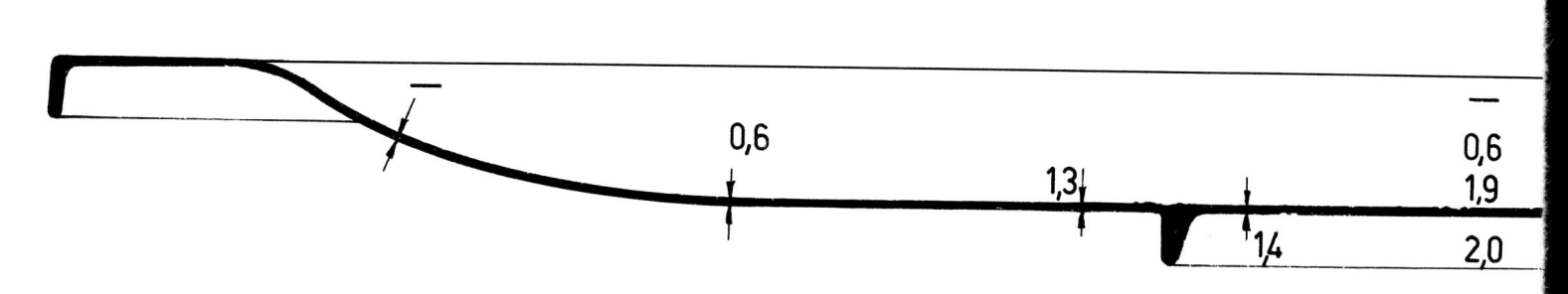

1,3   1,0
    1,4   1,4
         1,2   1,4

211

1,1
    1,4   1,1   1,0
                        1,4   1,6
                                                                                          1,0
                                                                                          1,1

213

1,1   1,1
    1,6   1,4
         1,4   1,8

215

—   —
    0,6   0,6
         1,3   1,9
              1,4   2,0

217

89

D Schalen und Becher

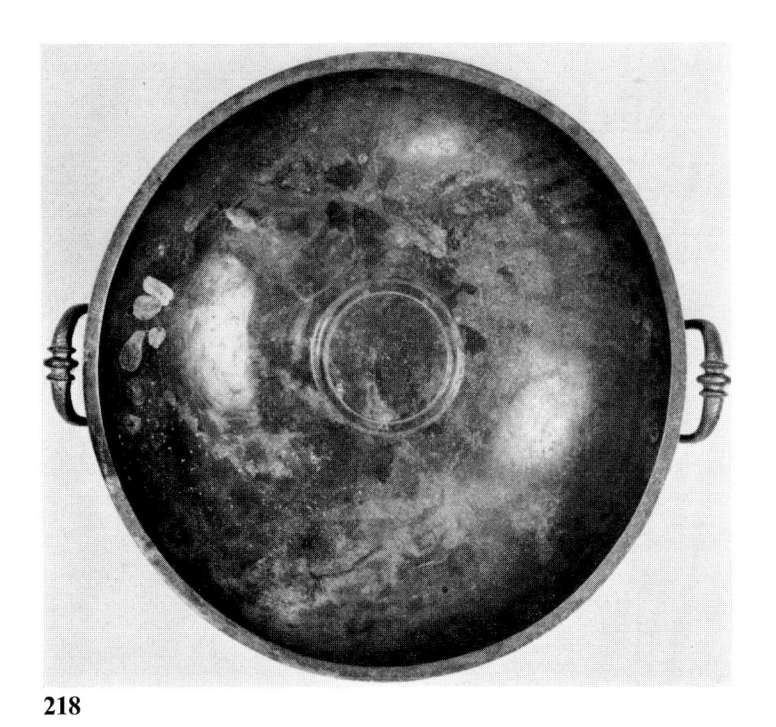

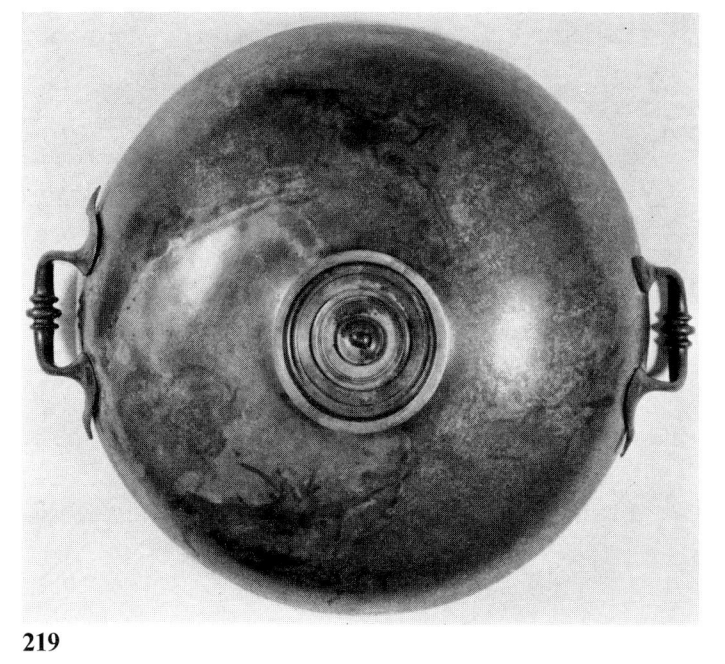

218

219

220

218 Schale von oben
219 Schale von unten
220 Schalenrand von innen
221 Profilzeichnung

222 Schale von der Seite
223 Schale von schräg oben
224 Boden der Schale
225 Profilzeichnung

222

223

224

links vorn hinten rechts

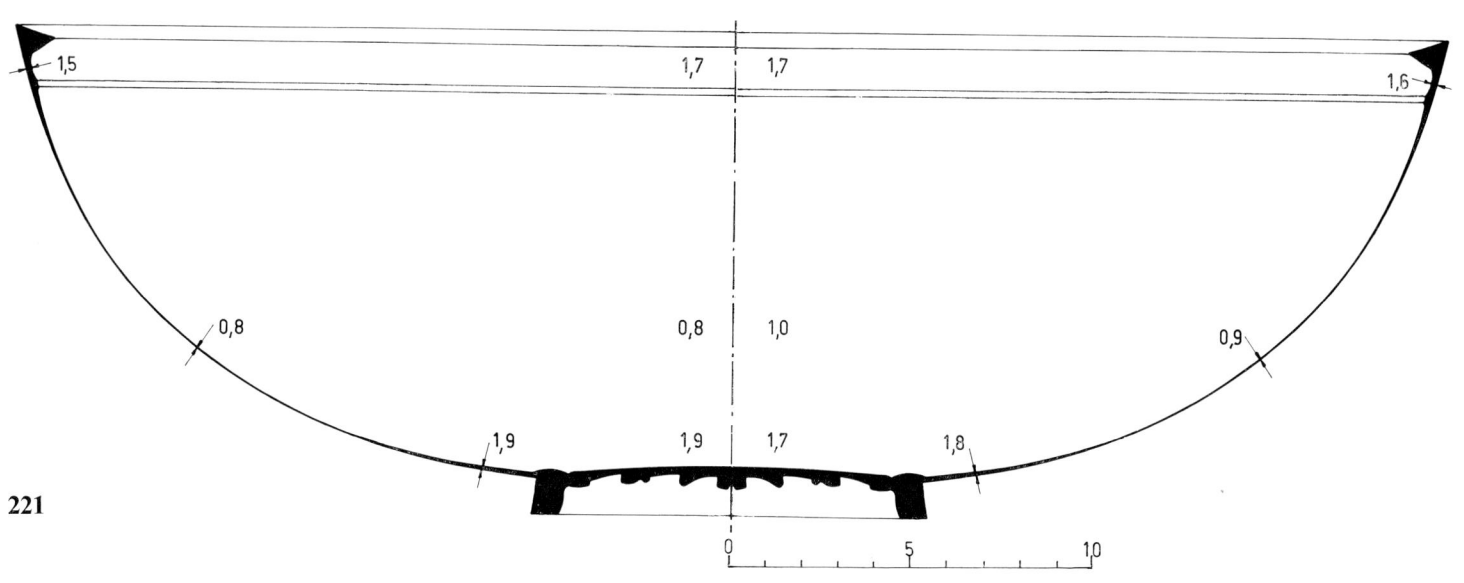

221

Schale	Museumsverein für das Fürstentum Lüneburg Lüneburg (D)
Bronze	
Inventar-Nr.	keine
Durchmesser	392 mm
Höhe	130 mm
Fundort	Fürstengrab von Marwedel, Kreis Lüchow-Dannenberg

Die Dimensionen dieser wie auch der zwei folgenden Schalen sind recht eindrücklich. Bei der Bewertung des technischen Könnens muß man sich stets die Zeit und die Umstände, unter denen die diskutierten Objekte entstanden sind, deutlich vor Augen halten. Vergleicht man damit die meßbare hohe Qualität der Arbeit, so kann ein modernes Urteil nur sehr positiv und anerkennend ausfallen. In diese Linie seien für alle drei Exemplare folgende wesentliche Tatsachen hervorgehoben: die außerordentliche Dünnheit der Schalenwandung zwischen Boden und Rand, die massive Dicke des Bodens und der starke nach innen springende Rand.

Schale	Rijksmuseum G. M. Kam Nijmegen (NL)
Bronze	
Inventar-Nr.	E.V. 36w
Durchmesser	342 mm
Höhe	122 mm

Hier ist vor allem das gedrehte Rondell auf der Innenseite der Schale bewegter als bei der oberen. Dagegen geht das dreieckige Randprofil direkt in die Wandung über, während es oben erst nach einer kleinen Anschwellung in die Wandung ausläuft. Allen drei Schalen ist gemeinsam, daß die Bodenprofile im Gegensatz zu den Kasserollen mit ihren hohen Wülsten und unterschnittenen Partien weniger ausgeprägt sind und tiefer in der Bodenhöhlung liegen. Besondere Erwähnung verdient auch die Vollkommenheit der äußeren und der inneren Schalenflächen, welche eine tadellose Erzeugung verraten. Es sei auch hier wiederum auf die mit den Maßzahlen dokumentierte Genauigkeit hingewiesen.

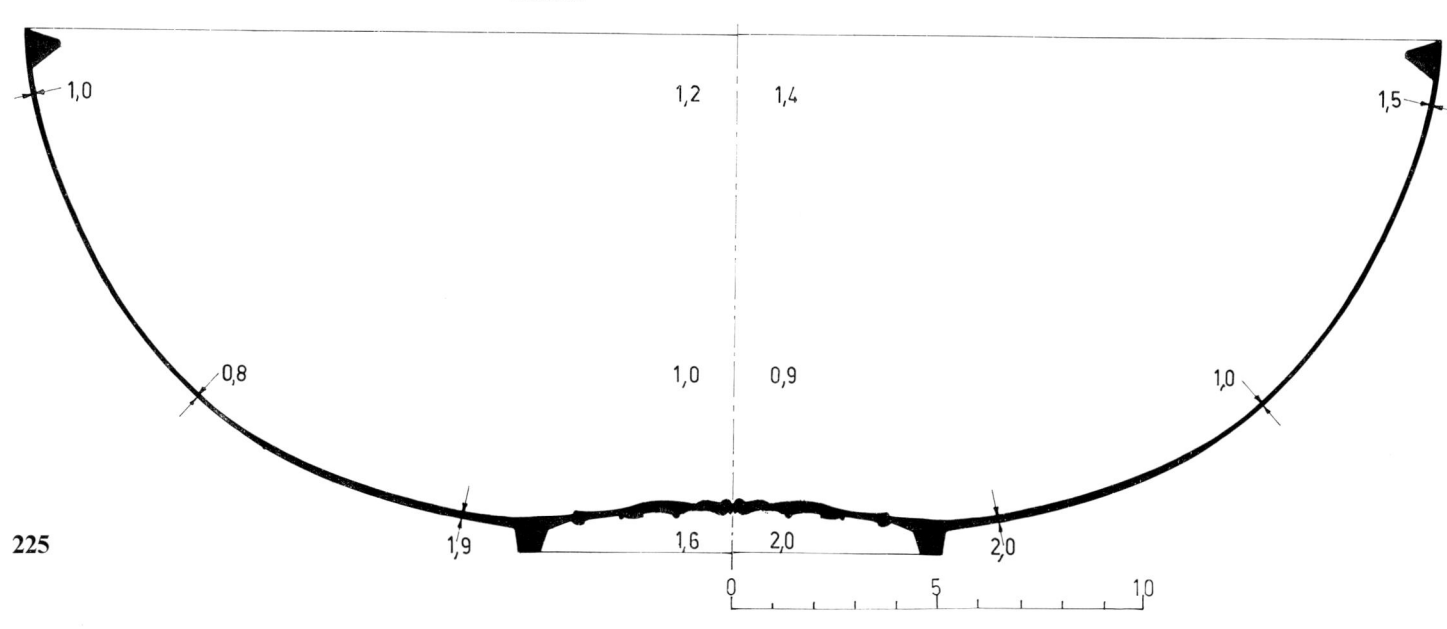

225

226 Schale von schräg oben
227 Schale seitlich gesehen
228 Boden der Schale mit Profil
229 Dreieckrand von innen
230 Profilzeichnung

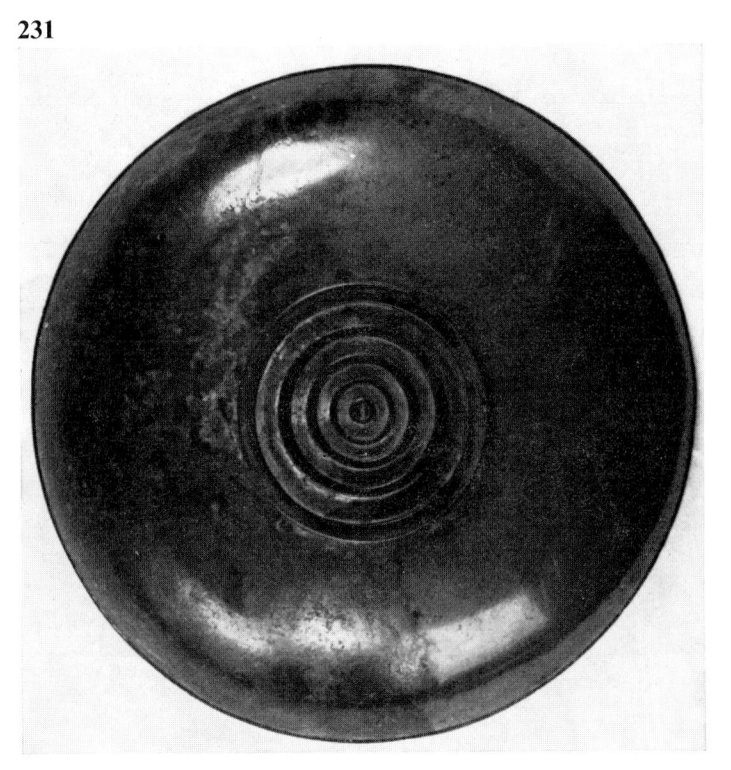

231 Schale von unten
232 Profilzeichnung

links   vorn   hinten   rechts

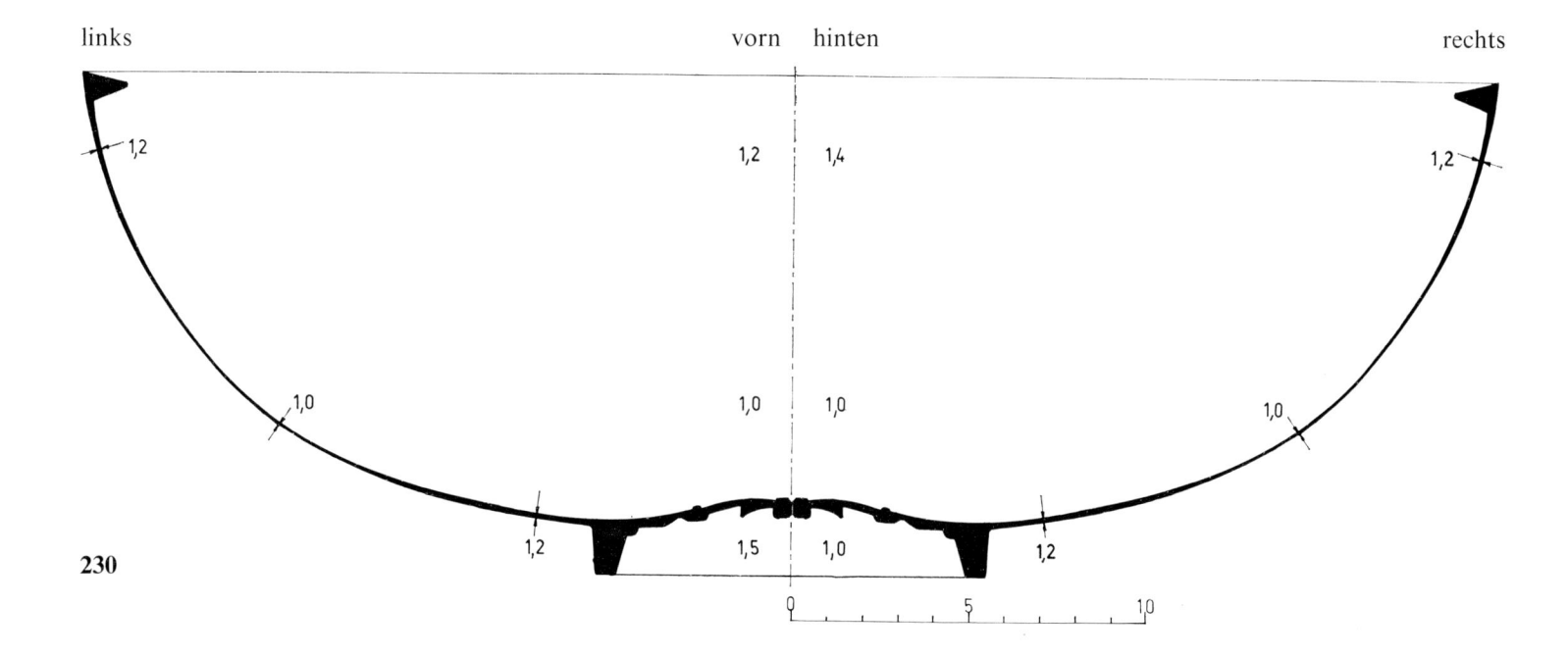

230

Schale	Rijksmuseum G. M. Kam Nijmegen (NL)
Bronze	
Inventar-Nr.	XXI. C. 25
Durchmesser	394 mm
Höhe	137 mm

Im Vergleich zu den andern hat dieses Exemplar einen besonders hohen Standring und eine stärker nach innen geschweifte Bodenfläche. Das dreieckige Randprofil ist hier an der Basis etwas schmäler, dagegen ragt es weiter in den Innenraum. Obwohl mit Sicherheit angenommen werden darf, daß diese Schalen mit solch auffallenden Übereinstimmungen aus der gleichen Werkstatt stammen, so ist doch keine uniforme Gleichheit festzustellen. So variieren die Bodenprofile, die Rondellen in der Schalenmitte, die Querschnitte der Ränder und nicht zuletzt die Dimensionen. Um so überraschender ist der einheitliche Habitus, den gerade diese großen Schalen aufweisen. Sie bezeugen damit nicht nur geübte und gewandte *vascularii*, sondern sie bedingen auch eine gute Betriebsorganisation und entsprechende Betriebseinrichtungen, ohne welche eine solche Produktion nicht denkbar wäre.

Schale	RGZM, Mainz (D)
Bronze	
Inventar-Nr.	0. 33427
Durchmesser	192 mm
Höhe	42 mm

Obwohl diese kleine Schale nicht die Eleganz der großen, oben besprochenen aufweist, ist sie doch als saubere Arbeit anzusprechen. Das Bodenprofil besteht aus vier Einstichen, die nach dem Zentrum zu immer etwas schmäler werden und so in der Ansicht recht harmonisch wirken. Der Rand trägt eine innere und eine äußere Lippe.

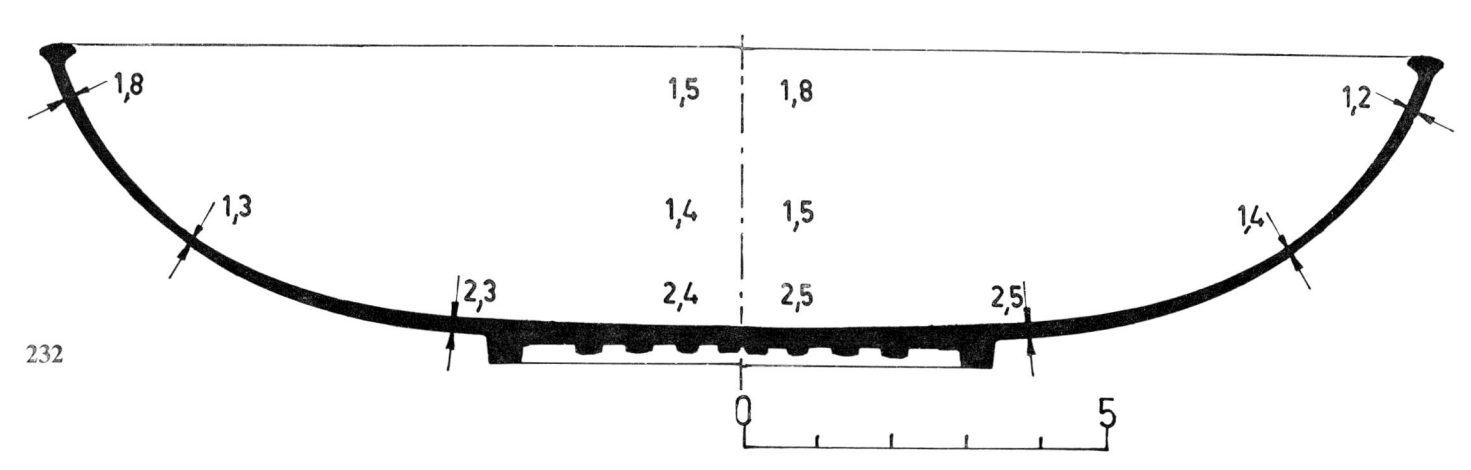

232

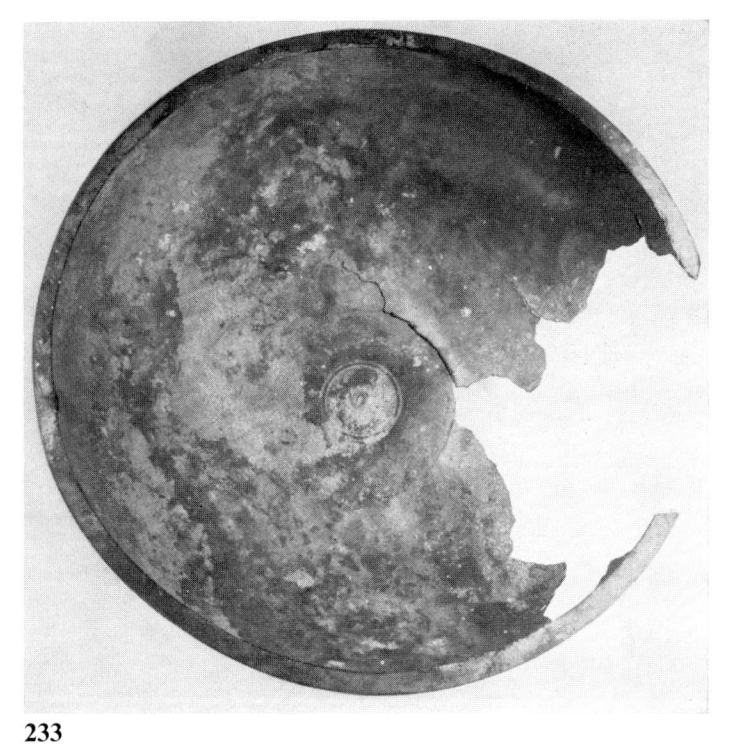

233 Schale von oben
234 Schale von unten
235 Bruchfläche an der Wandung
236 Profilzeichnung

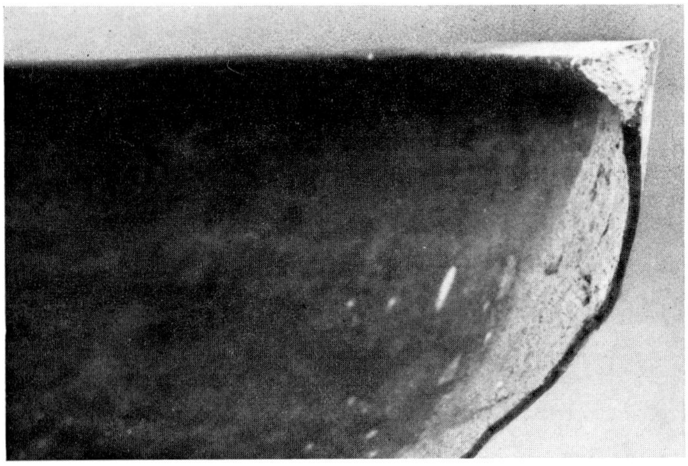

237 Schale auf Sockel
238 Schale von oben
239 Profilzeichnung

| links | vorn | hinten | rechts |

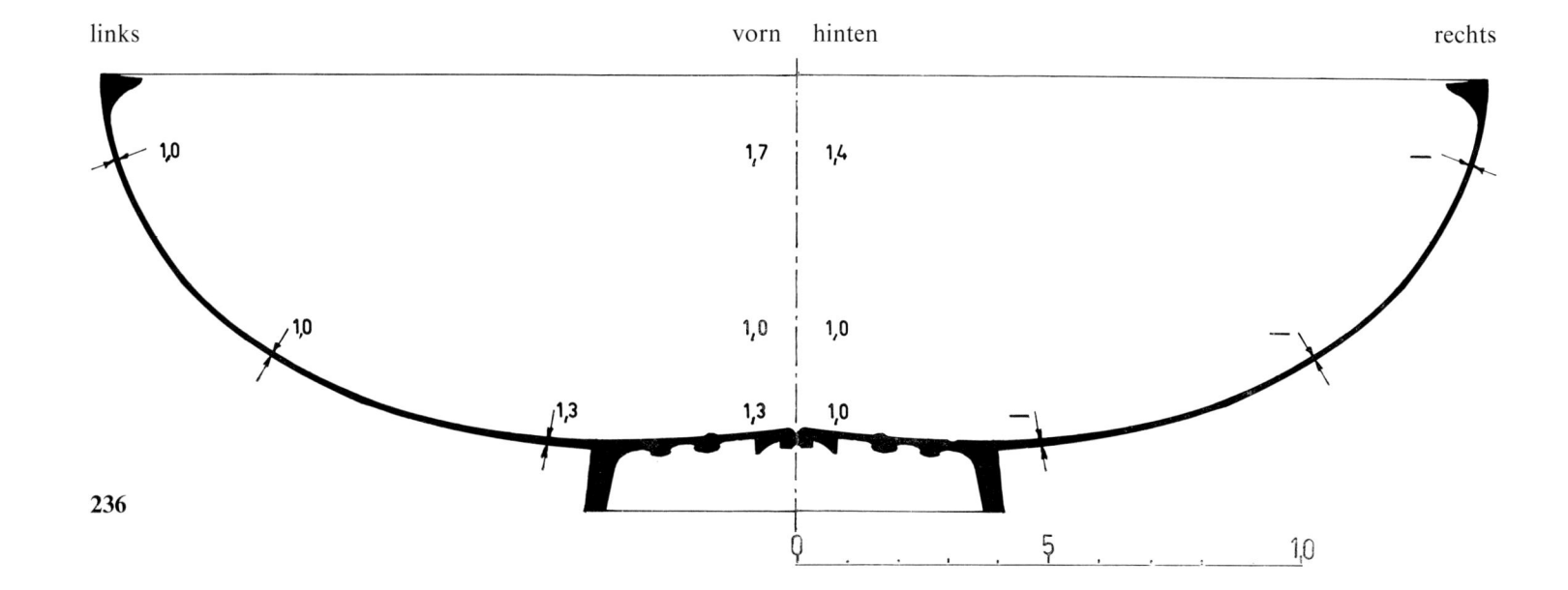

236

Schale	Rijksmuseum G. M. Kam Nijmegen (NL)
Bronze	
Inventar-Nr.	XXI. C. 41
Durchmesser	274 mm
Höhe	84 mm

Auch diese Schale gehört dem auf den vorangehenden Seiten beschriebenen Typus an. Infolge der starken Beschädigung konnte die Wandung nicht an allen üblichen Stellen gemessen werden. Der einspringende Dreieckrand geht hier in einer Rundung in die Wandung über. An der Bruchstelle läßt sich erkennen, wie kräftig sich dieser Rand ausnimmt (Bild 235). Anzufügen ist noch, daß bei diesen Schalentypen die inneren Rondellen ganz frei gestaltet sind und in keinem bestimmten Größenverhältnis zum jeweiligen Durchmesser stehen.

Schale	Louvre Paris (F)
Bronze	
Inventar-Nr.	5284
Durchmesser	357 mm
Höhe	100 mm

Bei dieser Schale fällt auf, daß der Standring beidseitig zylindrisch und die Bodenfläche außen ganz eben ist. Dagegen ist die Innenseite im üblichen Rondell etwas mehr variiert. Das gleiche trifft auch beim Schalenrande zu. Dieser hat beidseitig Profilierungen. Als Besonderheit sei hier noch der Wulst unterhalb des Randes erwähnt. Er besteht aus einem gewölbten Teil und zwei zackigen kleinen Grätchen. Sowohl dieser Wulst als auch der Schalenrand mit seinen besonderen Formen müssen als kapriziöse Leistung der antiken Metalldrehkunst bezeichnet werden.

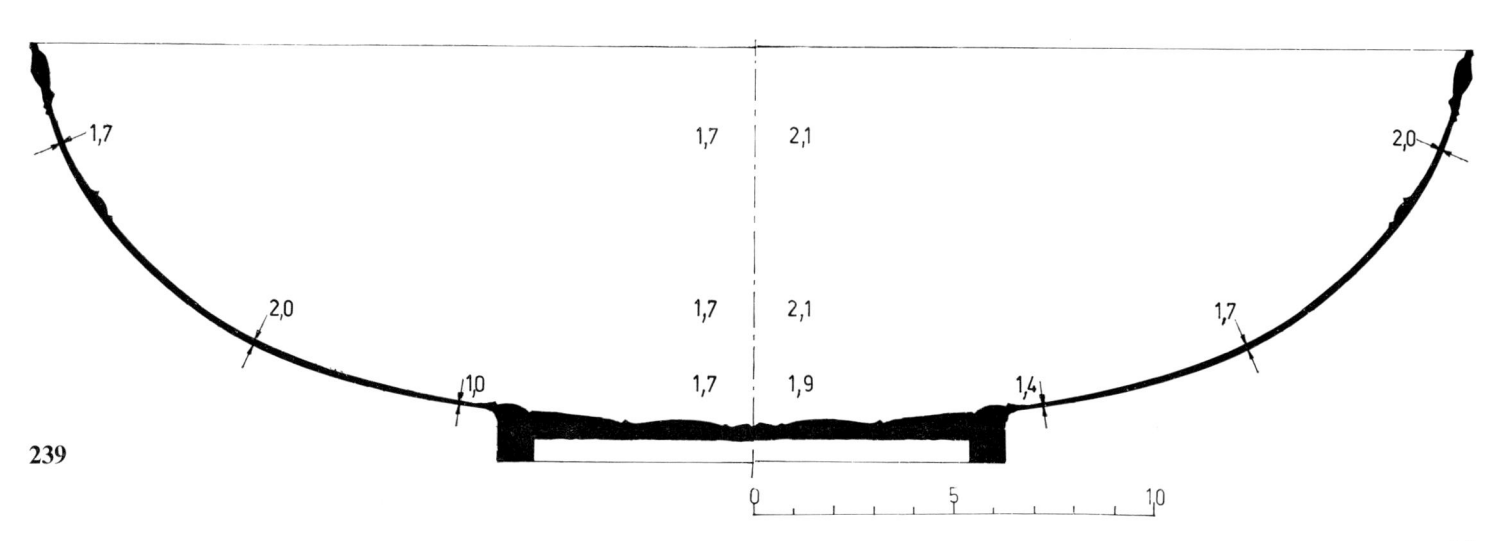

239

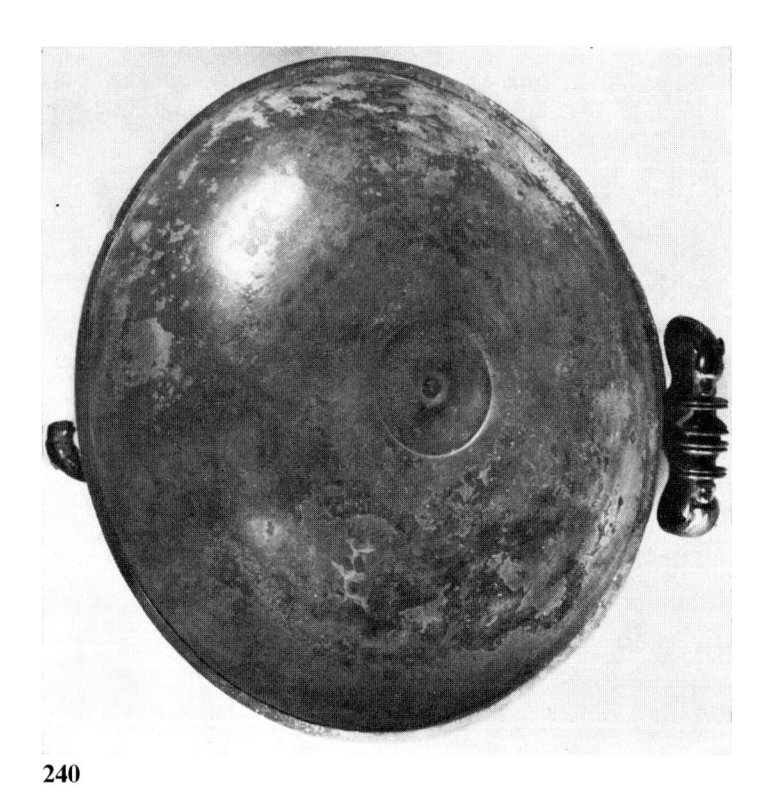

240 Schale von schräg oben
241 Schalenboden
242 Gedrehter Griff
243 Profilzeichnung

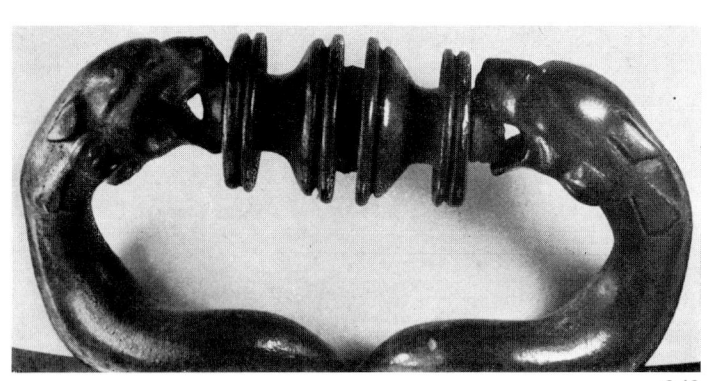

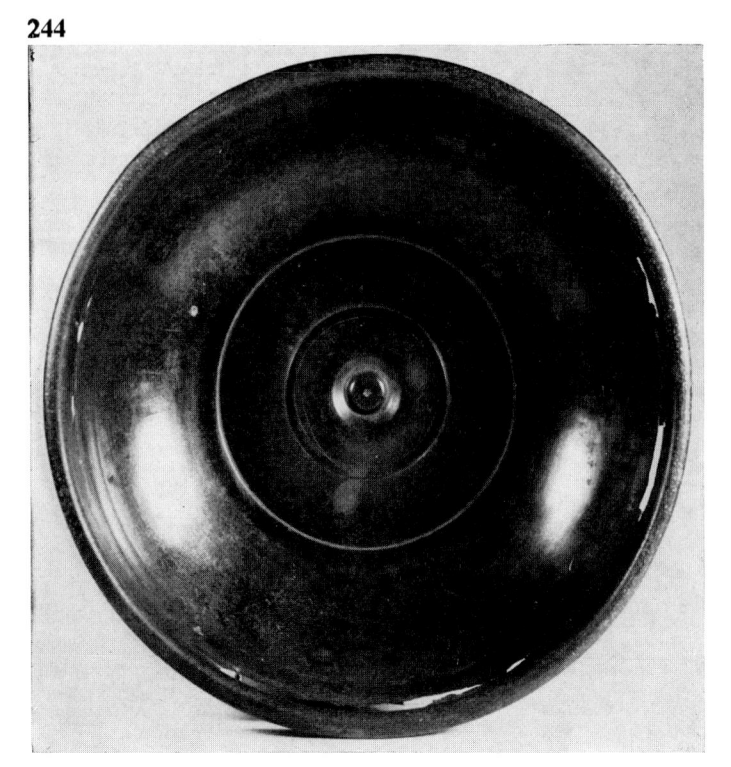

244 Schale von oben
245 Wulst am Schalenrand
246 Profilzeichnung

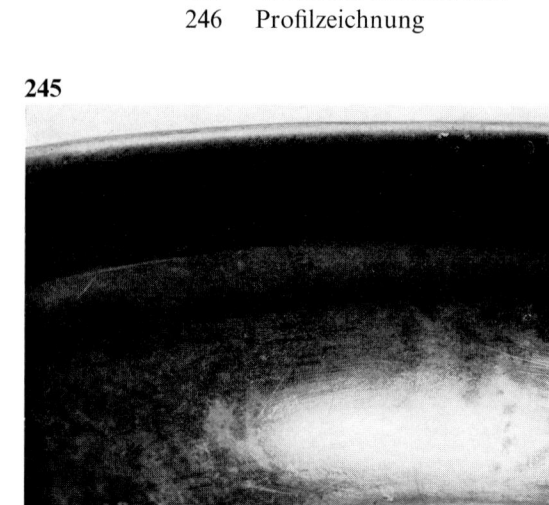

links   vorn   hinten   rechts

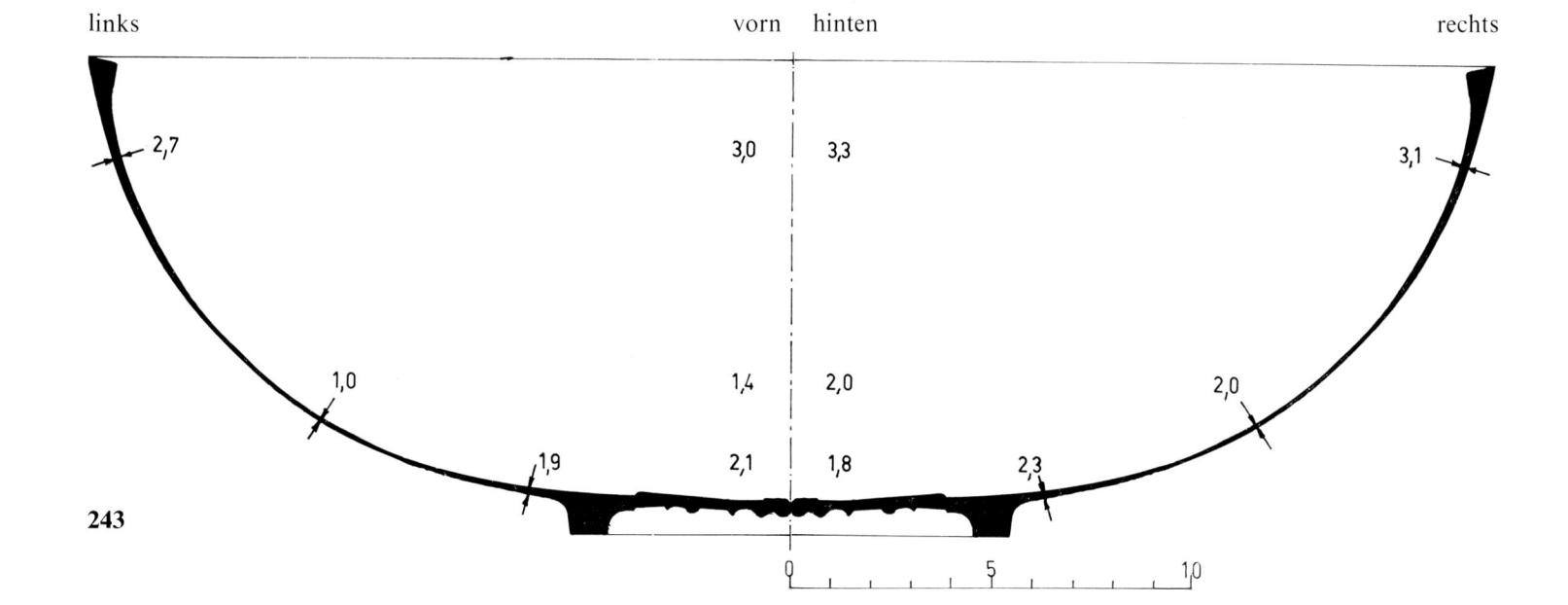

    2,7   3,0 | 3,3   3,1

    1,0   1,4   2,0   2,0

              1,9   2,1   1,8   2,3

243

Schale	Louvre
	Paris (F)
Bronze	
Inventar-Nr.	5281 bis
Durchmesser	350 mm
Höhe	115 mm

Eine weitere kleine Variation zu dem bereits mehrfach bekannten Typus bietet diese Schale aus dem Louvre. Das äußere Bodenprofil ist nur wenig tief und das Rondell im Innern schlicht. Anders verhält es sich beim Schalenrand. Immer noch ist er dreikantig, doch springt er nicht mehr so stark vor und geht langsam in die Wandung über. Ausnahmsweise hat diese Schale zwei Griffe, von denen nur noch einer ganz erhalten ist. Zwei Tierköpfe mit offenen Schnauzen halten ein gedrehtes Teil. Dieses symmetrisch aufgebaute, mit tiefen Einstichen und sechs abgerundeten Scheiben versehene kleine Griffteil ist ein schönes Indiz für die lebhafte Phantasie, mit welcher die antiken Dreher das spröde Material zu gestalten vermochten.

Schale	Rheinisches Landes-
	museum, Bonn (D)
Bronze	
Inventar-Nr.	15011
Durchmesser	232 mm
Höhe	72 mm

An dieser Schale sind mehrere drehtechnische Glanzleistungen hervorzuheben. Einmal der dicke, nach außen und innen geschwungene Rand. Dann, unterhalb diesem, wieder ein nach innen geschweifter Wulst (Bild 245). Den massiven Partien folgt jedesmal eine äußerst dünne Wandung. Von besonderem Interesse ist es, zu beobachten, wie die Wellenlinie des inneren Bodens jener des äußeren folgt. Diese Übereinstimmung war bestimmt nicht zu erreichen, ohne daß der Dreher sie vorher zeichnerisch festgelegt hätte.

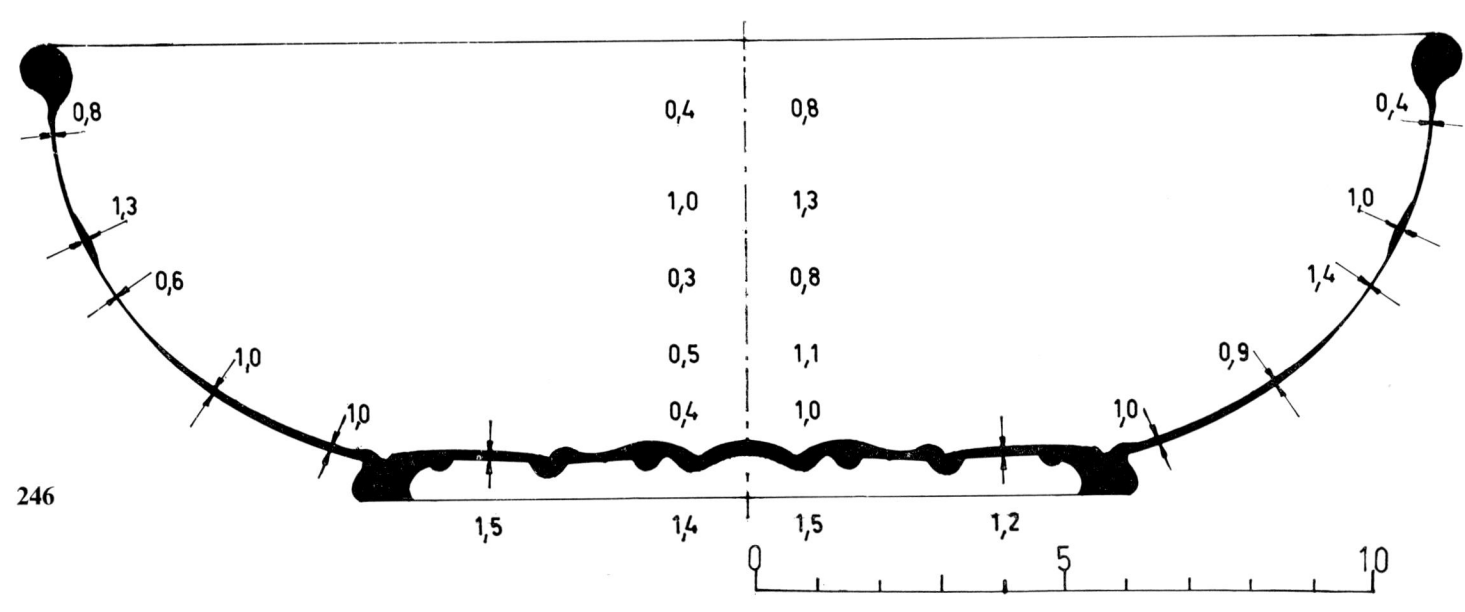

    0,8   0,4 | 0,8   0,4
    1,3   1,0   1,3   1,0
    0,6   0,3   0,8   1,4
    1,0   0,5   1,1   0,9
         1,0   0,4   1,0   1,0

246
              1,5   1,4   1,5   1,2

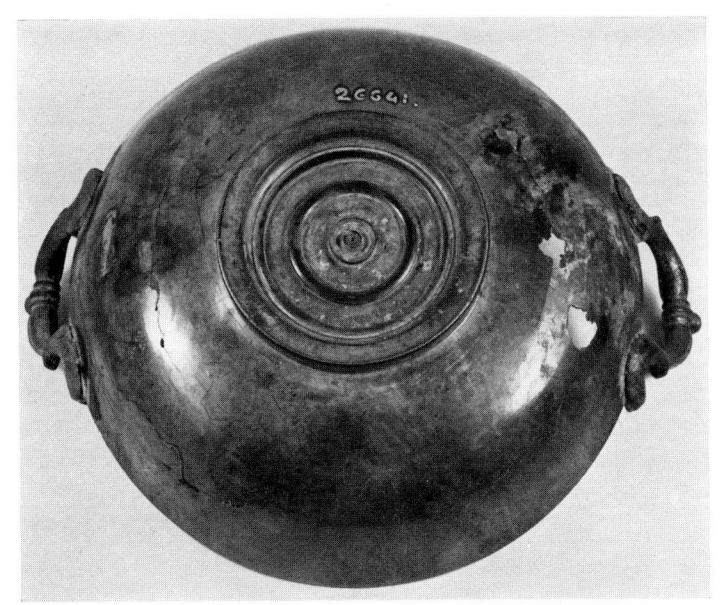

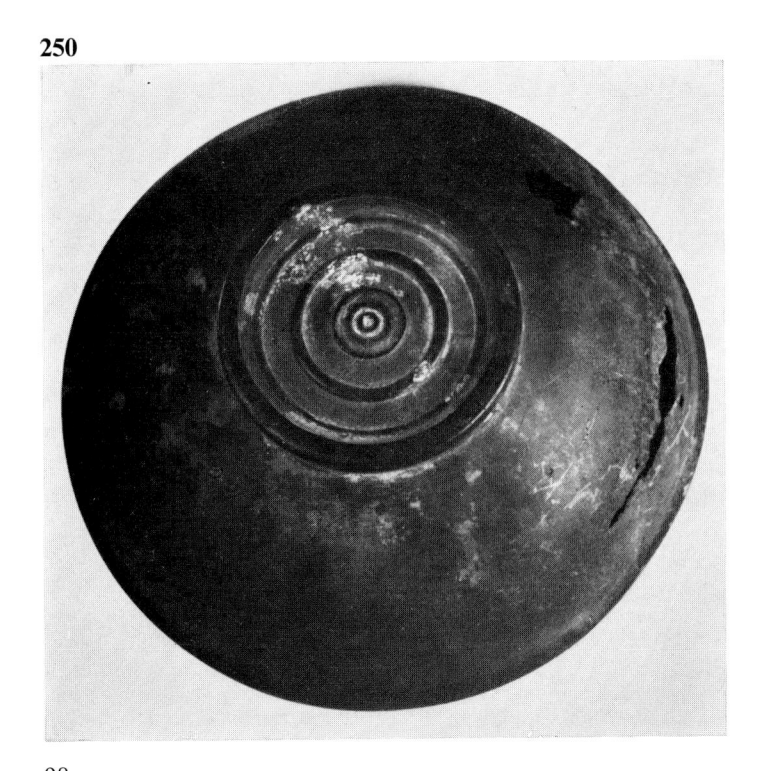

247 Schale von oben
248 Schale von unten
249 Profilzeichnung

250 Schale von unten
251 Wulst an der Gefäßwand
252 Profilzeichnung

	links		vorn	hinten		rechts

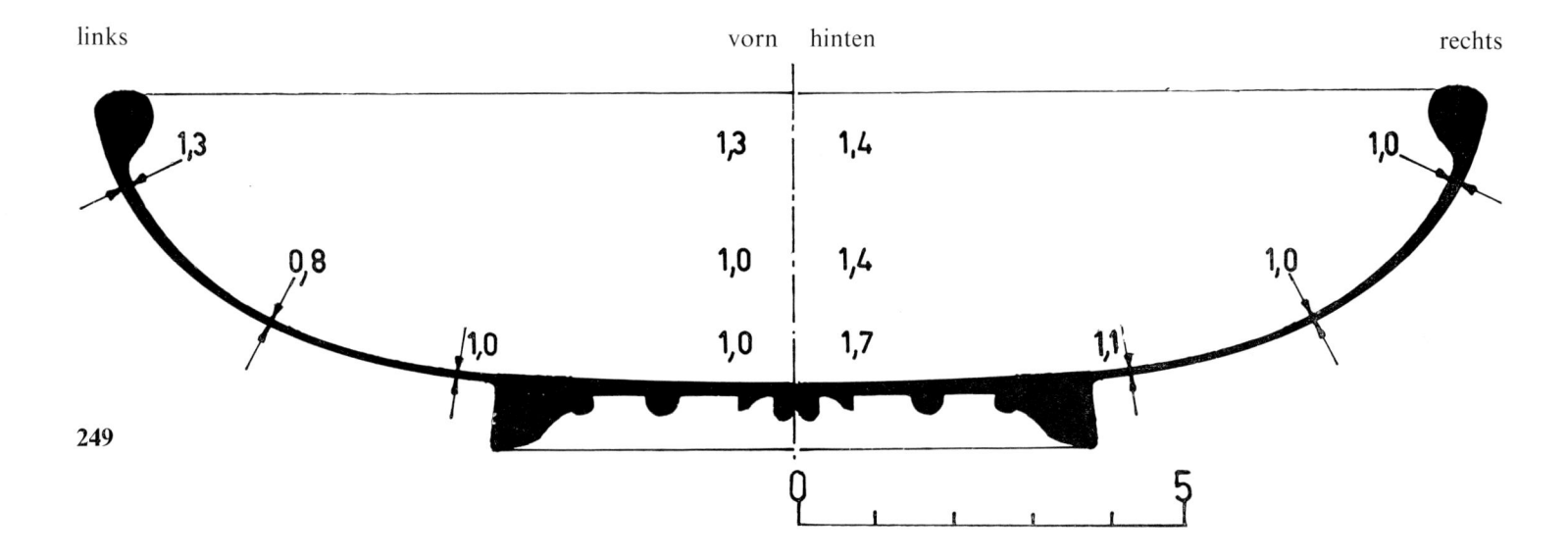

249

(Abbildung 249: Schalenprofil mit Wandstärken 1,3 – 0,8 – 1,0 links; 1,3 – 1,0 – 1,0 vorn; 1,4 – 1,4 – 1,7 hinten; 1,1 – 1,0 – 1,0 rechts)

Schale	Musée National des Antiquités St-Germain-en-Laye (F)
Bronze	
Inventar-Nr.	26641
Durchmesser	180 mm
Höhe	45 mm

Eine nochmalige Variante in der Schalenform zeigt dieses Exemplar. Sie hat einen außerordentlich dicken und runden Rand, ihm entspricht der massive Boden mit dem schweren Standring. Während das Schaleninnere ganz glatt ist, weist der Boden ein einfaches Profil auf, dessen eingedrehte Nuten eine Ebene bilden. Das Zentrum ist sehr hoch.

Schale	Museo Archeologico Turin (I)
Bronze	
Inventar-Nr.	1409/Depot
Durchmesser	216 mm
Höhe	64 mm

Die gesamte Oberfläche dieser Schale ist wiederum auf der Drehbank überarbeitet. Sie hat ebenfalls den eigenartigen, unter dem Rand sitzenden halbrunden Wulst. Es erübrigt sich wohl, nach dem Zwecke einer solchen Verdickung zu fragen, denn wahrscheinlich ist ihr nie ein solcher beigemessen worden, und ihre Existenz ist nicht rationalen Überlegungen entsprungen (Bild 251). Auf dieser Abbildung ist auch ersichtlich, wie scharf sich der Wulst von der übrigen Wandung abhebt. Das Drehen eines solchen Wulstes auf einer so dünnen Wandung erheischt manuelle Geschicklichkeit und große Erfahrung. Immer wenn ein Handwerker seine Arbeitstechnik bis ins äußerste beherrscht, neigt er dazu, sie in kapriziösen Formen zu manifestieren, so auch hier. Und aus dieser Sicht ist eine solch ‹zwecklose› Form durchaus verständlich. Auch in viel späteren Perioden, beispielsweise in der Elfenbeindrechslerei des 16. Jahrhunderts, können die gleichen Beobachtungen gemacht werden [61].

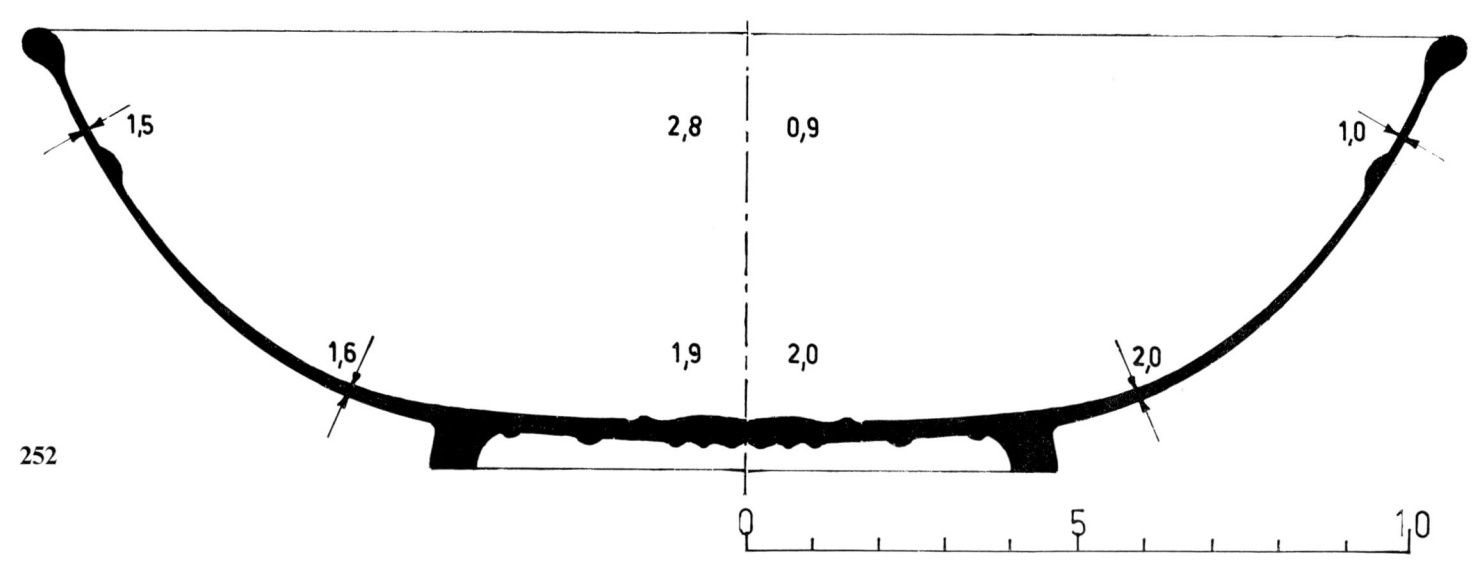

252

(Abbildung 252: Schalenprofil mit Wandstärken 1,5 – 1,6 links; 2,8 – 1,9 vorn; 0,9 – 2,0 hinten; 1,0 – 2,0 rechts)

253

254

255

255 Boden der stark beschädigten Schale
256 Profilzeichnung

253 Kleine Schale von schräg oben
254 Boden der Schale von schräg oben

257

257 Ansicht der Schale von oben
258 Ansicht der Schale von unten
259 Profilzeichnung

258

links　　　　　　　　　　　　　vorn　hinten　　　　　　　　　　　　　rechts

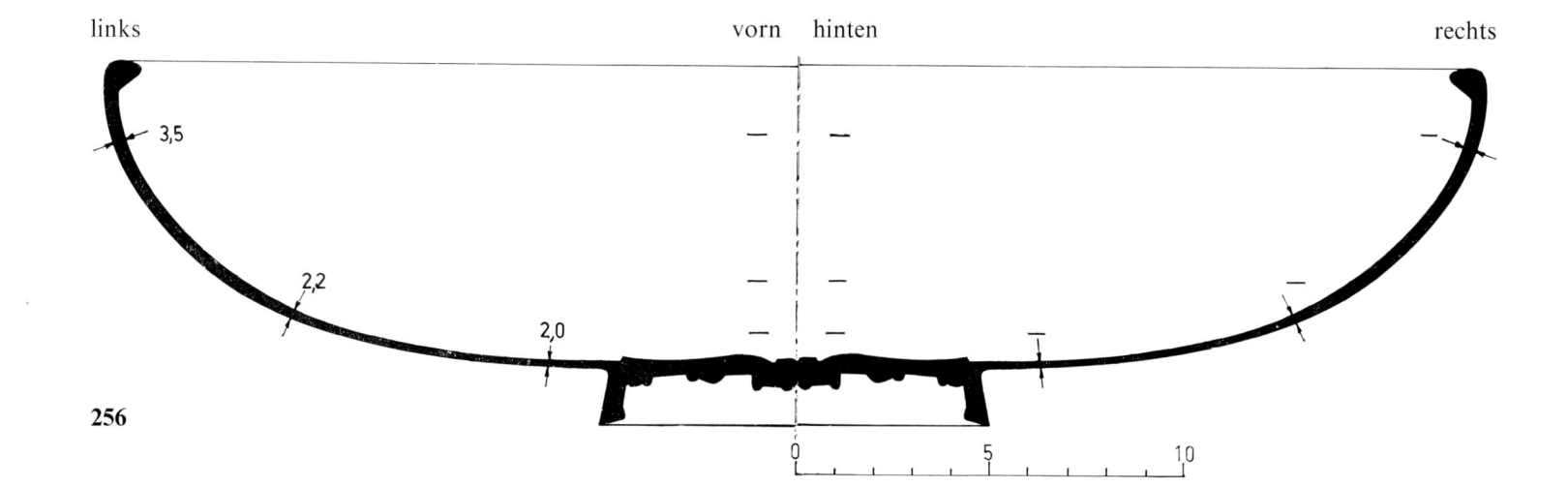

256

Schale	Musée de Mariemont Morlanwelz (B)
Bronze	
Inventar-Nr.	231 B
Durchmesser	160 mm
Höhe	38 mm

Sehr harmonisch präsentiert sich diese gut erhaltene kleine Schale. Sie zeichnet sich auch durch ihre besondere Form aus. Die Wandungen sind geradegestreckt, so daß der Körper gleichsam einen Hohlkegelstumpf darstellt. Die Innenseite ist mit den bekannten Zierrillen versehen (Bild 253). Die Dicke des Bodens beträgt 6 mm und in diesen ist, als Novum, eine runde Scheibe eingebördelt (Ausdruck auf Seite 46 und in Bild 83 erklärt). Bild 254. Keine Profilzeichnung.

Schale	Musée Curtius Liège (B)
Bronze	
Inventar-Nr.	I.1384
Durchmesser	354 mm
Höhe	90 mm

Diese Schale ist stark korrodiert und beschädigt, so daß die Wandstärken nur in einer Flucht gemessen werden können. Doch läßt sich dadurch an allen Bruchstellen die Gußstruktur des Materials gut beobachten. Zu beachten sind das variierte Bodenprofil und die allmähliche Verjüngung der Wandung von der nach ihnen gerichteten Randlippe gegen unten.

Schale	Provinciaal Gallo-Romeins Museum, Tongern (B)
Bronze	
Inventar-Nr.	A 839
Durchmesser	270 mm
Höhe	42 mm

Die einfache, niedrige und weitausladende Schale weist eine saubere, glatte Oberfläche auf. Auf ihr sind stellenweise die Drehspuren recht deutlich vorhanden. Innerhalb des niedrigen Standringes befindet sich ein gedrehtes Rondell, dessen Zentrum durchgebrochen ist. Die Randlippe hat kreisförmigen Querschnitt.

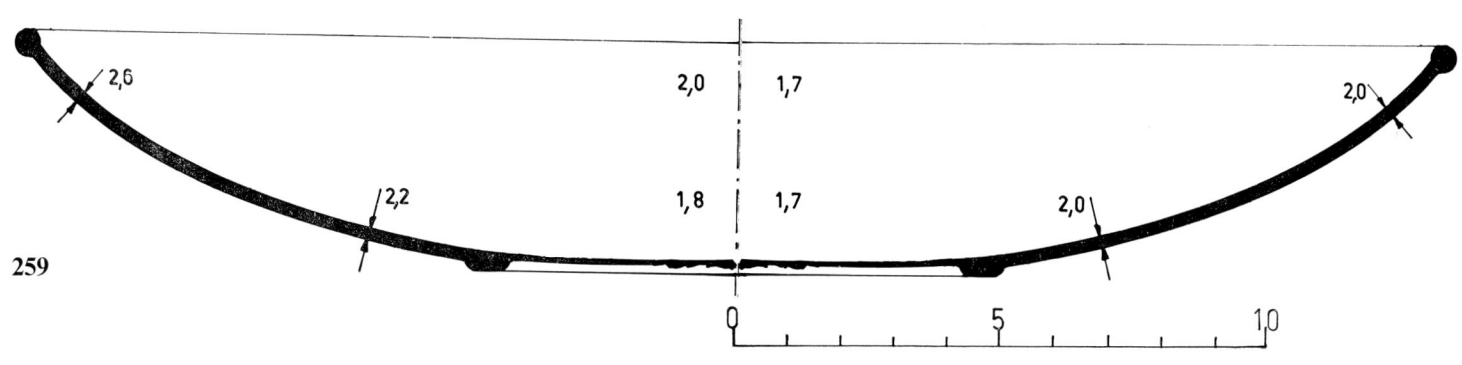

259

260

261

260 Schale von oben
261 Schale von unten
262 Profilzeichnung

263

263 Schale von unten, Teilansicht
264 Schale von oben
265 Profilzeichnung

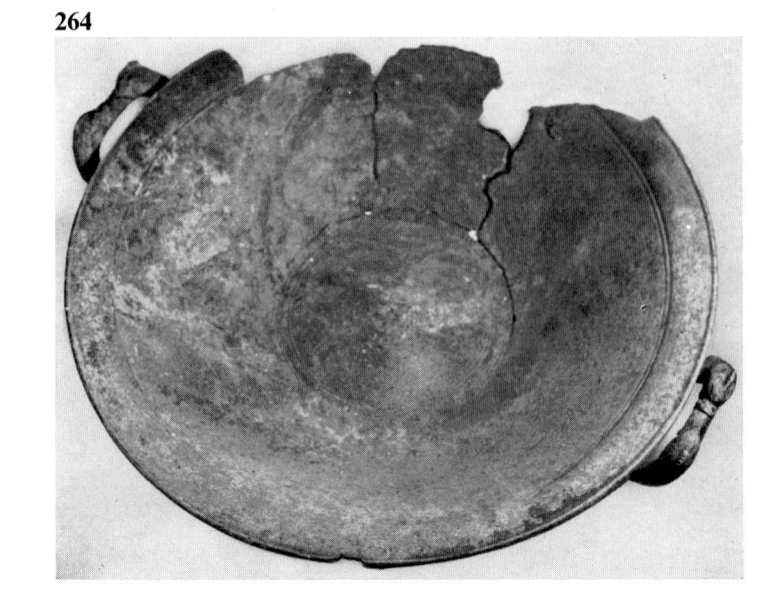

264

links   vorn   hinten   rechts

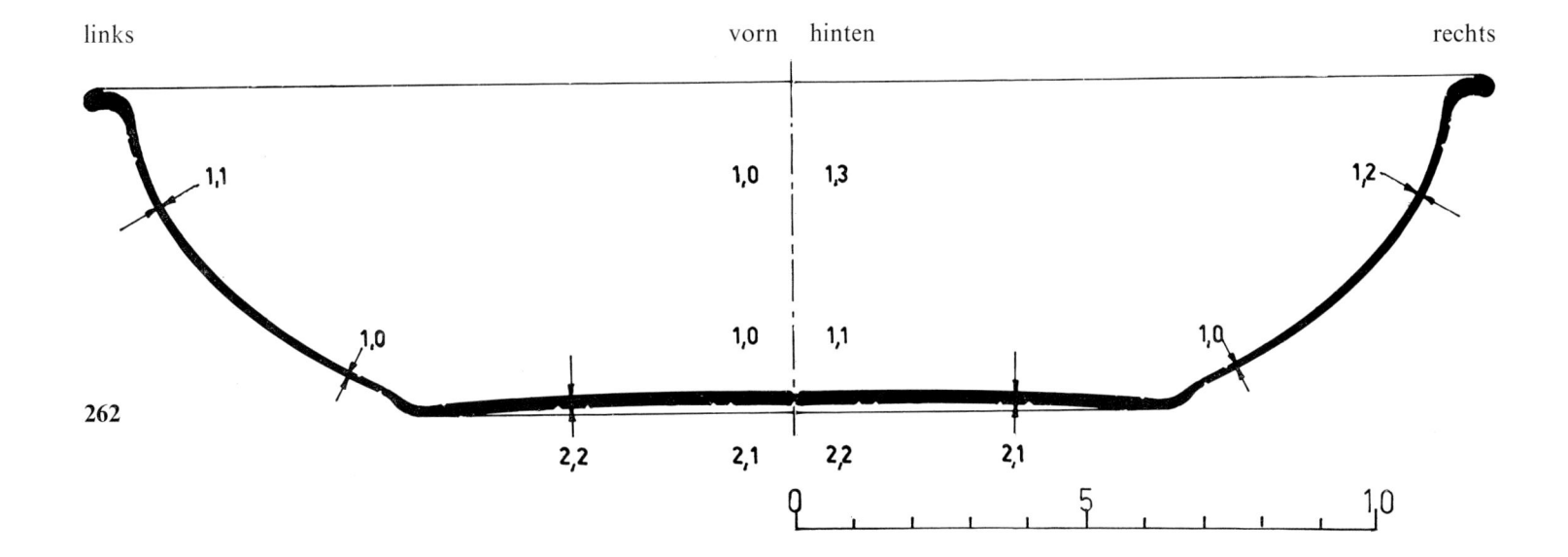

262

Schale	Musée des Beaux-Arts Besançon (F)
Bronze	
Inventar-Nr.	3829
Durchmesser	242 mm
Höhe	55 mm

Intakte schöne Schale mit hübschem eingepunztem Tiermotiv in der Mitte. Die das Motiv umfassenden Linien sind eingedreht, wie dies auch bei den weiteren, aber stärkeren Rillen auf der Ober- und Unterseite der Fall ist. Der Boden und die Wandung sind auffallend glatt und sauber. So präsentiert sich diese Schale mit ihren gleichmäßig dünnen Partien und den einzelnen und paarweisen Rillen in der gleichen Art wie die Kasserolle auf Seite 61 unten und die Platte auf Seite 81 unten. Diese Häufung legt die Vermutung nahe, es könnte diese Spezialität in der gleichen Werkstätte entstanden sein.

Schale	Rijksmuseum G. M. Kam Nijmegen (NL)
Bronze	
Inventar-Nr.	E.V. 35
Durchmesser	410 mm
Höhe	80 mm

Trotz der sehr starken Beschädigung vermag diese Schale immer noch ihre ursprüngliche Eleganz zu zeigen. Der Schlüssel zu ihrer ausgesprochenen Schönheit liegt im zarten Ineinanderfließen von an- und abschwellenden Wandstärken, insbesondere aber in der stark gestreckten S-förmigen Wandpartie. Im einzelnen sind zu beachten: der in der Mitte dicke, allmählich nach außen abnehmende Boden, in der Form eines ganz stumpfen Hohlkegels, dessen Rand beidseitig von einem gleichen profilierten Band eingefaßt ist; der leicht geschwungene Übergang aus dieser Zone in die Wandung und schließlich noch ihr Auslaufen in die geschweifte Randpartie, die noch durch zwei Wülstchen akzentuiert wird. Eine Schalenform, die sowohl in ihrer Gesamtform als auch in ihren Einzelheiten Zeugnis von einem hohen technischen Können ablegt.

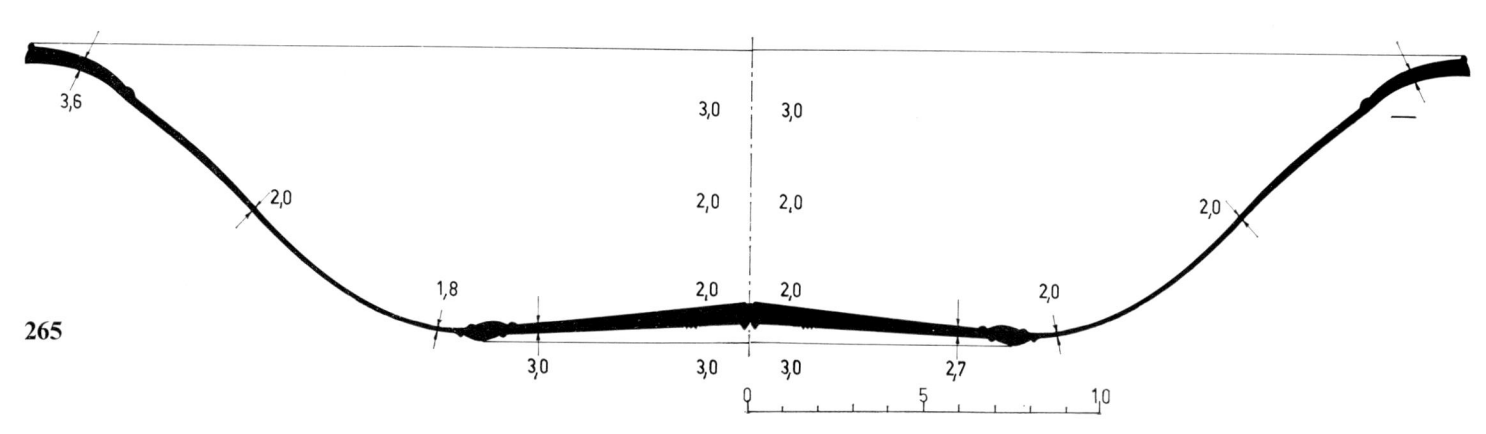

265

266

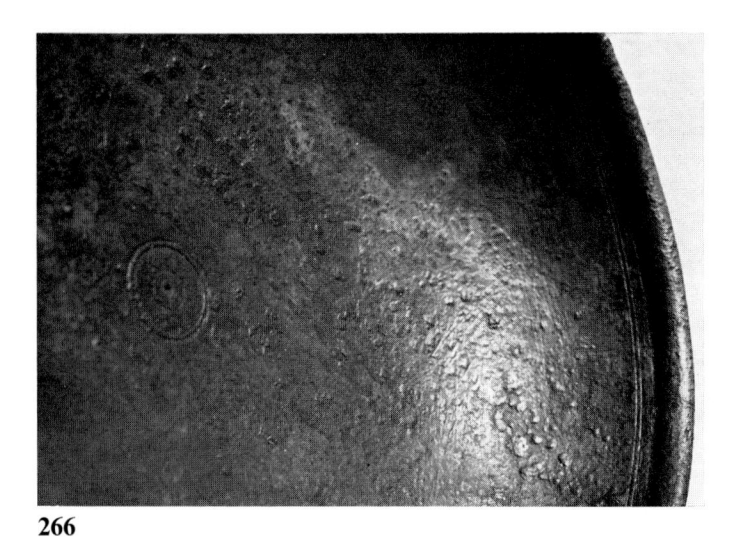

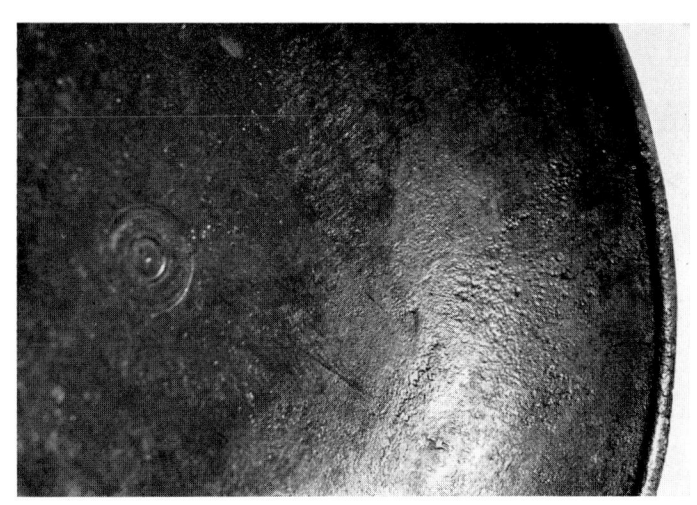

268

266 Partie einer Schale
267 Partie einer andern Schale
268 Partie einer dritten Schale
269 Profilzeichnungen des Schalensatzes

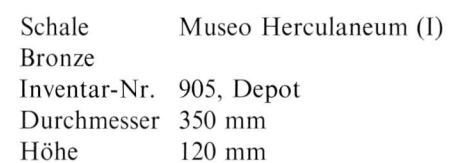

267

Schale	Museo Herculaneum (I)
Bronze	
Inventar-Nr.	905, Depot
Durchmesser	350 mm
Höhe	120 mm

Diese Schale gehört dem gleichen Typus an, wie er auf den Seiten 91, 93, 95 und 97 besprochen wurde. Der Umstand, daß sie in Herculaneum gefunden worden ist, belegt, daß solche Schalen bereits vor dem Untergang der antiken Stadt (79 n. Chr.) hergestellt worden sind.

270 Schale von schräg oben, Innenseite
271 Schale von schräg oben, Außenseite

270

271

links vorn hinten rechts

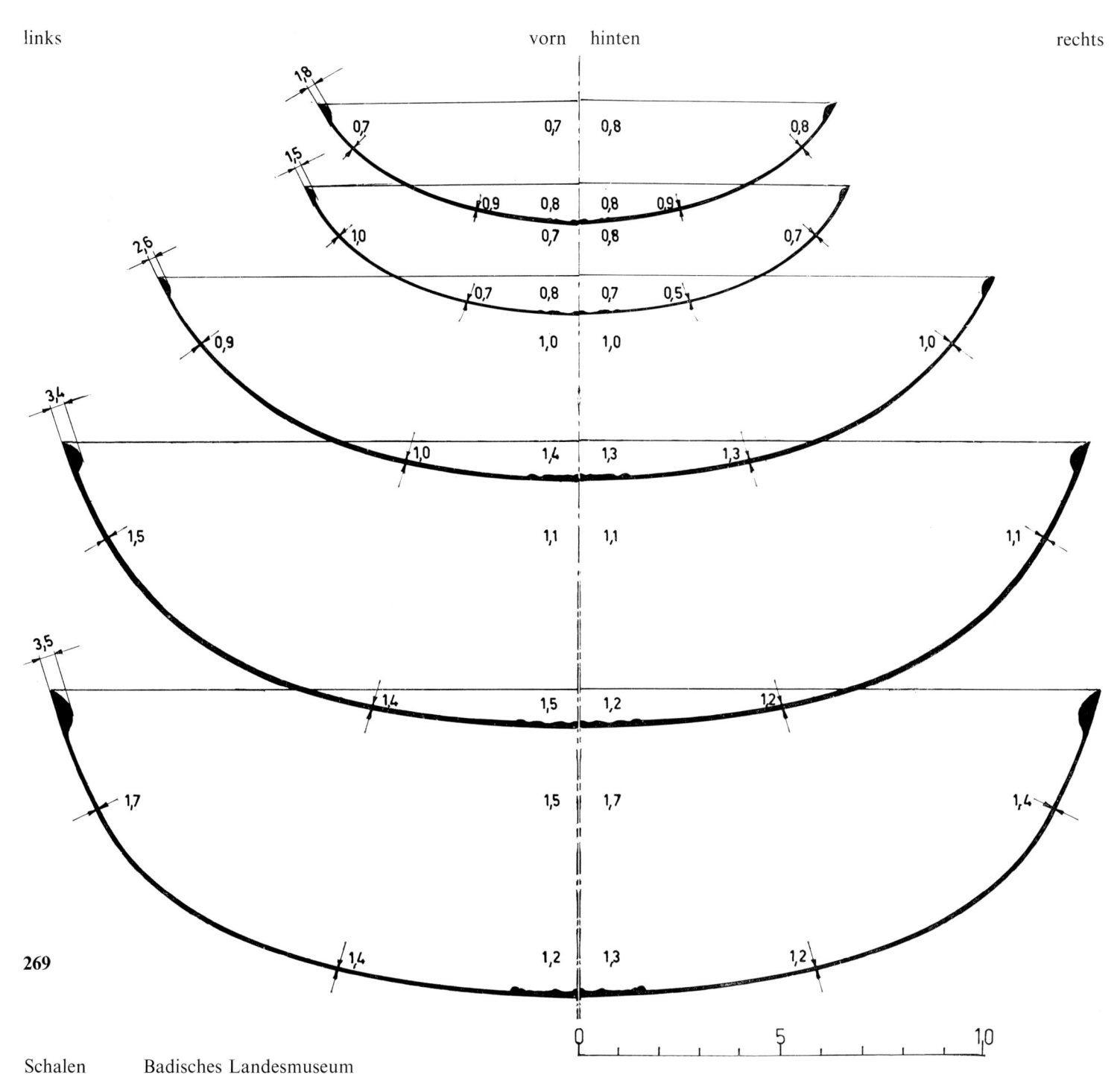

269

Schalen	Badisches Landesmuseum
Bronze	Karlsruhe (D)
Inventar-Nr.	F 1330
Durchmesser	128 mm
Höhe	30 mm
Inventar-Nr.	F 1329
Durchmesser	135 mm
Höhe	32 mm
Inventar-Nr.	F 210
Durchmesser	208 mm
Höhe	50 mm
Inventar-Nr.	F 1327
Durchmesser	256 mm
Höhe	70 mm
Inventar-Nr.	F 1328
Durchmesser	260 mm
Höhe	75 mm

Diese fünf Schalen bilden einen einheitlichen Satz. Sie stimmen nicht nur in der Form überein, sondern sie haben auch den halbrunden nach innen gerichteten Rand und das Rondell in der Schalenmitte gemeinsam. Die Wülste, die Rondellen und weitere Partien zeigen deutliche Spuren der Dreharbeit. Mit den abnehmenden Außendimensionen verringert sich auch stets die Wanddicke. Bei einem Stück ist unterhalb des Randwulstes noch ein feines Rillenpaar eingedreht (Bild 266). Vom ganzen Satz sind auf der gegenüberliegenden Seite nur drei Ausschnitte gezeigt.

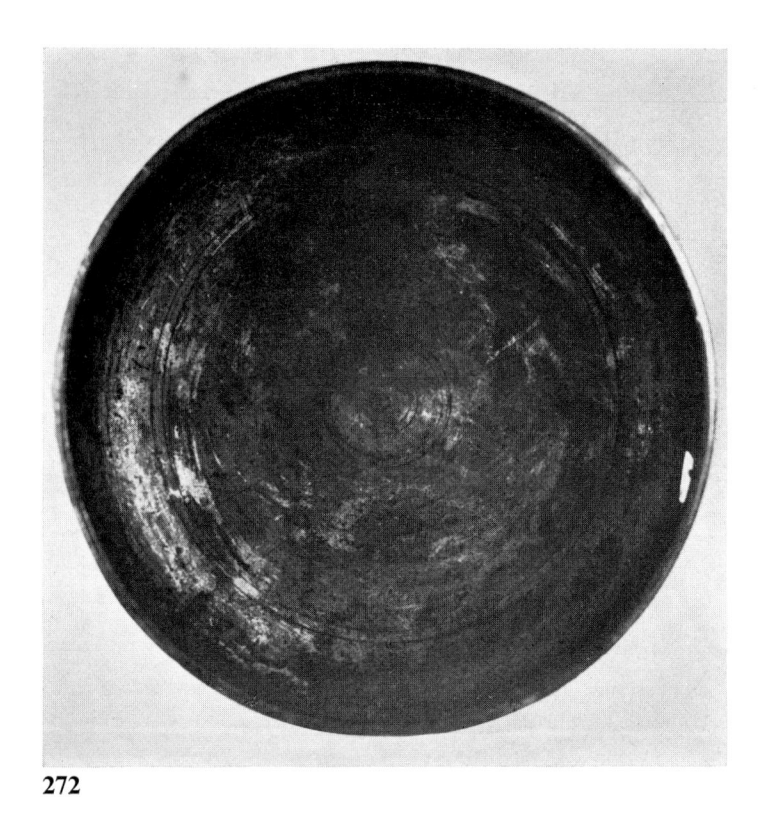

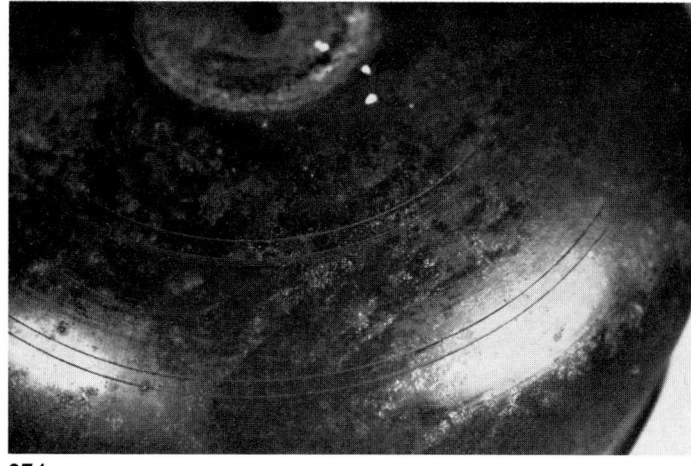

272   Schale von oben
273   Schale von der Seite
274   Detail der Schale
275   Profilzeichnung

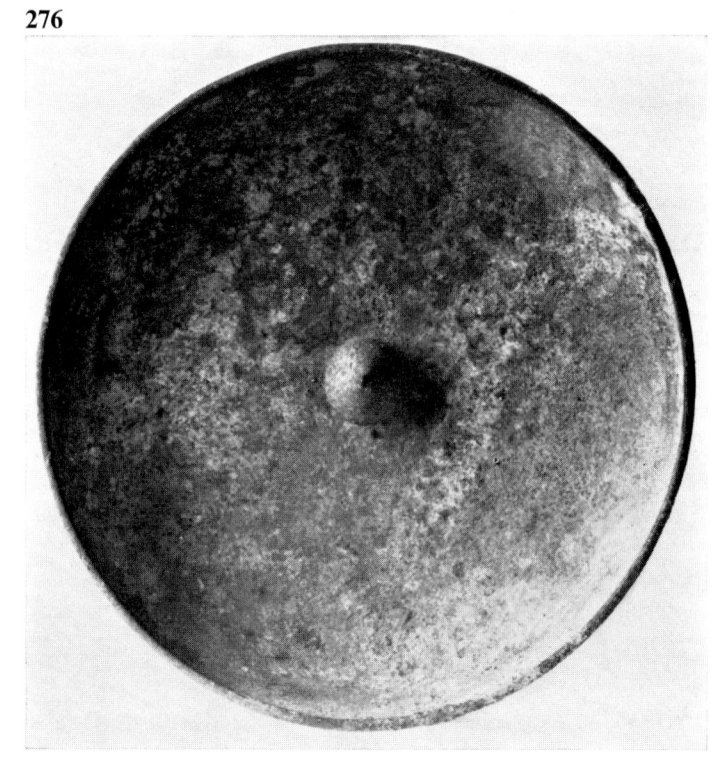

276   Schale von oben
277   Schale seitlich gesehen

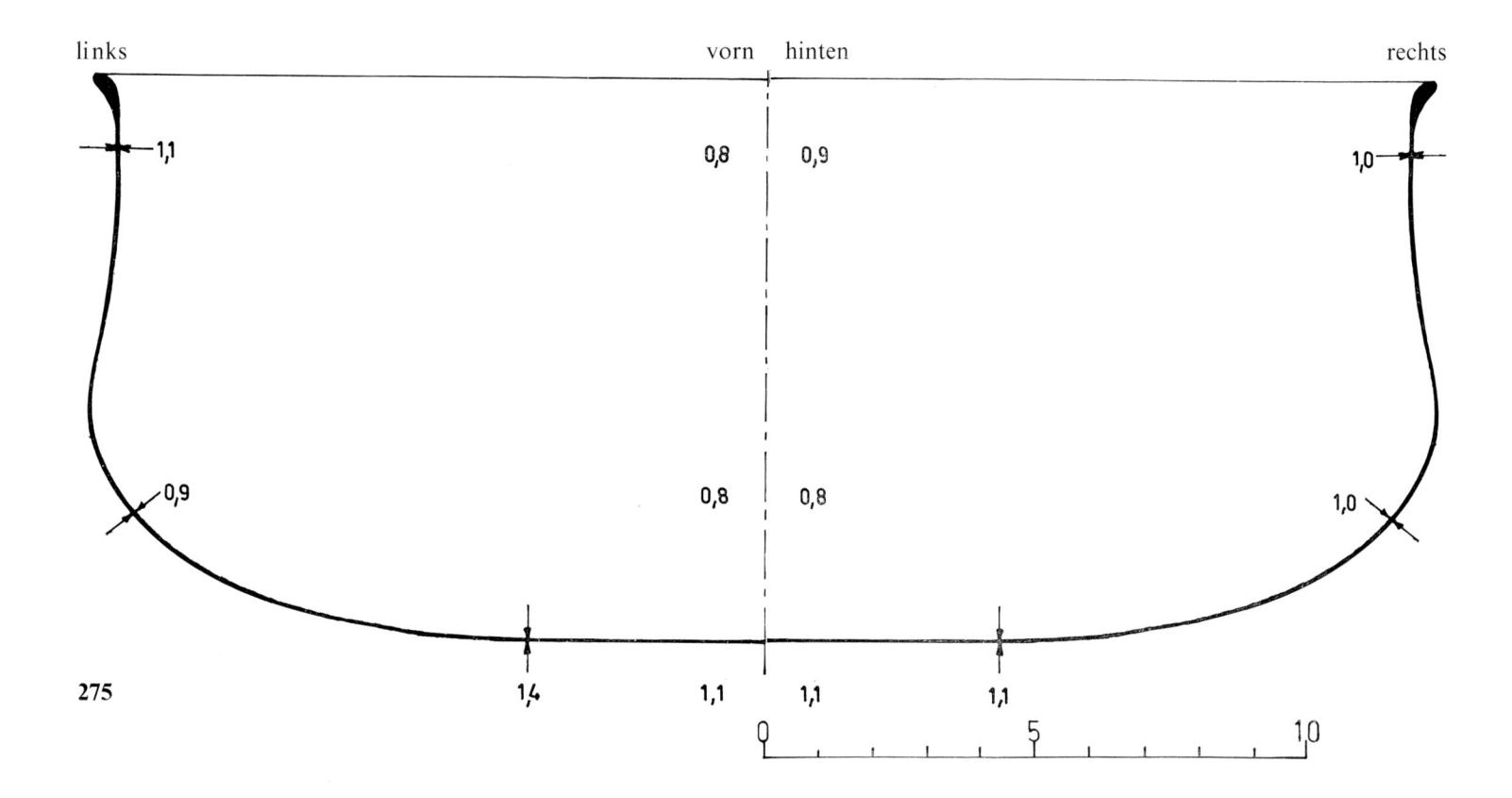

Schüssel	Museo Archeologico Turin (I)
Bronze (?)	
Inventar-Nr.	keine, Depot
Durchmesser	246 mm
Höhe	101 mm

Eine große und tiefe Schüssel, die sich durch ihre durchgehende Dünnwandigkeit auszeichnet. Dennoch lassen sich an der Oberfläche Drehspuren erkennen. Die deutlichsten sind die 15 feinen Rillen auf der Innen- und Außenfläche. Im Gegensatz zur Wandung steht der dicke Rand. Es muß daher angenommen werden, daß dieser etwa der ursprünglichen gegossenen Wandung entspricht und die übrige Schalenoberfläche durch Abdrehen reduziert worden ist. Eine Arbeit, die große Sorgfalt und Konzentration erforderte.

Schale	Museo Nazionale Rom (I)
Bronze	
Inventar-Nr.	keine, Depot
Durchmesser	176 mm
Höhe	28 mm

Schale mit in der Mitte konischer, fast zwiebelförmiger Erhöhung. Der größte Durchmesser dieser Erhöhung mißt 23 mm. Die Schale ist gedreht, wobei ein starker Rand belassen wurde. Dagegen ist die gesamte Wandung dünner. Die ‹Zwiebel› ist von unten her ausgetrieben, was an entsprechenden Werkzeugabdrücken erkennbar ist. Ein ganz ähnliches Exemplar befindet sich im Vatikan-Museum (Neufund 1967); es weist aber noch ein roh eingeschlagenes Loch auf, Zeuge dafür, daß es wohl am Zeigefinger einer großen Statue angenietet war. Daraus wäre zu schließen, daß solche Schalen kaum einem praktischen Zwecke dienten.

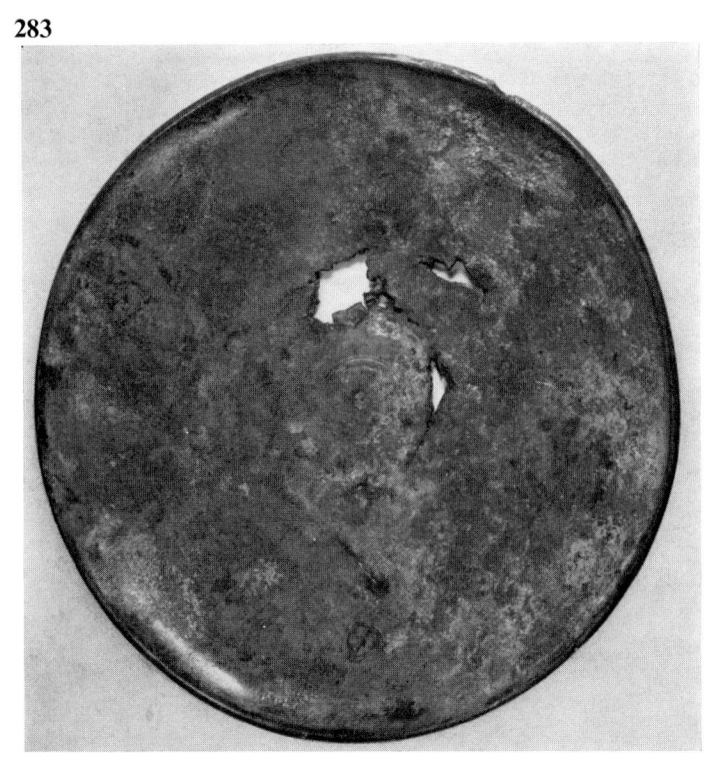

278	Kragenschüssel von schräg oben
279	Kragenschüssel von der Seite
280	Detail von der Unterseite
281	Kragenschüssel von unten
282	Profilzeichnung

283	Teller von oben
284	Profilzeichnung

links   vorn   hinten   rechts

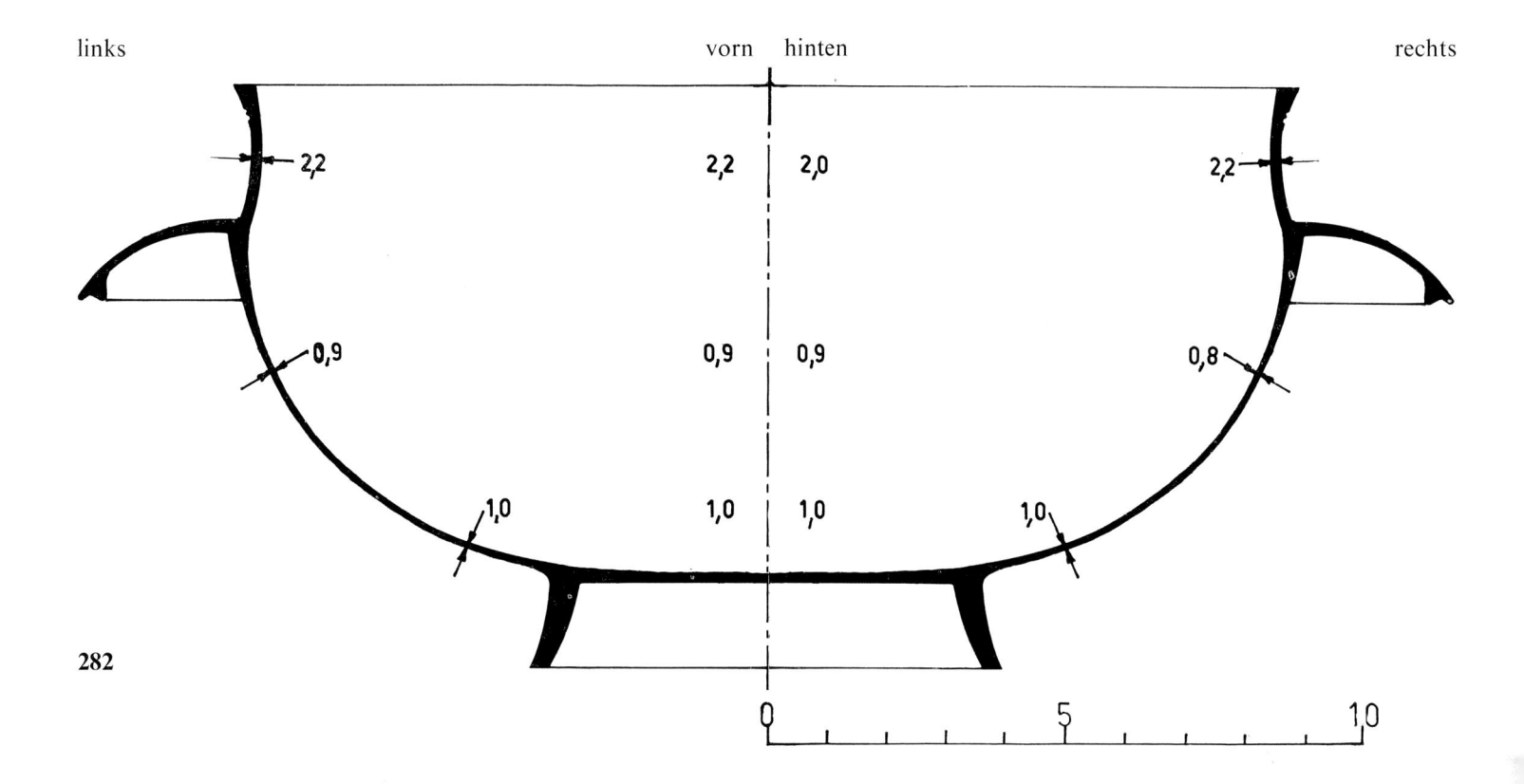

282

Kragen-	Louvre
schüssel	Paris (F)
Silber	
Inventar-Nr.	2210
Durchmesser	230 mm
Höhe	95 mm

Diese silberne Kragenschüssel ist auf ihrer gesamten Oberfläche überdreht. Zwischen dem relativ dickwandigen Oberteil und dem Boden mit Standring ist wiederum eine dünne Wand festzustellen. Unterhalb des genau horizontalen Randes ist ein feines Rillenpaar eingestochen (Bilder 279 und 282). Die Köstlichkeit dieser Kragenschüssel wird durch das eingravierte Rankenornament noch gesteigert. Diese Arbeit ist von hoher Qualität. Billigere Ausführungen solchen Geschirrs finden sich in den Bildern 62–67 (Seiten 41 und 42) sowie 493–497 (Seiten 168 und 169), die beide aus Messing bestehen und gedrückt worden sind. Kragenschüsseln sind auch in Ton hergestellt worden.

Teller	Provinciaal Gallo-Romeins
	Museum, Tongern (B)
Blei	
Inventar-Nr.	A 55
Durchmesser	226 mm
Höhe	etwa 30 mm

Als große Seltenheit kann hier ein Teller aus Blei gezeigt werden. Zwar wurde dieses Metall auch noch für andere Gefäße verwendet. Seine Weichheit und sein niedriger Schmelzpunkt dürften wohl dafür verantwortlich sein, daß nicht mehr solche Stücke erhalten geblieben sind. Entsprechend den Materialeigenschaften hat der Teller nur ganz einfache Formen und im Vergleich zum Bronzegeschirr eine dicke Wandung. Ob er ganz überdreht wurde, kann nicht mehr genau festgestellt werden, doch weist er in der Mitte das bekannte Rondell auf. Auch der scharf abgesetzte Standring läßt auf Abdrehen schließen.

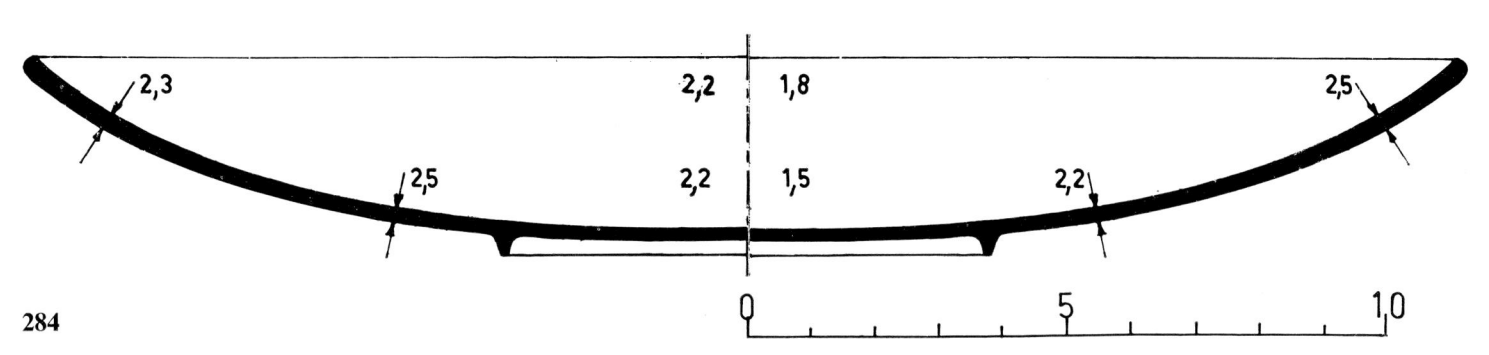

284

285

286

287

285 Bodenpartie, innen
286 Bodenpartie, außen
287 Ganze Schale von oben
288 Profilzeichnung

289 Schale von unten
290 Schale von oben
291 Profilzeichnung

289

290

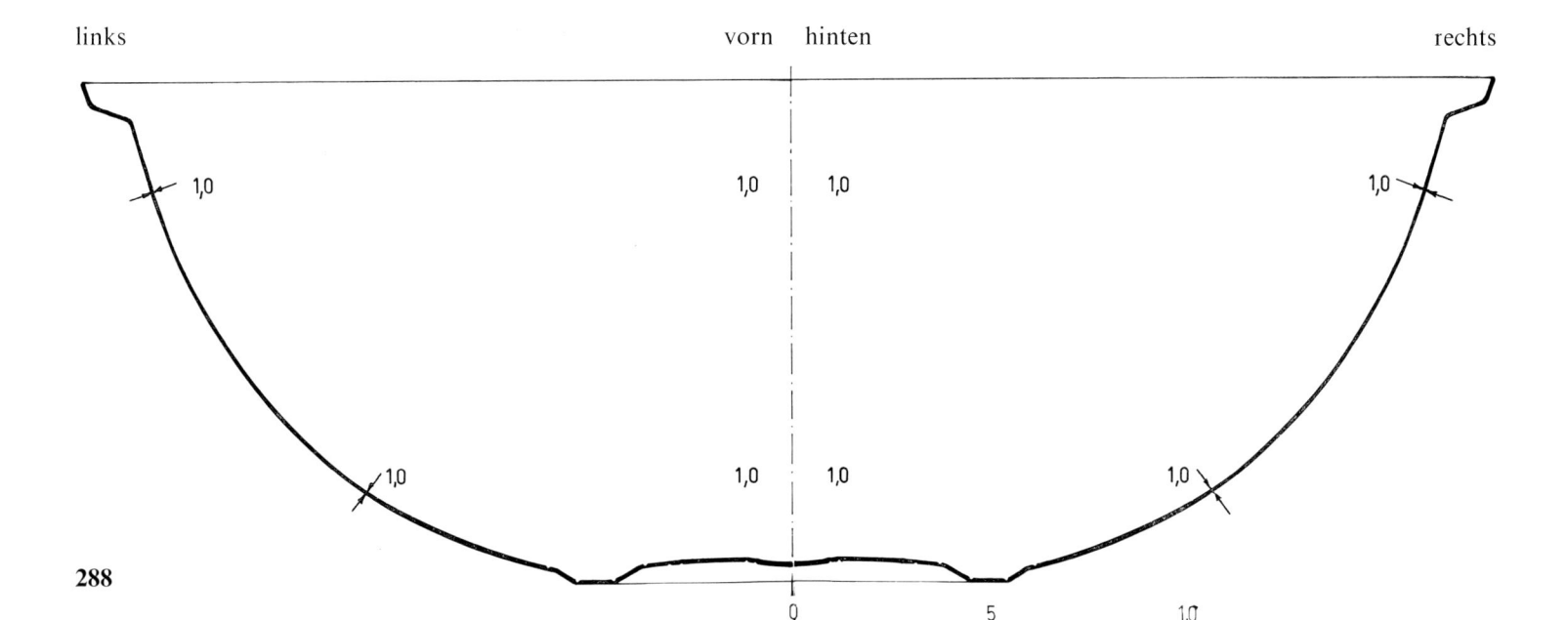

Schale	RGZM, Mainz (D)	
Messing		
Inventar-Nr.	0.29949	
Durchmesser	360 mm	
Höhe	124 mm	
Fundort	Mainz-Bretzenheim	

Trotz der starken Verkrustung, hauptsächlich auf der Außenseite, liefert diese Schale doch verschiedene technologische Aussagen. Könnten nicht auf der Innen- und Außenseite der Bodenfläche eindeutig Drehspuren festgestellt werden, so müßte man annehmen, die Schale sei getrieben worden. Treibarbeit von Hand könnte indes nicht so genau ausgeführt werden, daß hinterher in so dünnes Blech noch die gleichmäßig tiefen Rillen eingestochen werden könnten. Eine Möglichkeit, sowohl die Dreharbeit als auch die gleichmäßig dünne Wandung der ganzen Schale zu erklären, ist die Annahme, es sei zunächst in der Mitte der benötigten großen Blechscheibe für den Boden eine dickere Partie belassen worden. Nach dem Ausstrecken des äußeren Kreisringes wurde aus diesem durch Treiben oder Drücken – beides wäre denkbar – die Schale geformt. Hernach ist der Bodenpartie die letzte Form, einschließlich der Rillen, durch Drehen gegeben worden. Die radial verlaufenden Rippen sind nach innen gewölbt und sind durch Treiben entstanden.

Tasse	Rheinisches Landesmuseum, Trier (D)	
Bronze		
Inventar-Nr.	G 125	
Durchmesser	122 mm	
Höhe	48 mm	

Im Verhältnis zu ihrer Größe ist diese Tasse recht dickwandig. Dagegen sind in der Wandung ungewohnte Differenzen festzustellen. So z.B. 1,4 (links) und 1,8 (rechts) und in der Zone darunter 1,0 (links) und 1,7 (rechts), im einen Falle 0,4 und im andern sogar 0,7 mm Differenz. Noch stärker tritt dieser Unterschied am Tassenrande in Erscheinung, wo zwischen links und rechts ein Unterschied von 1,3 mm gemessen wurde. Die Tasse wurde in exzentrischer und horizontal verschobener, also ungenauer Aufspannung gedreht.

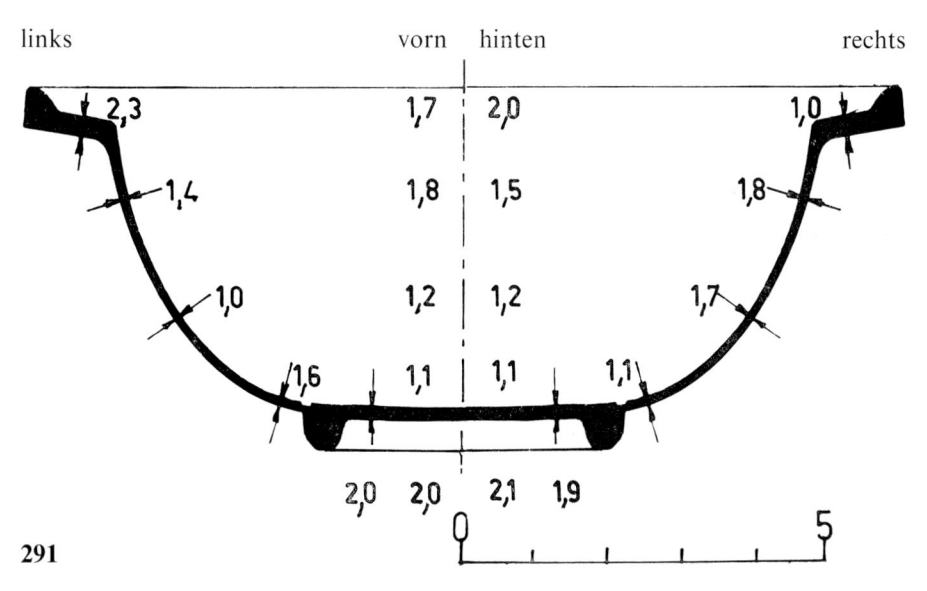

292

294

293

296

112

292 Detail der großen Fischschale
293 Ansicht der Fischschale
294 Boden der Fischschale
295 Profilzeichnung des Bodens

296 Ansicht der Schale von schräg oben
297 Profilzeichnung

295

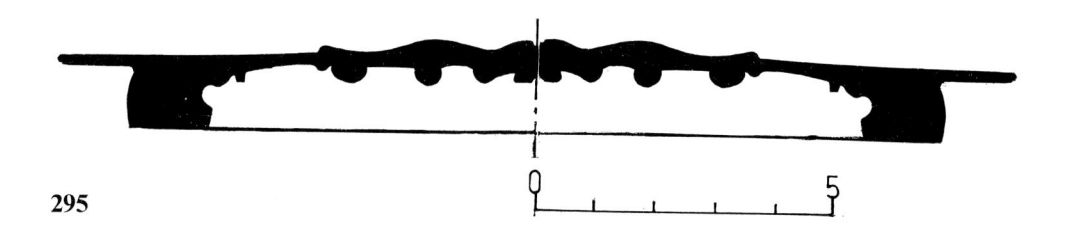

Ovale Schale	Musée de Mariemont Morlanwelz (B)
Bronze	
Inventar-Nr.	203
Größte Länge	483 mm
Schmalseite	370 mm
Höhe	130 mm

Dieses sowohl in bezug auf seine Größe als auch seine Form außergewöhnliche Objekt wird als Fischschale bezeichnet. Diese Verwendung wird von der auf dem halben Umfange der Schale umlaufenden Unterschneidung abgeleitet. In dieser läßt sich die Schale leicht ergreifen und hochheben und so das Wasser über den flacheren Teil ausgießen, wobei der gesottene Fisch in der Schale bleibt. Das Rondell in der Schalenmitte und das Bodenprofil belegen eindeutig, daß die Schale wenigstens teilweise gedreht worden war. Dies konnte jedoch nur so weit durchgeführt werden, als der unterste, innerste Teil der Schale noch einen kreisrunden Querschnitt hatte. Alle übrigen Teile mußten durch Abschaben der Gußhaut geglättet werden. Eine Arbeitstechnik, die auch an anderen Stücken beobachtet werden kann. Das Bodenprofil, ohne Maßeintragungen, belegt besonders auf der Unterseite schwierige Dreharbeit, die zudem wegen der Form und Größe der Schale noch heikler war. Gerade diese besondere Arbeit vermag zu zeigen, daß der antike Metalldreher auf der Höhe seiner Kunst stand und schwierigste Aufgaben zu meistern verstand.

Schale	Provinciaal Gallo-Romeins Museum, Tongern (B)
Bronze	
Inventar-Nr.	Sc 120
Durchmesser	131 mm
Höhe	41 mm

Diese einfache kleine Schale zeichnet sich durch saubere Dreharbeit aus, wie sie in der Aufnahme ersichtlich ist (Bild 296). Die eingetragene Maßen, die nur in der unteren Zone kleine Abweichungen aufweisen, bestätigen dies. Besonders sorgfältig ist der leicht profilierte Rand bearbeitet.

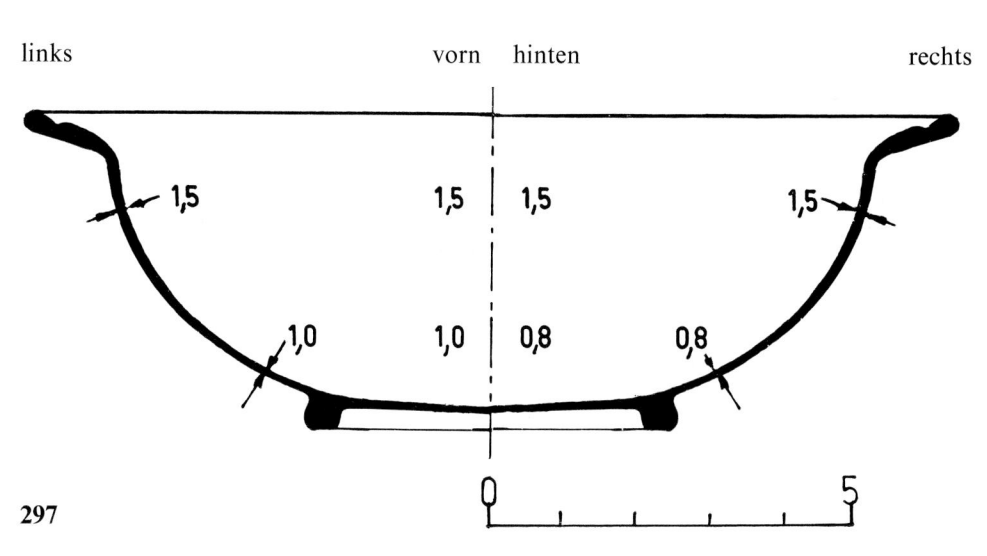

297

298 Becher von schräg oben
299 Becher von der Seite
300 Profilzeichnung

301 Becher von schräg oben
302 Becher von der Seite

303 Becher von schräg oben
304 Becher von der Seite
305 Profilzeichnung

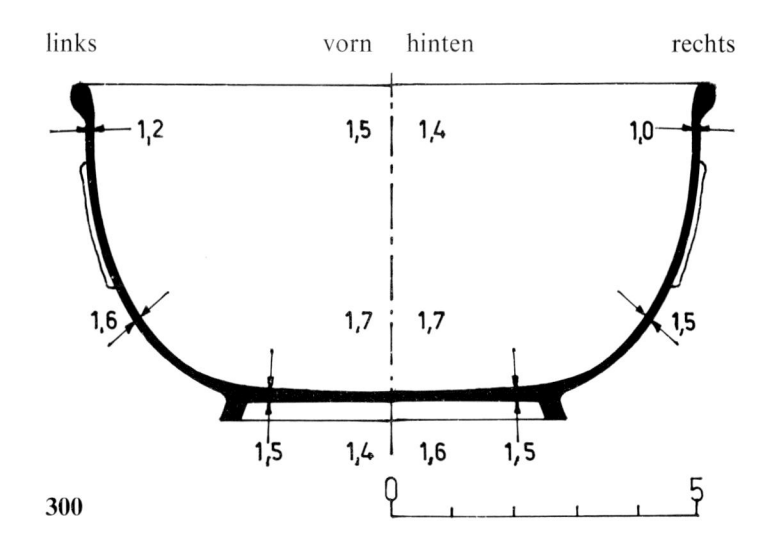

```
              links         vorn  hinten         rechts
```

300

Becher | Museo Civico Bologna (I)
Silber
Inventar-Nr. keine
Durchmesser 105 mm
Höhe 53 mm

Becher
Silber
Inventar-Nr. keine
Durchmesser 64 mm
Höhe 44 mm

Becher
Silber
Inventar-Nr. keine
Durchmesser 88 mm
Höhe 38 mm

Da sich diese drei Becher nicht nur im gleichen Museum befinden, sondern auch aus dem gleichen Material bestehen und ganz ähnliche Formen aufweisen, können sie gemeinsam behandelt werden. Vom mittleren fehlt die Profilzeichnung, doch ist sie analog den andern. Auch dieser Becher ist sehr genau gedreht worden. Die Böden zeigen übereinstimmend in ihren Mitten die bekannten Rondellen mit den Zentren. In den Seitenansichten lassen sich sehr gut die überdrehten Ränder wie auch die bearbeiteten Außenseiten der Standringe erkennen. Sie sind erst nach der vollständigen Überarbeitung auf der Innen- und Außenseite graviert worden. Einzelne Teile der gravierten Motive sind vergoldet. Die Gesamtformen der Becher zeigen, daß sie nicht dem gleichen Typus angehören. Der oberste hat einen bauchigen Körper (Bild 299). Beim mittleren sind die oberen zwei Drittel der Höhe leicht eingezogen, und erst das unterste Drittel biegt rasch zum Standring (Bild 302). Schließlich hat der dritte eine S-förmig gekrümmte Wandung (Bild 304). Er ist stark beschädigt: der Boden ist auf dem ganzen Umfange vom Körper abgetrennt.

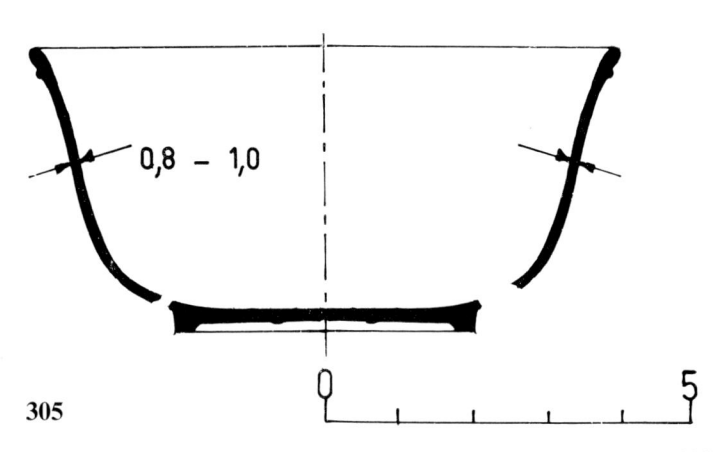

305

306 Becher von schräg oben
307 Becher von vorn
308 Profilzeichnung

309 Becher von vorn
310 Becher von unten
311 Profilzeichnung

312 Schale von oben
313 Schale von unten
314 Profilzeichnung

Becher　　　　Antikensammlung
　　　　　　　Wien (A)
Silber
Inventar-Nr.　VII A 12
Durchmesser　104 mm
Höhe　　　　 71 mm
Fundort　　　 Arras
Datierung　　 2. Jh. n. Chr.

Dieser Becher, demjenigen in Bild 301, Seite 114, nicht unähnlich, ist ebenfalls vor der Gravierung auf seiner gesamten Oberfläche überdreht worden. Am deutlichsten kommt dies durch die genaue Übereinstimmung der Wanddicken, wie sie durch die eingetragenen Maßzahlen belegt wird, zum Ausdruck. Klar sichtbar ist dies am Standring und an der Bodenunterseite (Bild 306). Das gleiche trifft auch für die fein nuancierte Gestaltung der Innenseite des Randes zu (Bild 307).

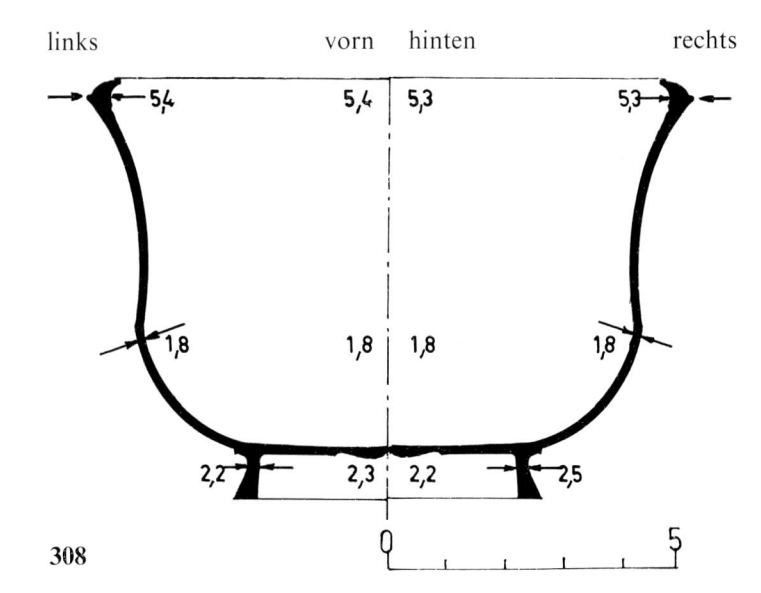

308

Becher　　　　Museo Archeologico
　　　　　　　Turin (I)
Silber
Inventar-Nr.　5428/Cat. 698 V 36
Durchmesser　84 mm
Höhe　　　　 73 mm

Bei diesem kleinen Becher mißt der Durchmesser nicht viel mehr als die Höhe. Diese Annäherung der Dimensionen ergibt eine ganz andere Form als die bisher gewohnten. Nur durch die starke Verjüngung gegen den Boden wirkt der Becher nicht schwer und plump. Unter dem ausladenden Rand befindet sich das bekannte Band, eine gewölbte Fläche zwischen zwei Wülstchen, wie dies schon bei den Kasserollen beobachtet werden konnte. Denkbar ist, daß auch hier noch ein Ornament hätte angebracht werden sollen.

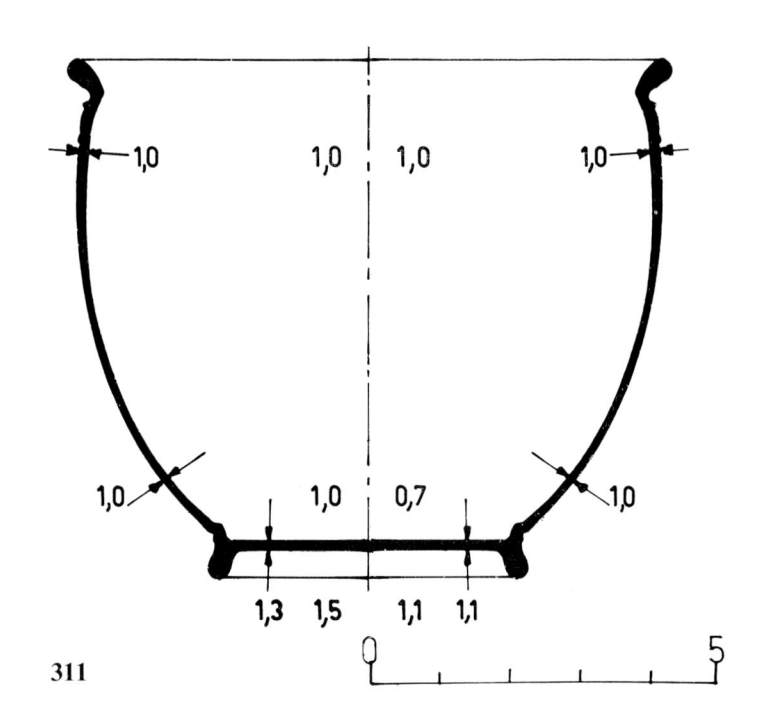

311

Kleine Schale　Rheinisches Landes-
　　　　　　　museum, Trier (D)
Bronze
Inventar-Nr.　21 300
Durchmesser　96 mm
Höhe　　　　 39 mm

Im Innern dieser kleinen Schale sind die Drehspuren einer ziemlich rohen Arbeit erhalten. Ähnliches ist von der äußeren Oberfläche zu sagen. Der Rand ist etwas nach innen geneigt, doch hat er auf der Außenseite noch einen kleinen Wulst. Die Innenseite des Bodens ist erhöht und verläuft nicht glatt in der Kalottenform. Das Zentrum ist durchbrochen.

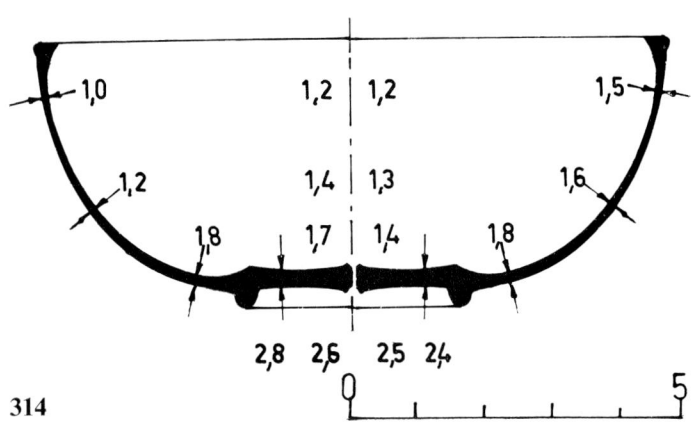

314

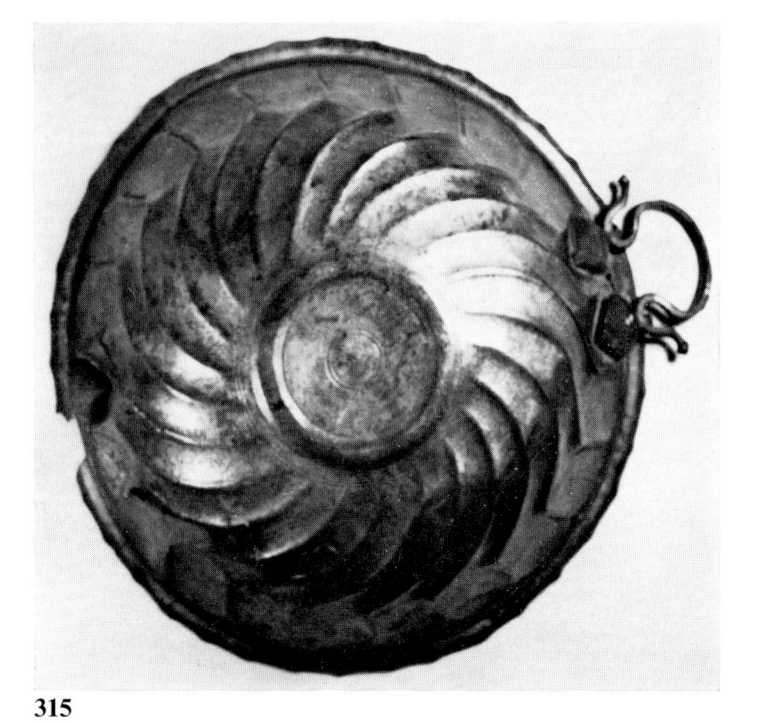

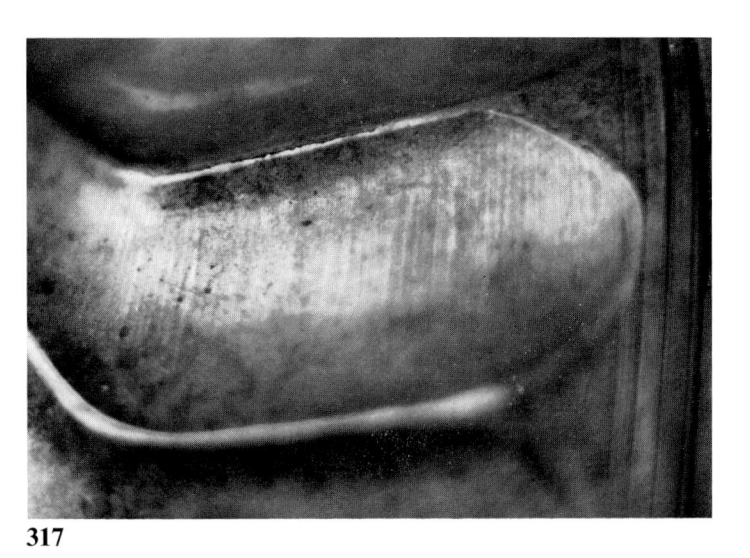

315 Schüssel von unten
316 Schüssel von oben
317 Detail der Schüssel
318 Boden der Schüssel

319 Becher von vorn
320 Profilzeichnung

Große Schüssel	Historisches Museum der Pfalz, Speyer (D)
Bronze (?)	
Inventar-Nr.	517/8
Durchmesser	365 mm
Höhe	130 mm
Fundort	Rheinzabern, am 25. Februar 1882

Oft wird diese große Schüssel als ‹Kuchenform› bezeichnet, welche Etikette von der stark gerippten Wandung abgeleitet sein dürfte. Hier stößt man wieder auf die gleichen herstellungstechnischen Probleme, wie sie schon bei der Schüssel auf Seite 111 oben erläutert worden sind. Wesentliches ist bereits dort gesagt worden. Die Wandung dieser Schüssel ist durchgehend wieder 1 mm dick. Dagegen hat der Boden dieses Exemplars eine Dicke von 2 mm. Auch hier erscheinen wieder die Rillen und Rillenpaare auf der Innen- und Außenseite und beidseitig des Standringes (Bilder 315, 316 und 318). Der Rand ist horizontal ausgebogen und zuäußerst wieder hochgestellt, worin die Schüssel wieder dem Mainzer Exemplar ähnlich ist. Hier jedoch sind gegen den Rand hin, auf einem breiten Band auf der Außenseite, deutlich Arbeitsspuren sichtbar (Bild 317). Es sind leichte feine Wellungen ohne irgendwelche scharfen Kanten oder Absätze. Diese Merkmale sind wegen ihrer Deutlichkeit nichts anderes als *Drückspuren*. Sie entstehen unter dem Druck kugelig geformter Drückwerkzeuge (Beschreibung des Drückvorganges auf Seite 40). Es sei auch festgehalten, daß auf der Innenseite der Schüsselwandung diese Spuren nicht vorhanden sind, weil beim Drücken eben nur die äußere Seite mit dem Werkzeug in Kontakt kommt. Die hohe Wandung ist durch 22 spiralig angelegte Rippen verziert. Diese sind so stark verdreht, daß deren halbrunde Enden um drei Einheiten versetzt sind.

Becher	Antikensammlung Wien (A)
Silber	
Inventar-Nr.	VII 831
Durchmesser	90 mm
Höhe	57 mm
Fundort	Angeblich aus Orsova
Datierung	3. Jh. n. Chr.?

Der Becher hat einen hohen Standring, welcher nach außen noch kantig verbreitert ist. Außen- und Innenseiten sind glatt. Die einzige Dekoration besteht in den bekannten einzelnen oder paarweise eingedrehten Rillen (Bild 320). Dort ist auch ersichtlich, daß die Ausbuchtung der Kupa ausnahmsweise am dicksten ist.

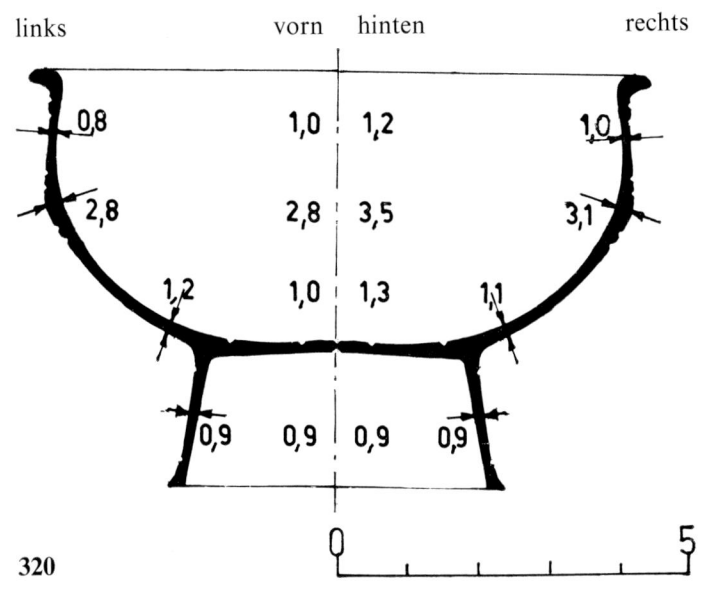

320

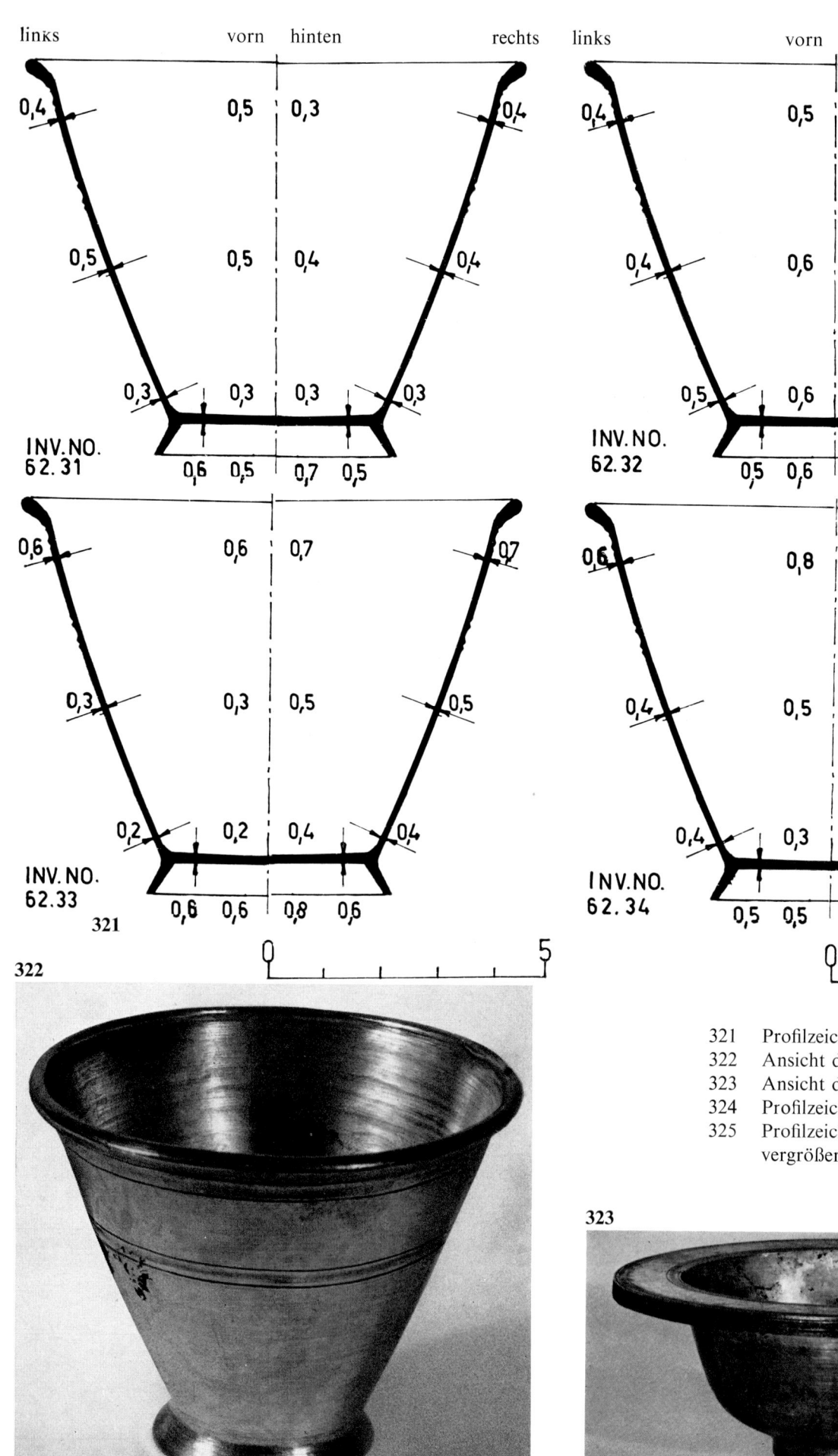

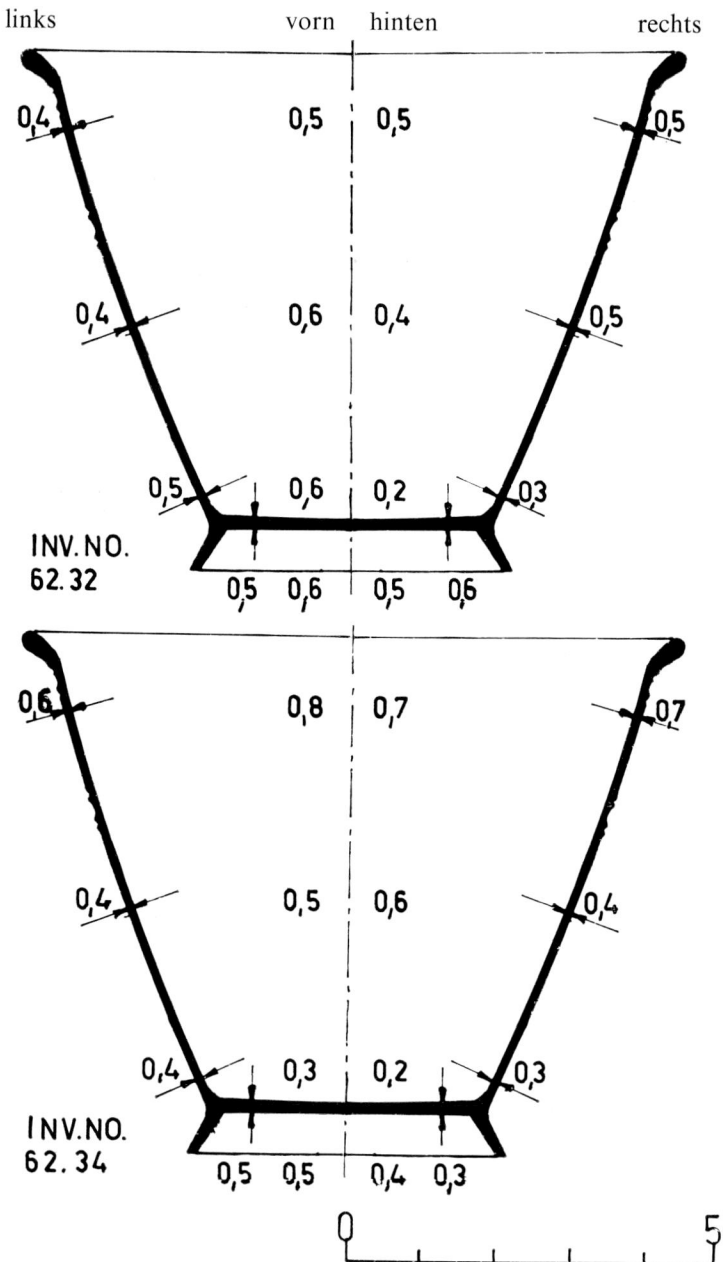

321 Profilzeichnungen der 4 Becher
322 Ansicht des Bechers
323 Ansicht der Tasse
324 Profilzeichnungen der 4 Tassen
325 Profilzeichnung des Tassenrandes, vergrößert

324

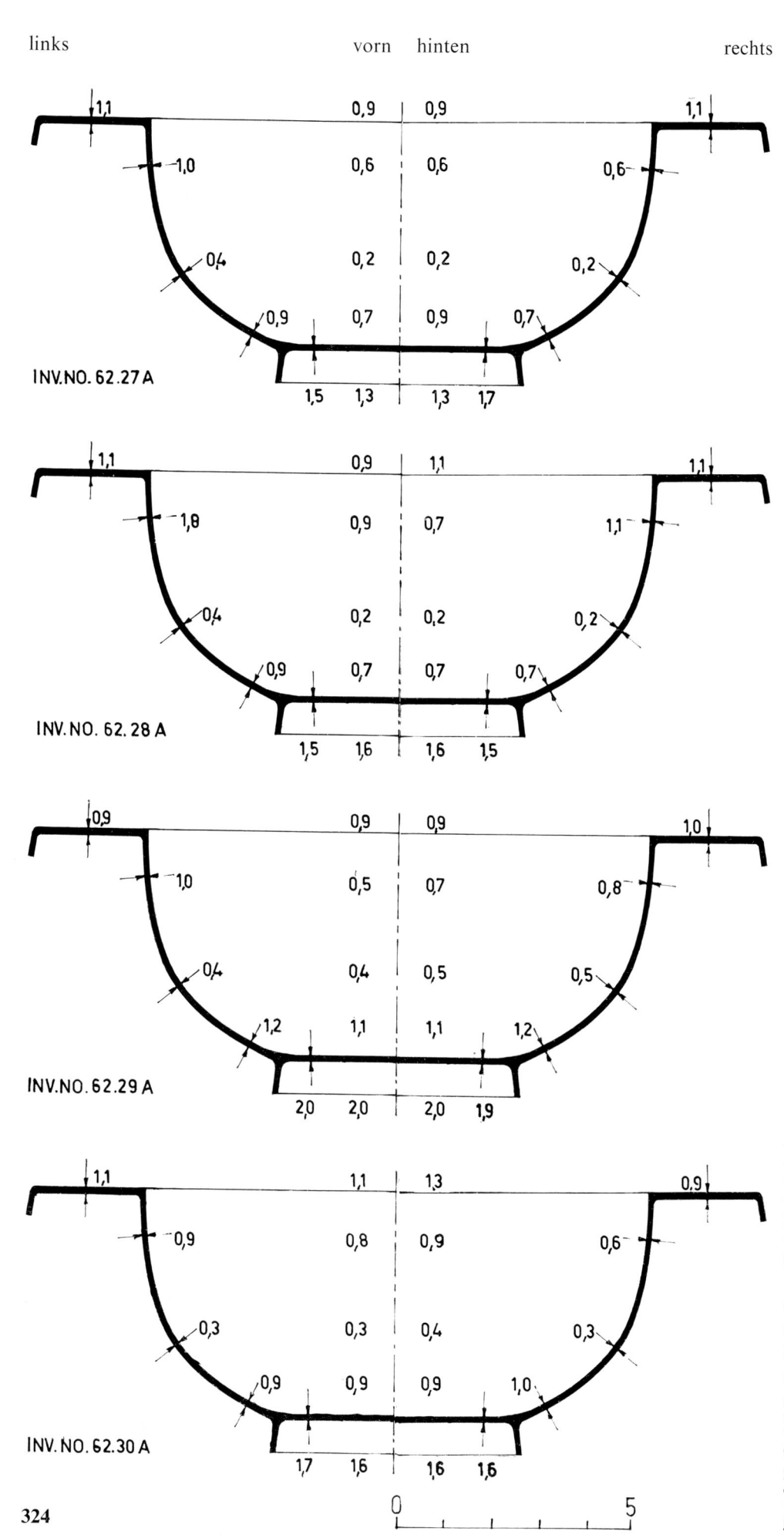

| links | vorn | hinten | rechts |

INV.NO. 62.27 A

INV.NO. 62.28 A

INV.NO. 62.29 A

INV.NO. 62.30 A

325 M. 2:1

Becher Römermuseum Augst (CH)
Silber
Inventar-Nr. 62.31–34
Durchmesser 90 mm
Höhe 68 mm
Fundort Kaiseraugst

Tassen Römermuseum Augst (CH)
Silber
Inventar-Nr. 62.27A–30A
Durchmesser 160 mm
Höhe 55 mm
Fundort Kaiseraugst

Diese Becher und Tassen, die alle dem spätrömischen Silberschatz von Kaiseraugst angehören, sind die zwei einzigen Beispiele von Serienfabrikationen aus einem Fundkomplex, die hier vorgeführt werden können. Zweifellos stammen alle diese Gefäße aus der gleichen Werkstatt. Weitere sind nur fragmentarisch erhalten (Bild 28 auf Seite 28). Dieser glückliche Umstand ermöglicht nun an beiden Typen einen eingehenden Vergleich der Fabrikationsgenauigkeit innerhalb gleicher Serien. Vergleicht man die eingetragenen Wandstärken sowohl am einzelnen Stück als auch an den einzelnen Exemplaren untereinander, so kann man feststellen, daß die Genauigkeit am einzelnen sich in den gewohnten engen Grenzen bewegt und daß anderseits im Vergleich von einem Stück zum andern sich ebenfalls keine großen Differenzen feststellen lassen. Dies trifft sowohl für die Becher als auch für die Tassen zu. Daraus ist zu schließen, daß die Werkstätte, in der diese Gefäße hergestellt worden sind, nicht nur über sehr gute Einrichtungen, sondern gleichzeitig auch über tüchtige und geübte Handwerker verfügt haben muß.

Die Becher sind auf der Innenfläche glatt, haben einen leicht verdickten, nach außen geneigten Rand, und direkt unter diesem befindet sich eine eingedrehte Rille mit den begleitenden Einstichen. Etwa 2 cm darunter wiederholt sich das gleiche Motiv. In derselben Art ist der horizontale Rand der Tassen dreimal verziert: zweimal auf der Oberseite des Randes und ein drittes Mal am nach abwärts geneigten Teil. Um die Feinheit dieser Arbeit deutlich zu machen, ist der Querschnitt durch den Tassenrand in doppelter Größe wiedergegeben (Bild 325).

E Flaschen und Krüge

326

327

328

326   Ganzer Krug
327   Krugboden
328   Krugmündung

Großer Krug	Sammlung Nassauischer Altertümer, Wiesbaden (D)
Messing (?)	
Inventar-Nr.	6619
Durchmesser	230 mm
Höhe	346 mm

Wie aus den angegebenen Maßen hervorgeht, handelt es sich bei diesem Kruge um ein sehr großes Exemplar. In den Ösen der Attachen hing einstmals ein Henkel, an dem er getragen werden konnte. Die ganze Wandung dieses Kruges besteht aus einem Stück; der Boden ist eingelötet. An schadhaften Stellen am Umfange ist zu erkennen, daß die Wandung sehr dünn ist. Die wenigen möglichen Messungen ergaben eine Dicke von 1,0 mm. An der Mündung beträgt sie allerdings im obersten Bezirk das Doppelte. Bereits 25 mm unterhalb dieser Stelle mißt sie 0,5–1,0 mm. Es ist sehr schwierig, aus diesen wenigen Feststellungen eindeutige Schlüsse ziehen zu können. Gerade diese großen Krüge, wie dieser hier und die folgenden, bergen in fabrikationstechnischer Beziehung noch manche Rätsel. Um diese lösen zu können, müßten noch viel eingehendere Untersuchungen angestellt werden können (vgl. Seite 123).

329

330

329 Krugmündung
330 Krugmündung von der entgegengesetzten Seite
331 Ganzer Krug
332 Krugboden

Krug	Historisches Museum der Pfalz, Speyer (D)
Bronze (?)	
Inventar-Nr.	517/9
Durchmesser	162 mm
Höhe	263 mm

Sowohl hier als auch bei der vorausgegangenen Beschreibung sind hinter die Materialangaben Fragezeichen zu setzen. Auch ein geübtes Auge kann sich bei der Beurteilung der Materialfarbe täuschen. Ein Krug ist ein sehr viel komplizierteres Gebilde als etwa eine Schale, sicher benutzte man verschiedene Methoden der Kaltbearbeitung zu ihrer Herstellung. Da aber der Kaltbearbeitung von Bronze viel engere Grenzen gesetzt sind als derjenigen von Messing, wäre eher Messing anzunehmen. Dieser Annahme aber stehen wieder die Ergebnisse der chemischen Untersuchung, wie sie auf Seite 48 von ähnlichen Krügen angegeben wird, entgegen. Auch hier könnten nur weitergehende Untersuchungen, chemische Analysen, Röntgenaufnahmen, metallographische Bilder und vor allem die praktische Verarbeitung von Materialien entsprechend den Befunden Klarheit verschaffen. Es sei in diesem Zusammenhang auf die Bildung der Randlippe hingewiesen. Auf den ersten Blick scheint sie massiv zu sein. Bei näherer Betrachtung erkennt man ganz schmale Öffnungen (Bilder 328, 329 und 330). Wie im folgenden und in weiteren Beispielen belegt wird, sind diese Ränder aber hohl.

331

332

333   Ganzer Krug
334   Krugboden
335   Krugmündung
336   ‹Schulter› des Kruges

Krug	Musée National des Antiquités St-Germain-en-Laye (F)
Messing	
Inventar-Nr.	31483
Durchmesser	160 mm
Höhe	260 mm

Mit nur ganz geringen Differenzen in den Hauptabmessungen unterscheidet sich dieser Krug von jenem von Speyer, Seite 123. Sie dürften, da auch andere Merkmale, wie z. B. die ‹Schulter›, zwischen Bauch und Hals übereinstimmen, der gleichen Werkstatt zugeschrieben werden. Die Form der Randlippe ist hier anders, doch ist sie auch hohl, da ein kleiner Spachtel in die schmale Öffnung eingeschoben werden kann (Bild 335). Dann sei auf die scharfe Trennungslinie an der Schulter hingewiesen, die mechanische Bearbeitungsspuren aufweist und sich an der Übergangsstelle Bauch–Hals befindet. Beides sind Belege für eine Überarbeitung dieser Verbindungsstelle auf der Drehbank, wie sie im Textteil (Seite 48) erläutert worden ist.

337 Ganzer Krug
338 Krugboden

337

338

Krug	Saalburgmuseum, Bad Homburg v. d. Höhe (D)
Messing	
Inventar-Nr.	36/176
Durchmesser	160 mm
Höhe	232 mm
Fundort	Kastell Zugmantel, Brunnen 607

Wenn er auch etwas kleiner als die zwei vorangehenden Krüge ist, gehört dieser hier doch dem gleichen Typ an. Auch hier beträgt die Wandstärke, wo sie gemessen werden konnte, 0,6–1,0 mm. Die engste Stelle des eingezogenen Halses ist sehr genau rund und mißt 44,5 mm im Durchmesser. Der Boden ist auch hier angelötet und besteht aus einem dicken, massiven Stück (vgl. zu Bild 437). Die Bodenprofile der Krüge sind nicht so tief und differenziert gestaltet wie diejenigen der Kasserollen. Sicher konnten sie jedoch erst nach dem Auflöten an die Krugwandungen überdreht werden, da sie ihrerseits für die weitere Bearbeitung der ‹Schulter› und anderer Teile das Aufspannen und die Zentrierung ermöglichen mußten.

339 Ganze Urne
340 Mündung
341 Boden der Urne

339

340

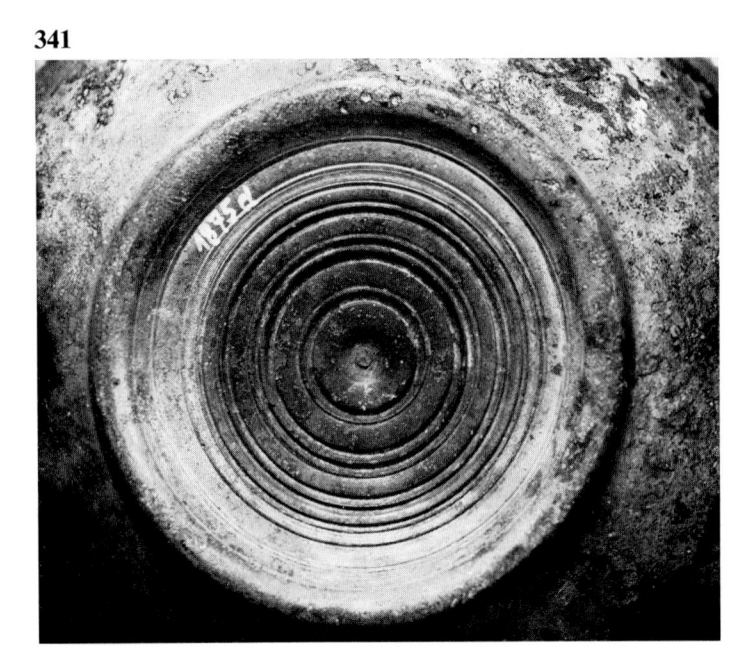

341

Urne	Historisches Museum der Pfalz, Speyer (D)
Bronze	
Inventar-Nr.	1875 D
Durchmesser	216 mm
Höhe	200 mm
Fundort	Sausenheim, Kreis Frankenthal

Der Halsteil mit der Mündung und der Boden sind gut erhalten. Der Bauch ist stark restauriert, so daß die Wanddicken nicht festgestellt werden konnten. Trotzdem ist zu erkennen, daß das Stück gegossen worden ist. Am horizontalen Rand, am deutlichsten auf dessen Oberseite, sind Drehspuren zu sehen (Bild 340). Das gleiche trifft auch für den Boden zu, wo innerhalb des erhabenen Standringes sich ein feindifferenziertes eingedrehtes Profil befindet. Es muß fast angenommen werden, daß der Boden angelötet ist und nicht als Bestandteil des ganzen Gefäßes mitgegossen wurde. In gießtechnischer Beziehung wäre dies zu schwierig gewesen, weil der Kern für den Hohlraum kaum richtig zentrisch hätte gelagert werden können. Im angenommenen Falle jedoch konnte dieser auf der Boden- wie auf der Mündungsseite in der Form bequem gelagert und fixiert werden.

342

342 Übergang Bauch–Hals
343 Ganzes Kännchen

343

Schnabel- kanne Bronze	Sammlung Nassauischer Altertümer, Wiesbaden (D)
Inventar-Nr.	Vitrinennummer 126
Durchmesser	109 mm
Höhe	248 mm

Ein fast identisches Exemplar befindet sich im Museo Nazionale in Neapel und stammt aus Pompeji. Damit ist wiederum ein Hinweis auf die zeitliche Entstehung gegeben. Sie wird dort als ‹Vaso per liberazioni› (Trankopfergefäß) bezeichnet. Da mir von dieser nur ein Photo zur Verfügung steht, sind leider Größenvergleiche nicht möglich. Die Kanne besteht aus zwei Teilen, dem Bauch mit dem Fuß und dem Hals mit dem Schnabel. Hinzu kommt noch der angelötete Henkel. Die Trennfuge ist als enge, langgestreckte Öffnung sichtbar (Bild 342). Die senkrechte Linie zwischen Hell und Dunkel ist modern und dürfte von einer Behandlung mit einer Metallbeize herrühren. Der Halsteil ist von Hand (Feilen, Schaben) überarbeitet. Dagegen sind am Unterteil mit der Lupe auf dem ganzen Umfange feine Drehrillen sichtbar, die ganz offensichtlich von einem spitzen Drehstahl hinterlassen worden sind (Bild 18, Seite 23). Außerdem ist die Rundheit der gedrehten Teile ganz genau. Der Eleganz der ganzen Kanne entspricht auch der Fuß mit den feinen Absätzen und dem schönen Karnies.

344 Ganze Flasche
345 Boden der Flasche

Flasche	Museo Nazionale Rom (I)
Material?	
Inventar-Nr.	keine, Depot
Durchmesser	213 mm
Höhe	163 mm

Leider weist gerade dieses Stück mit den sonderbaren Formen starke Verkrustungen auf, so daß es nicht detailliert untersucht werden konnte. Auch hat der Verfasser kein gleiches oder ähnliches Exemplar mehr gefunden. Auf den stark eingezogenen Hals folgt ein weiter, aber niedriger Bauchteil, dessen größter Durchmesser tief unten liegt. Dadurch wirkt er massig und nach unten hängend; die Standfläche ist sehr groß. Ob der Boden angelötet ist oder das ganze Gefäß aus einem Stück besteht, konnte wegen der Verkrustung nicht festgestellt werden. Die beiden Henkel sind jedoch angelötet. Jedenfalls sind die konzentrischen Kreise am Boden als Drehspuren zu bezeichnen. Auch innerhalb und außerhalb des Randes lassen sich solche feststellen. Damit läßt sich auch die einheitliche Wanddicke am Hals von durchgehend 1,1 mm erklären. Aus diesem Befund muß geschlossen werden, daß Hals und Bauch dieser Flasche in einem Stück gegossen worden sind, der Boden dann angelötet wurde und hernach das fertige Stück noch auf der gesamten Oberfläche überdreht worden ist.

Krugboden	Römermuseum Augst (CH)
Bronze	
Inventar-Nr.	67.9
Durchmesser	110 mm
Höhe	27 mm
Fundort	Augst

Der kräftige und große Boden gehört zu einem großen Krug (nicht abgebildet). Am Profil, das sehr tief ist, finden sich bewegte Varianten der Einstiche und der Nuten, die meist auf ihrer Kopffläche mit kleineren Formen belebt sind. Das Zentrum sitzt auf einem starken Zapfen. Die obere Seite, im Krug die innere, ist weitgehend eine einheitlich gewölbte Fläche. Lediglich gegen den Rand zu sind ein Absatz und daran anschließend zwei Hohlkehlen eingedreht. Daran schließt sich ein ziemlich hohes gekrümmtes Bord an. In dieses wurde der Krugbauch eingesetzt und festgelötet, womit der Boden genau zentrisch mit dem Gefäß verbunden war. Nach einer schriftlichen Mitteilung von M. den Boesterd, Nijmegen, gehört dieser Typ dem 1. Jh. n. Chr. an. Sehr starke Gebrauchsspuren am Henkel belegen, daß dieser Krug über eine lange Zeitspanne im Gebrauch war.

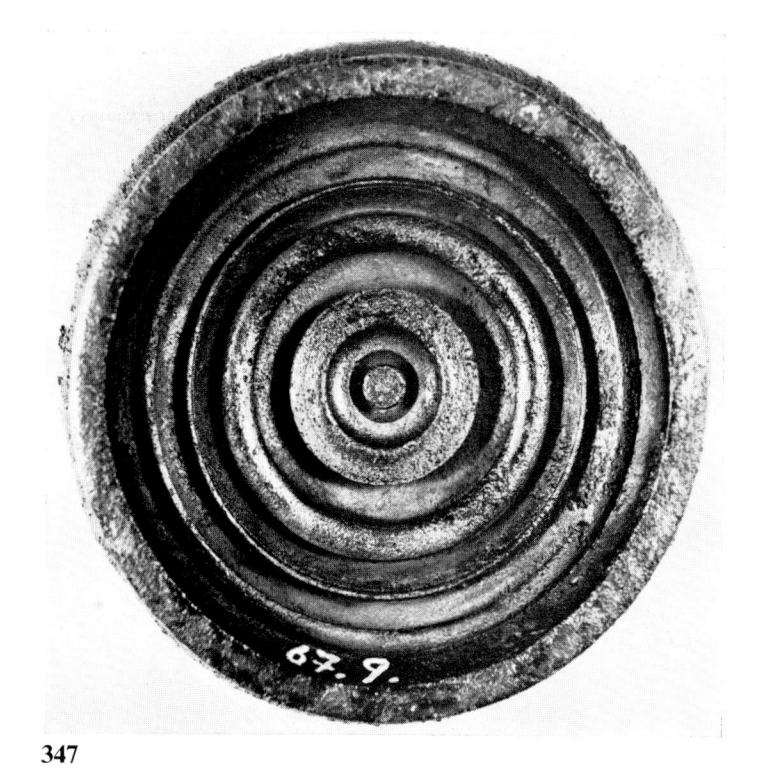

346 Krugboden von oben
347 Krugboden von unten
348 Bodenprofil

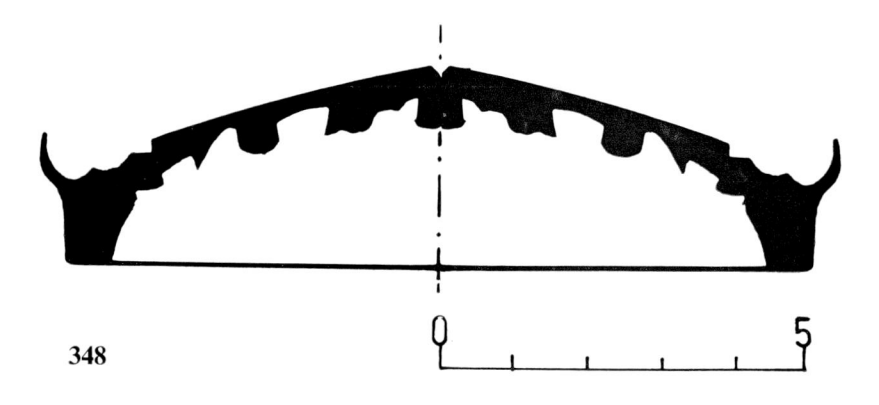

Spiegel	Vindonissamuseum Brugg (CH)
Bilder 349 und 350 auf Seite 130	
Bronze	
Inventar-Nr.	Depot
Durchmesser	111 mm
Dicke	etwa 3 mm
Fundort	Militärlager Vindonissa

Der auf der folgenden Seite 130 gezeigte Spiegel aus dem Schutthügel von Vindonissa ist nicht der einzige, der dort gefunden worden ist. Dagegen ist er derjenige mit den meisten eingedrehten Dekorationsformen. Nächst dem Zentrum zeigt er eine ziemlich tiefe und breite Rille, auf deren Grund noch ein kleines Wülstchen liegt. Etwa im halben Radius ist eine 4 mm breite Hohlkehle eingestochen, die beidseitig von kleinen scharfen Rillen eingefaßt ist. Am Ende der Fläche erhebt sich ein breiter niedriger Wulst. Erst an diesen fügt sich dann ein tiefer liegendes Band an, in das die Löcher gebohrt sind; daneben erhebt sich noch ein kleines Wülstchen. Die spiegelnde Vorderseite ist fast plan.

F. Spiegel

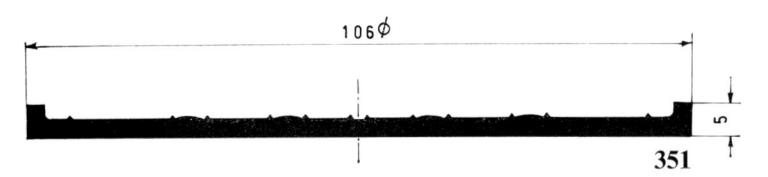

349

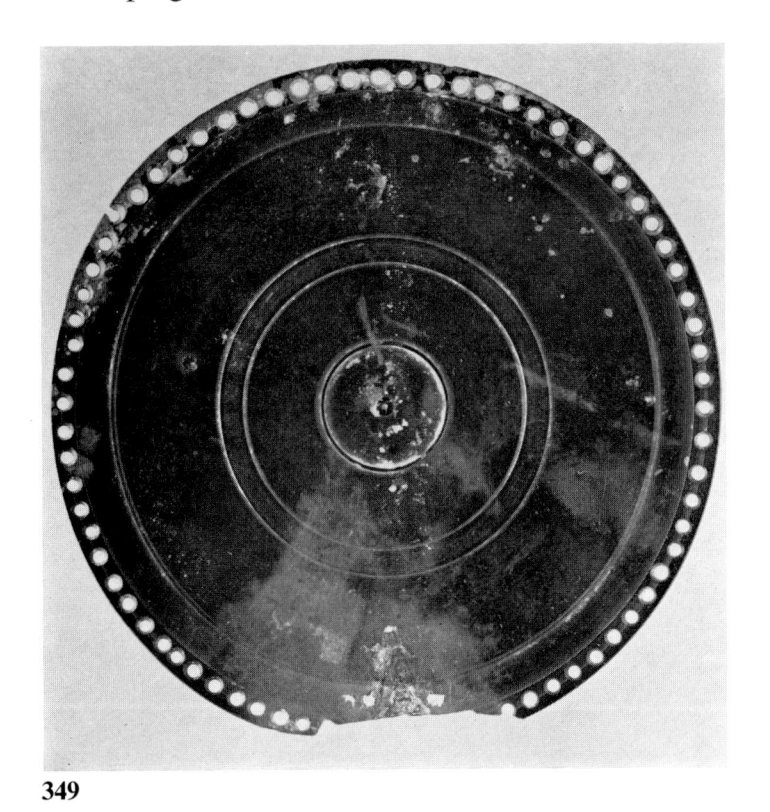

350

Spiegel	Museo Nazionale Taranto (I)
Bronze	Bilder 351 und 352
Inventar-Nr.	22.845
Durchmesser	106 mm
Dicke	5 mm

Die Art der an diesem Spiegel feststellbaren Dreharbeit unterscheidet sich von der obigen dadurch, daß nun an die Stelle der negativen Rillen positive Wölbungen und Grate treten. In der Profilzeichnung ist dies deutlich ersichtlich. Außerdem liegt das Niveau mit diesen Eindrehungen versenkt im Spiegel, so daß am Umfange der Rand höher liegt (Bild 351). Der Durchmesser wurde am Objekt genau gemessen, und es ergab sich innerhalb von sechs Meßstellen nur eine Differenz von 0,2 mm. Also war auch der äußere Umfang sehr genau gedreht.

351

352

353

349
Spiegel, Rückseite

350
Spiegel, Vorderseite

351
Profil des Spiegels

352
Spiegel, Rückseite

353
Quadratischer
Spiegel, Rückseite

354
Spiegel, Rückseite

354

Spiegel	Museum der Stadt Worms, Worms (D)
Bronze	Bild 353
Inventar-Nr.	Bingen 1325
Länge	116 mm
Breite	105 mm
Dicke	2 mm

Neu an diesem Spiegel ist seine rechteckige Form. Ein Beweis, daß auch diese Form auf der Drehbank gemeistert werden konnte, denn die gedrehten Motive zeigen dies unverkennbar. Die kleine runde Fläche in der Mitte ist die dickste Stelle, und an den Rändern der breiten vertieften Rille erheben sich feine flache Wülstchen.

Spiegel	Ioaneum Graz (A)
Bronze	Bild 354
Inventar-Nr.	keine
Durchmesser	161 mm
Dicke	2,3 mm
Fundort	Petau, Südsteiermark

In drehtechnischer Beziehung kann anhand dieses Spiegels nichts Neues gesagt werden; durch die Abbildung in natürlicher Größe wird versucht, die Schwierigkeiten der Bearbeitung einer großen ebenen Fläche verständlich zu machen. Was bei dem Exemplar aus Vindonissa bezüglich der Eindrehungen gesagt worden ist, kann in der großen Abbildung besser beobachtet werden. Übereinstimmend ist auch die Lochdekoration. Die spiegelnde Fläche ist stark konvex und sehr sauber und glatt. Mit dem Durchmesser von 161 mm ist dieser Spiegel auch das größte untersuchte Exemplar.

Spiegel	Aus Kunsthandel
Bronze	
Durchmesser	145 mm
Dicke	5–6 mm
Höhe des Randes	10 mm

355 Spiegel, Rückseite
356 Relief der Spiegelvorderseite
357 Vorderseite der Spiegelkapsel
358 Rückseite des Spiegels
359 Rückseite des Spiegels
360 Vorderseite des Spiegels

Die Bilder dieses Spiegels sind aus dem Auktionskatalog [62] (6. Mai 1967) der Münzen und Medaillen AG Basel übernommen. Die Ähnlichkeit mit dem auf Seite 130 beschriebenen Spiegel ist sehr groß, besonders was die gedrehten Dekorationen betrifft. Nicht nur finden sich die positiven Wölbungen mit den beidseitigen Graten wieder, sondern beide Male handelt es sich um ausgesprochen dicke Scheiben mit hohen Rändern. So liegen die gedrehten Flächen geschützt in der Tiefe. Beiden ist auch die Viertelshohlkehle zwischen Kreisfläche und Rand gemeinsam. Auf Grund der stilistischen Beurteilung, die sich auf die Palmette und das Relief stützt, wird im genannten Auktionskatalog die Entstehung des Spiegels in die Mitte des 4. Jh. v. Chr. verlegt. Außerdem wird als Entstehungsort Tarent angegeben. Daraus ist zu schließen, daß in dieser süditalienischen Stadt schon sehr früh gutentwickelte Metalldrehereien bestanden haben müssen. Angesichts der Schwierigkeit, scheibenförmige Körper für den Drehvorgang genügend fest fassen und aufspannen zu können, ist die Dicke der Spiegel durchaus verständlich. Die römischen Beispiele sind wesentlich dünner; sie sind Produkte einer fortgeschritteneren Arbeitstechnik.

355

Spiegel	Rijksmuseum G. M. Kam
mit Kapsel	Nijmegen (NL)
Bronze	
Inventar-Nr.	keine
Durchmesser der Kapsel	146,0 mm
Durchmesser des Spiegels	139,5 mm
Höhe der Kapsel am Rande	9,0 mm
Dicke des Spiegels	etwa 2,5 mm

Spiegel	Badisches Landesmuseum
Bronze	Karlsruhe (D)
Inventar-Nr.	F 1913
Durchmesser	151 mm

356

357

Um die reflektierende Spiegelfläche vor Beschädigungen möglichst zu schützen, wurde der Spiegel selbst in eine Kapsel versenkt. Spiegelflächen erheischten, bis sie auch nur einigermaßen verzerrungsfrei reflektierten, einen großen und mühevollen Zeit- und Arbeitsaufwand. Dabei dürften demnach kaum vollständig verzerrungsfreie Flächen erzielt worden sein.

Die Rückseite dieses Spiegels ist am Rande und in der Mitte mit konzentrischen Rillen und Wülsten verziert. Auf der Vorderseite lassen die nur am Rande angebrachten Verzierungen noch eine eigentliche Spiegelfläche von 131 mm Durchmesser

359

358

Die Kapsel hat einen hohen Rand, in welchem ein Absatz eingedreht ist, auf dem der Spiegel aufliegen konnte. Die dünnste Stelle der Kapsel mißt nur noch 1,1–1,2 mm. Auf der Außenseite ist sie mit zahlreichen gedrehten Reliefringen versehen. Die Rückseite des Spiegels weist weniger darartiger Verzierungen auf.

frei; diese ist gut erhalten und konvex. Konvexe Flächen sind relativ leichter zu erzeugen als ganz plane. Zwar verkleinern sie das Spiegelbild, doch machen sich dabei Verzerrungen nicht so störend bemerkbar wie bei fast planen Spiegelflächen.

360

G Kleine Gefäße

361

Kleine	Altertumsmuseum
Flasche	Mainz (D)
Bronze	Inventar-Nr. R 5684
Durchmesser	84 mm
Höhe	73 mm

Wieder einmal gewährt ein defekter Fund wertvolle technologische Einsichten. Bei dem kleinen Gefäß ist der Bodenteil ringsum abgebrochen und ist aus zwei Teilen zusammengesetzt. Die Trennfuge auf der Schulter ist als hell/dunkler Streifen erkennbar (Bild 361). Er ist dort, wo die beiden Teile zusammengelötet sind, nachdem die Verbindungsstellen auf der Drehbank ineinandergepaßt wurden. Die Innenseite des Unterteils ist ausgedreht. Nach dem Zusammenfügen ist der gesamte Gefäßkörper, wie dies Zentrum, Rillen, die glatte Oberfläche und vor allem die feinen Zierrillen am Halse belegen, überdreht worden.

361 Flasche von vorn
362 Boden der Flasche
363 Schöpfgefäß von vorn
364 Schöpfgefäß von oben
365 Boden des Schöpfgefäßes
366 Schöpfer von der Seite
367 Schöpfer von schräg oben
368 Schöpfer von vorn und schräg oben
369 Schöpfgefäß von unten
370 Schöpfer von vorn
371 Boden des Schöpfers

Kleiner	Ioaneum, Graz (A)
Schöpfer	
Bronze	Inventar-Nr. 7605
Durchmesser	61 mm
Höhe	33 mm

Ein kleines Gefäßchen mit nach oben stehendem Stiel kann wohl nicht anders denn als Schöpfer bezeichnet werden. Von diesem Typ werden hier vier verschiedene Ausführungen vorgezeigt. Die Gestalt der Oberfläche, wie sie sich allseitig präsentiert, ist unverkennbar durch Drehen entstanden (Bilder 363, 364 und 365). Die perfekten Innen- und Außenformen waren um so schwieriger zu erzielen, weil bei der Rotation des Stückes auf der Drehbank dem Handwerker der Stiel hinderlich war. Auch solche Hemmnisse wurden überwunden.

363 **364**  **365**

366

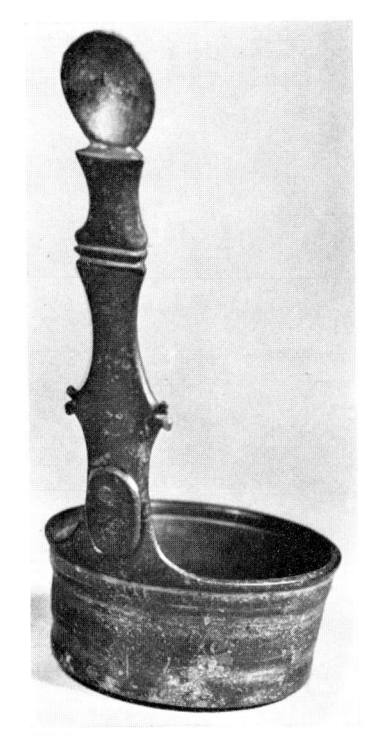

367

Kleiner	Altertumsmuseum
Schöpfer	Mainz (D)
Bronze	
Inventar-Nr.	keine, Depot
Durchmesser	52,5 mm
Gesamthöhe	108 mm

Dieses wie auch die folgenden Bilder bestätigen das bereits Gesagte, daß nämlich bei deren Herstellung raffinierte Könner am Werke waren. Die gedrehten Formen sind bis an den Rand des technisch-praktisch überhaupt Möglichen angewandt. Ein antiker Flicken hält den gebrochenen Stiel wieder zusammen.

368

369

Kleiner	RGZM, Mainz (D)
Schöpfer	
Bronze	Inventar-Nr. 0.11 4 91
Durchmesser	62 mm
Gesamthöhe	117 mm
Höhe des	
Gefäßes	31 mm

Wand- und Bodenprofil weisen wieder auf eine gute Dreharbeit hin. Der Gefäßteil ist nach unten stark verjüngt. Es liegt nahe, den Gebrauch solcher kleiner Schöpfer in der Küche zu vermuten. Bei diesem Exemplar ist der oberste runde Teil als durchlochte Laffe ausgebildet, so daß er als Sieb benutzt werden konnte, z. B. um Oliven aus dem Öl zu heben.

370

371

Kleiner	Altertumsmuseum
Schöpfer	Mainz (D)
Bronze	
Inventar-Nr.	0,654
Durchmesser	65 mm
Gesamthöhe	133 mm
Fundort	Im Rhein bei Weisenau

Die Formen am Gefäßteil dieses Schöpfers sind auf der Drehbank erzeugt worden. Bemerkenswert ist, daß auch die bauchige Innenform von dieser Bearbeitung nicht ausgeschlossen blieb. Die Wandung mißt 0,7–1,0 mm, während der Boden sehr gleichmäßig dick ist. An der äußeren Zone mißt er überall 0,9 mm, in der inneren dagegen, an vier Stellen gemessen, 1,1 mm.

372 Krüglein von vorn
373 Krüglein von schräg oben
374 Inneres des Krügleins

375 Ovales Fläschchen
376 Das Fläschchen von unten
377 Zeichnung des Fläschchens

378 Doppelgefäß von vorn
379 Profilzeichnung
380 Die Einzelteile des Doppelgefäßes
381 Unterteil von innen
382 Unterteil von außen

Kleines Krüglein Messing	Württembergisches Landesmuseum, Stuttgart (D)
Inventar-Nr.	Rutesheim I, 3
Durchmesser	73 mm
Höhe	73 mm
Fundort	Rutesheim bei Leonberg

Das kleine Gefäß ist aus Hals und Bauch zu einem Ganzen zusammengesetzt (Bild 372). Außerdem ist es sehr dünnwandig, was an den Bruchstellen erkenntlich ist (Bild 373). Diese Dünnwandigkeit wurde durch beidseitiges Überdrehen erreicht, denn auch im Innern sind die Arbeitsspuren vorhanden (Bild 374). Das zeigt, daß selbst in einem so engen Raum das Drehen bzw. das Hantieren mit den Drehwerkzeugen noch möglich war.

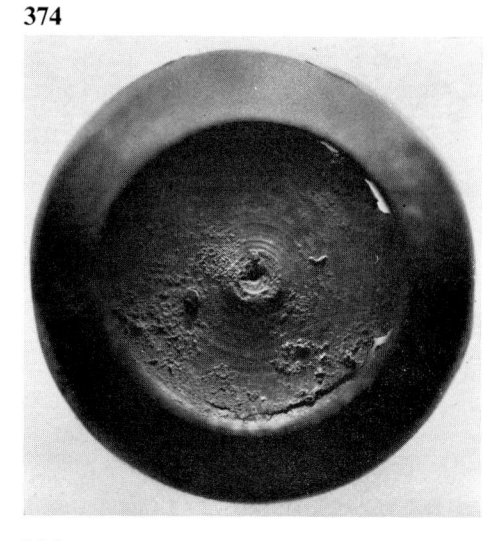

Kugeliges Fläschchen Bronze	Römisch-Germanisches Museum, Köln (D)
Inventar-Nr.	28,618
Durchmesser	55 mm
Höhe	76 mm

Der Bauch des Gefäßes ist nicht, wie man zunächst glauben möchte, eine Kugel, sondern vielmehr ein leichtes Oval, wobei allerdings die Höhe nicht stark vom Durchmesser abweicht. Die Außenseite des aus einem Stück bestehenden Fläschchens ist von der Mündung bis zum Boden vollständig überdreht; die beiden Ösen sind angelötet. Das besondere an diesem Stück sind

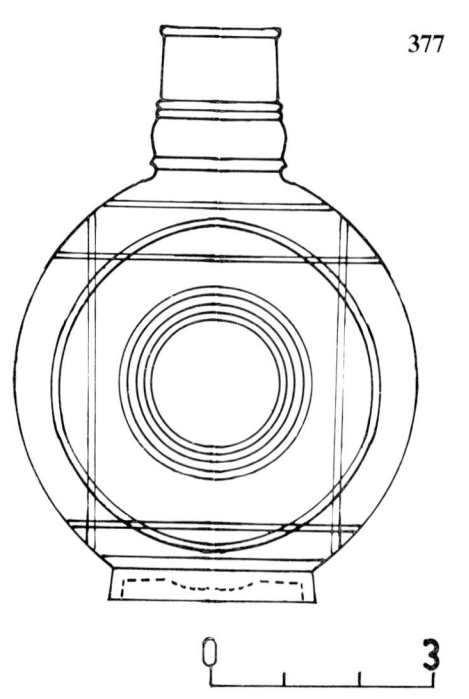

378

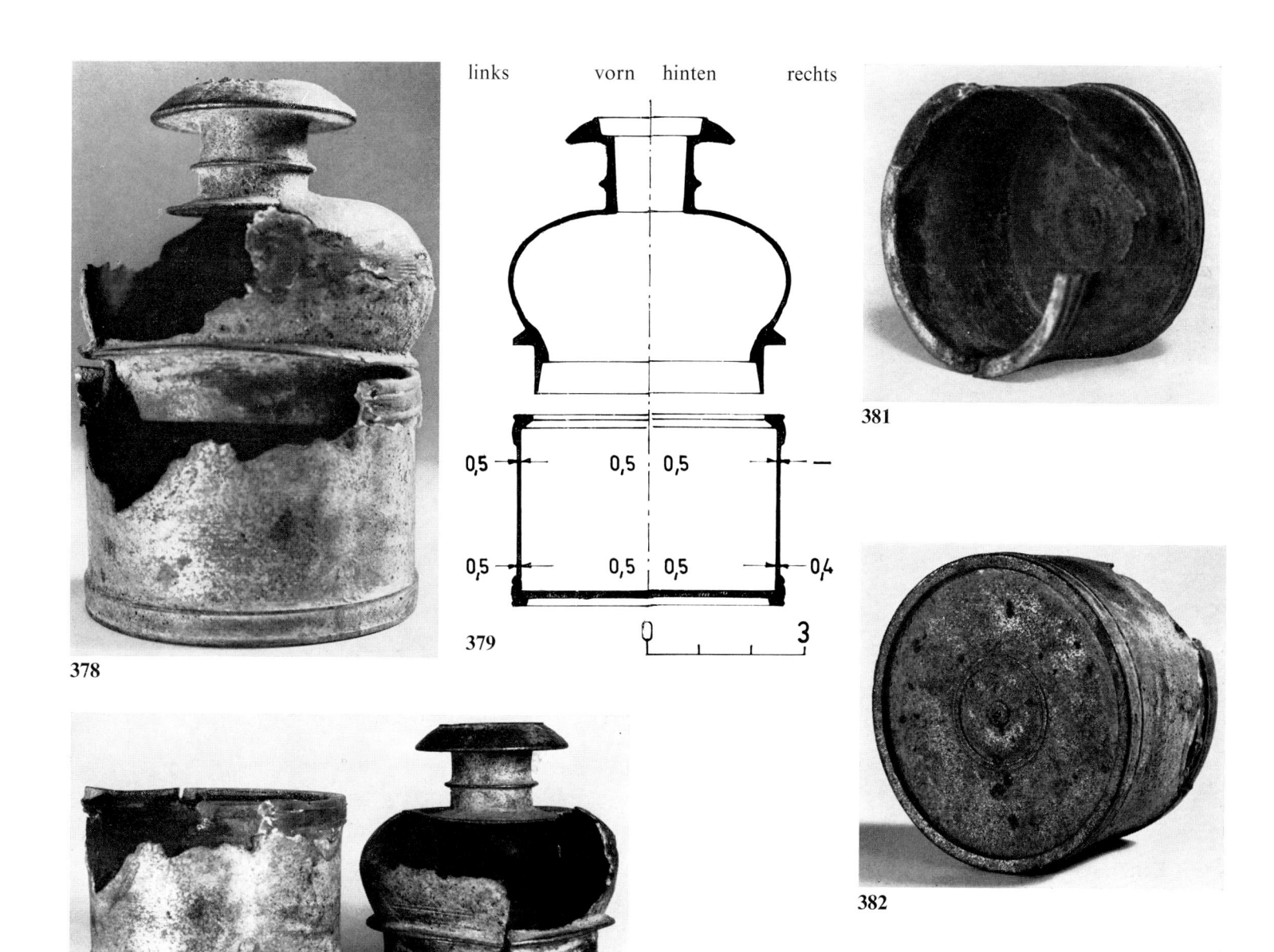

links   vorn   hinten   rechts

379

380

381

382

die auf dem Bauch angebrachten Kreisdekorationen. Auf eine Anzahl Kreise mit kleinerem Durchmesser folgt in weiterem Abstande ein ganz feines Rillenpaar. Dieses erreicht fast die Höhe des Bauches. Betrachtet man diese je äußersten Rillenpaare vom Boden (Grundriß) her, so sieht man, daß sie zusammen genau ein Quadrat bilden. Da der Gefäßkörper ein Oval ist, können diese Kreisrillen nicht mittels eines Zirkels eingeritzt, sondern müssen auf der Drehbank eingestochen worden sein. Dazu mußte das Gefäß in den vier Positionen quer aufgespannt werden. Die Längsachse des Gefäßes stand dann im rechten Winkel zur Drehachse. Nur in einer solchen Lage konnten die Kreise, die ja in einer Ebene liegen, aufgebracht werden. Um sich das Problem zu verdeutlichen, versuche man, mit einem Zirkel auf ein Ei solche Kreise zu zeichnen. Ein drehtechnisches Bravourstück.

Doppelgefäß Römisch-Germanisches Museum, Köln (D)
Bronze
Inventar-Nr. 1109
Durchmesser 53 mm
Totalhöhe 77 mm

Dieses Doppelgefäß besteht aus zwei selbständigen Teilen. Der zylindrische Unterteil ist innen und außen auf seiner ganzen Oberfläche überdreht (Bilder 381 und 382). Der Oberteil mit dem eingeschnürten Hals ist nur auf der Außenseite auf der Drehbank bearbeitet. Das Ganze ist konstruktiv sehr gut durchdacht (Bild 379). Der obere und der untere Rand des Unterteiles sind, wie auch der Boden, verstärkt ausgeführt, wobei die obere Kante so ausgebildet ist, daß sie nach innen ragt. Der Oberteil beginnt, von unten her, mit einem zylindrischen Reif, dessen Höhe etwa 8 mm beträgt. Daran schließt sich ein auskragender Wulst an, dessen Unterseite rechtwinklig zu dem zylindrischen Reif steht. Aus dieser Konstruktion geht hervor, daß der zylindrische Reif am Oberteil so genau auf den erforderlichen Durchmesser gedreht worden ist, daß er mit leichtem Druck in den ebenfalls genau gedrehten Unterteil gesetzt werden konnte. Möglicherweise war sogar ein wasserdichter Verschluß beabsichtigt. Denkbar ist auch, daß diese Preßverbindung wieder lösbar war. Der technischen Qualität sind die feinen und schön ausgeführten Profile ebenbürtig. Zu beachten ist auch die erhabene Kante am Halse und die Gestaltung der Mündung. Auch dieses bescheidene Doppelgefäß darf in die Kategorie kleiner Meisterwerke römischer Drehkunst eingereiht werden.

383

384

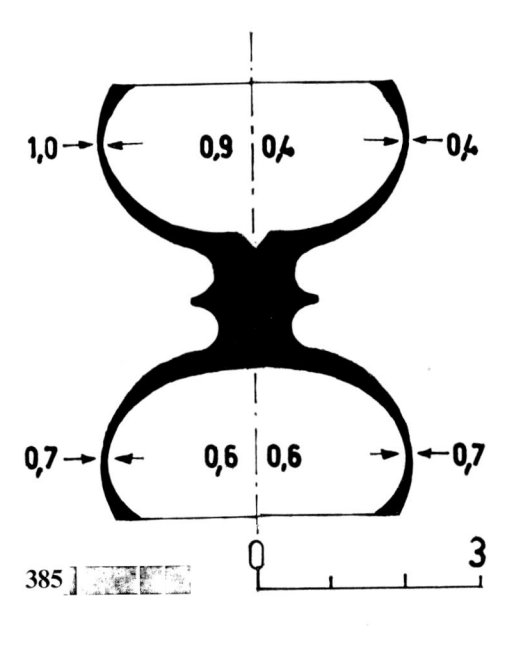

383 Symmetrisches Gefäß von vorn
384 Symmetrisches Gefäß von schräg oben
385 Profilzeichnung
386 Kerzenstock von vorn
387 Kerzenstock von schräg oben
388 Kerzenstock von vorn

389 Kerzenstock von schräg oben
390 Kerzenstock von vorn
391 Kerzenstock von vorn
392 Kerzenstock von schräg oben

386

Symmetrisches Doppelgefäß	Musée Romain Avenches (CH)
Bronze	
Inventar-Nr.	keine, Depot
Durchmesser	42 mm
Höhe	58 mm

Da der Zweck, der einstige Gebrauch dieser sonderbaren kleinen Gefäße nicht eindeutig zu klären ist, bedient sich der Verfasser einer neutralen Bezeichnung, auch wenn Bezeichnungen wie Eierbecher, Kerzenstock usw. in Vorschlag gebracht werden. Dagegen spricht aber ihre Symmetrie. Jedenfalls sind sie, wie die Profilzeichnung belegt, sehr genau gedreht worden (Bild 385). Auch die Ansichten der Außenseite lassen dies erkennen (Bilder 383 und 384).

387

Kerzenstock	Provinciaal Gallo-Romeins Museum, Tongern (B)
Bronze	Bild 386
Inventar-Nr.	dS 2265 A
Durchmesser	68 mm
Höhe	96 mm

Auf Grund der im Kelche liegenden Fassung ist hier wohl von einem Kerzenstock zu sprechen. Die beiden gegenständigen Kelche wie auch der dazwischenliegende Nodus sind gedreht, was immer wieder an den gleichen Merkmalen festgestellt werden kann. Dieses wie auch die folgenden Beispiele sind wegen ihrer geringen Ausmaße und ihrer sauberen und differenzierten Bearbeitung sprechende Beweise, daß der antike Metalldreher auch das weite Gebiet der ‹Kleinkunst› restlos beherrschte.

388

389

390

Kerzenstock? Altertumsmuseum Mainz (D)
Bronze Bilder 391 und 392
Inventar-Nr. 0,280
Durchmesser oben 40 mm
Durchmesser unten 90 mm

Dieses Exemplar mutet mit seinem reichen Höhenprofil tatsächlich wie ein barocker Kerzenstock an. Er besteht aus zwei Teilen: die obere Schale bildet mit dem zierlichen Säulchen ein Stück, das mit dem voluminöseren Sockel verbunden ist. Auch hier ist die Schalen-Innenseite wieder tadellos ausgedreht. Mit der ausgedrehten Hohlkehle unterhalb des Schalenrandes hat er eine Verwandtschaft zum oben beschriebenen Exemplar. Das Loch im Schalengrunde diente möglicherweise zur Befestigung einer Kerzenfassung.

Kerzenstock? Provinciaal Gallo-Romeins Museum, Tongern (B)
Bronze Inventar-Nr. 596
Durchmesser 49 mm
Höhe 56 mm

Wie vielfältig eine Grundform variiert werden konnte, zeigt dieses Exemplar. Beide Schalen sind vollkommen symmetrisch und weisen unterhalb des Randes jeweilen eine Hohlkehle auf. Der Kragen zwischen den Schalen hat einen Durchmesser von 24 mm. Damit entspricht er fast genau dem halben Schalendurchmesser. Auch hier sind im Grunde der Schalen Dekorationsrillen eingestochen. Ebenso finden sich solche auf der Außenseite.

391

392

Kerzenständer Ioaneum, Graz (A)
Bronze Bilder 387 und 388
Inventar-Nr. 7550
Durchmesser 53 mm
Höhe 55 mm

Dieses Stück hat mit dem nebenstehenden wie auch mit dem folgenden große Ähnlichkeit. Übereinstimmend ist die starke Einschnürung des Verbindungsteiles mit dem weit ausladenden Kragen. Trotz der Verkrustung läßt sich auch hier erkennen, daß das Stück gedreht ist. Auf dem Grunde des Kelches ist noch ein Rillenpaar angebracht. Erst danach wurde die Fassung montiert.

393

394

Öllampe	Bonnefantemuseum
	Maastricht (NL)
Bronze	Inventar-Nr. 552
Länge	92 mm
Höhe	30 mm

Wie weit sich das Programm der römischen Metalldrehkunst entfaltete, zeigt die Tatsache, daß auch so komplizierte Körper wie sie die kleinen Öllämpchen darstellen, mit einbezogen sind. Bei diesem Exemplar sind sowohl die Fläche rings um die Einfüllöffnung als auch der Boden auf der Drehbank bearbeitet worden. Die Hauptschwierigkeit bei der Durchführung einer solchen Arbeit liegt beim Aufspannen derartig unregelmäßiger Körper. Der Rand der Einfüllöffnung hat nach innen einen ganz kleinen Absatz, auf dem der ebenfalls gedrehte Verschluß auflag. Die Anfertigung solcher Miniaturteile erheischte zweifellos die Existenz von kleineren, handlicheren Drehbänken, an denen der Fortgang der Arbeit leicht und verläßlich beobachtet werden konnte.

393 Lampe von oben
394 Lampe von unten
395 Väschen von vorn
396 Boden des Väschens
397 Buckelscheibe
398 Massiver Knopf von vorn

399 Dreiflammige Lampe
400 Die Lampe von vorn
401 Deckel mit Bajonettverschluß
402 Lampe von schräg oben

Kleines	Römisch-Germanisches
Fläschchen	Museum, Köln (D)
Bronze	Inventar-Nr. 31,58
Durchmesser	39 mm
Höhe	61 mm

Auch dieses kleine Fläschchen ist ein Beleg für das eben Gesagte. Trotz der stark verkrusteten Oberfläche sind da und dort noch die Drehspuren vorhanden; am deutlichsten sind sie am Boden in der üblichen Art erhalten (Bild 396).

Buckelscheibe	Museum der Stadt Worms
	Worms (D)
Bronze	Inventar-Nr. 275
Durchmesser	48 mm
Höhe	19 mm

Es handelt sich hier wohl um ein Zierstück. Es ist gegossen und auf der inneren Seite unbearbeitet geblieben. Dagegen zeigt die Vorderseite mannigfaltige und feinste Variationen der Drehtechnik auf kleinstem Raum.

Massiver	Saalburgmuseum, Bad
Knopf	Homburg v. d. Höhe (D)
Material?	
Durchmesser	30 mm
Höhe	52 mm

Der massive Knopf hat oben auf der Kuppe ein kleines Zentrum. Möglicherweise ist dieser Zierknopf aus dem vollen Material (d. h. aus einem kompakten Zylinder) herausgedreht. Jedenfalls zeigt sein schön proportioniertes Profil Formen, die typisch für die Herstellung auf der Drehbank sind.

395

396

397

398

399

401

400

402

Dreiflammige	Museo Nazionale
Lampe	Neapel (I)
Bronze	
Inventar-Nr.	keine
Durchmesser	129 mm
Höhe	95 mm

Bei der prachtvollen Lampe – es gibt ihrer mehrere – mit dem bezaubernden Tänzer kann lediglich auf technische Aspekte eingegangen werden. Durch die Anordnung dreier Brennstellen wurde zunächst die Leuchtkraft gesteigert. Die herzförmige Zierplatte, von zwei Trägern gegenüber den Flammen gehalten, hat zudem als Reflektor gewirkt und dadurch den Lichteffekt noch etwas gesteigert. In der rechten Hand hält der Tänzer eine feingliedrige Kette, die am andern Ende mit einem Stechhaken verbunden ist. Am Lampengefäß ist außer dem breiten Fuß auch das Zwischenstück gedreht. Die Füllöffnung ist unverhältnismäßig groß, was in erster Linie nicht mit dem Einfüllen, viel eher mit dem Einbringen und Ordnen der drei Dochte in Zusammenhang gebracht werden muß. Hinzu kommt, daß für die Tänzerstatuette eine genügend große Basis geschaffen werden mußte. Der Rand der Einfüllöffnung ist mit einer gedrehten Viertelskehle verziert. In der Einfüllöffnung liegt dann der ganz gedrehte Deckel mit dem Dreiviertelrundstab am Umfang. Die Befestigung der Figur auf dem Deckel wird mittels eines einfachen Bajonettverschlusses bewerkstelligt. Auch dieses Objekt offenbart eine Synthese von Schönheit und Technik, eine Erscheinung, die in der Antike sozusagen an der Tagesordnung war. Da der Deckel nicht auf dem Lampenkörper befestigt worden kann, kann mit dem Stechhaken und der Kette auch nicht die ganze Lampe aufgehängt werden, zudem liegt die rechte Hand des Tänzers auch nicht über dem Schwerpunkt weder des Deckels noch des gesamten Objektes. Bei der Verbindung der Kette mit der Hand des Tänzers dürfte es sich um eine neuzeitliche Verschlimmbesserung handeln.

403 Offene Lampe von innen
404 Geschlossene Lampe von schräg oben
405 Der Lampenboden

406 Lampe von unten
407 Lampe von oben
408 Lampe von unten
409 Lampe von oben

403

404

405

Öllampe   Museo Archeologico
                Aosta (I)
Bronze
Inventar-Nr. keine
Maße konnten keine notiert werden.

Rand, Innenraum und Boden dieser Lampe sind gedreht (Bilder 403 und 405). Von besonderer Qualität ist der gewölbte Deckel. Er ist mit einem Scharnier mit dem Lampengefäß fest verbunden. Die große Einfüllöffnung erlaubte es, das ganze Gefäß samt dem Schnabel in einem Stück zu gießen, da der Kern für den Innenraum solide mit dem außerhalb liegenden Kernlager verbunden werden konnte. Anders verhält es sich in dieser Beziehung mit den auf den folgenden Seiten beschriebenen Bronzelampen. Bei der Beurteilung solcher Lampenformen und -typen ist unbedingt zu beachten, daß es sich dabei eben um Gegenstände aus Metall handelt, die durch Gießen hergestellt wurden. Es müssen dabei die materialgerechten Verfahren beachtet werden, die ganz anders sind als jene, die für Ton Geltung haben. Die Materialeigenschaften dieser grundverschiedenen Stoffe bedingen ganz andere Verarbeitungsmethoden; ein Umstand, auf den auch in einem anderen Zusammenhang im Textteil in Kapitel II E, ‹Töpferscheibe – Drehbank›, eingehend hingewiesen worden ist.

406

407

Öllampe	Historisches Museum Bern (CH)	Öllampe	Vorarlbergisches Landesmuseum, Bregenz (A)
Bronze		Bronze	
Inventar-Nr.	39469	Inventar-Nr.	B.G. 673
Durchmesser	50 mm	Durchmesser	55 mm
Höhe	26 mm	Höhe	24 mm
Ganze Länge	126 mm		
Fundort	Vindonissa		

Zwar ist das Lämpchen gut erhalten, doch fließen die Profilformen sowohl auf der Ober- als auch auf der Unterseite weich ineinander, d.h. sie weisen nicht die üblichen scharfen Konturen auf, wie dies von so vielen anderen Beispielen her bekannt ist. Es liegt daher die Vermutung nahe, diese Veränderung sei eine Folge der Korrosion. Aus technischen Gründen kann angenommen werden, der Boden sei als Verschluß des Innenraumes separat angefertigt und in das Lampengefäß eingelötet worden. Eine Fertigungsmethode, die in den folgenden Beschreibungen näher erläutert werden wird. Erhärtet wird diese Annahme, weil diese Lampe nicht nur in der Form, sondern auch in ihren Abmessungen der folgenden sehr nahe kommt.

Bei diesem Exemplar tritt nun viel deutlicher in Erscheinung, daß Oberseite und Boden gedreht sind. Die Oberflächenbeschaffenheit des gedrehten Bodens hebt sich ganz deutlich von jener des Gefäßes ab (Bild 408). Auch ist links von ihm ein halbmondförmiger Riß sichtbar. Dort ist zu erkennen, daß der Boden eingelötet ist. Der Kern für den Innenraum der Lampe konnte unmöglich durch das kleine Einfülloch genügend in der Gießform gehalten werden, weshalb, wie schon angedeutet, dieser auf beiden Seiten abgestützt werden mußte. Der Rohguß hatte also keinen Boden. Die rohe Bodenöffnung wurde gedreht, in diese der Bodenteil eingepaßt und hernach eingelötet. So war der Ölbehälter wieder geschlossen.

408

409

410

Vier Öllampen   Musée des Beaux-Arts
                Besançon (F)
Bronze
Inventar-Nr.   keine, Depot
Abmessungen im Text

Die bis jetzt beschriebenen gedrehten Bronzelampen befinden sich in geographischer Beziehung weit auseinander. Sie sind auch sonst innerhalb ihrer Gattung ziemlich selten. Es ist daher als eine kleine Sensation zu betrachten, wenn in einem Museum gleich deren acht vorgefunden werden. Ist daraus zu schließen, daß sich in Besançon (Vesontio) oder in dessen Umgebung eine römische Manufaktur befand, die die Herstellung von gedrehten Öllampen als Spezialität betrieb? Bild 410 zeigt die eine Hälfte dieser Gruppe von oben, Bild 411 gibt die gleichen Lampen von ihrer Unterseite wieder. Die einzelnen Lämpchen haben von links nach rechts die folgenden Abmessungen:

1. Gesamtlänge   85   mm
   Höhe   19,5 mm
2. Gesamtlänge   78   mm
   Höhe   19,5 mm
3. Gesamtlänge   67   mm
   Höhe   15   mm
4. Gesamtlänge   74,5 mm
   Höhe   14   mm

411

Übereinstimmend kann gesagt werden: bei den vier Exemplaren handelt es sich um kleine Stücke, die dennoch sehr sauber gearbeitet sind. Bei Nr. 1 und 3 läßt sich genau feststellen, daß um das Einfülloch ein vertiefter Sitz für die Aufnahme des Deckels eingedreht ist. Auch auf den Unterseiten sind ganz deutlich die Zentren und die konzentrischen Drehformen vorhanden (Bild 411). Hier ist auch zu beachten, daß bei Exemplar 2 der Boden fehlt, eine weitere Bestätigung für das Einlöten des Bodens.

410 Vier Lampen von oben
411 Die gleichen Lampen von unten

412 Vier weitere Lampen von oben
413 Die gleichen Lampen wieder von unten

Vier Öllampen   Musée des Beaux-Arts
             Besançon (F)
Bronze
Inventar-Nr.   keine, Depot
Abmessungen im Text

412

In der gleichen Anordnung sind hier die vier weiteren Lämpchen gezeigt. Auch bei ihnen ist ihre teilweise Herstellung auf der Drehbank unverkennbar. Die Abmessungen der Lampen betragen, wiederum von links nach rechts betrachtet (Bild 412),

oberes Paar:
1. Gesamtlänge   102   mm
   Höhe   29,5 mm
2. Gesamtlänge   109   mm
   Höhe   23   mm
unteres Paar:
3. Gesamtlänge   97   mm
   Höhe   26   mm
4. Gesamtlänge   98,5 mm
   Höhe   25   mm

Bei dieser Gruppe handelt es sich um etwas größere Exemplare. Bei allen vier Stücken ist der kleinere vertiefte Absatz für die Auflage des Deckels deutlich sichtbar. Besonders aber bei Exemplar 4. Um solche prononcierten Formen erzeugen zu können, muß der Herstellungsbetrieb über sehr gute Einrichtungen verfügt haben, ansonst der Rundlauf des Werkstückes nicht möglich gewesen wäre. Allein schon dieses Detail führt wieder zu der eingangs gemachten Vermutung, daß diese acht Lampen aus derselben Manufaktur stammen könnten.

413

H Dünnwandige Gefäße

414

415

416

414 Kesselfragment von außen
415 Kesselfragment von innen
416 Profil des Kesselfragmentes

417 Getriebener Topf
418 Schüssel von oben
419 Boden Innenseite der Schüssel
420 ‹Tintenfaß›

Fragment   Antikensammlung
eines Kessels   Wien (A)
Messing (?)
Inventar-Nr.   VI 838
Bogenlänge   etwa 500 mm
Größte Breite   95 mm

Das Fragment stammt von einem Kessel, dessen Innendurchmesser mindestens 400 mm betrug. An den massiven Rand schloß sich eine dünne Wandung von 1,0 bis 1,3 mm an, auf der beidseitig parallele Rillen eingestochen sind. Sie beweisen, daß der Kessel noch auf der Drehbank bearbeitet wurde.

417

Topf	Carnuntinum
	Bad Deutsch-Altenburg (A)
Kupfer	
Inventar-Nr.	15074a
Durchmesser	155 mm
Höhe	170 mm
Datierung	2./3. Jh. n. Chr.

Auf diesem aus Kupfer getriebenen Topf befinden sich in der nur 0,5 mm dicken Wandung fünf tief eingedrehte Rillen, was erklärt, daß die dünne Wandung streckenweise durchgebrochen ist (Bild 417).

418

419   **420**

Schüssel	Saalburgmuseum
	Bad Homburg v. d. Höhe (D)
Material?	Inventar-Nr. keine
Durchmesser	246 mm
Höhe	90 mm
Fundort	Kastell Saalburg

Dünn- und steilwandige Schüssel mit Ausguß, zwei Grifflappen und einem flachen Henkel auf gleicher Höhe mit dem etwa 10 mm breiten Rand. Der innerste Teil des Bodens ist hochgedrückt und hat um das Zentrum ein Rillenpaar, dem ein weiteres und mit gleichem Abstand ein dreifaches Rillenmuster folgt. Bodendicke 1 mm.

Tintenfaß (?)	Carnuntinum
	Bad Deutsch-Altenburg (A)
Messing	Inventar-Nr. 15015
Durchmesser	48 mm
Höhe	57 mm
Fundort	Carnuntum
Datierung	2./3. Jh. n. Chr.

Dieses als Tintenfaß bezeichnete Gefäß besteht aus einem zylindrischen Teil von 0,3 bis 0,4 mm Wandstärke mit einem aufgelöteten Deckel, dessen Dicke 0,8 mm beträgt. Auf dem Boden und der Wandung sind je drei Rillen eingedreht. Die dünne und hohe Wandung muß gedrückt sein.

421

422

423

424

Kasserolle	Württembergisches Lan-
Bild 421	desmuseum, Stuttgart (D)
Material?	
Inventar-Nr.	Aichhof A.V. 21
Durchmesser	190 mm
Höhe	105 mm
Fundort	Aichhof, Markgröningen

Kasserolle	Württembergisches Lan-
Bild 422	desmuseum, Stuttgart (D)
Material?	
Inventar-Nr.	Rutesheim I.3
Durchmesser	165 mm
Höhe	85 mm
Fundort	Rutesheim, Leonberg

Diese zwei dünnwandigen Kasserollen können gemeinsam betrachtet werden. Sie sind getrieben und trotz ihrer Dünnwandigkeit noch sehr intensiv auf der Drehbank bearbeitet. Die Durchführung einer solchen Arbeit ist äußerst heikel und erfordert vielfach erprobte Routine.

425

426

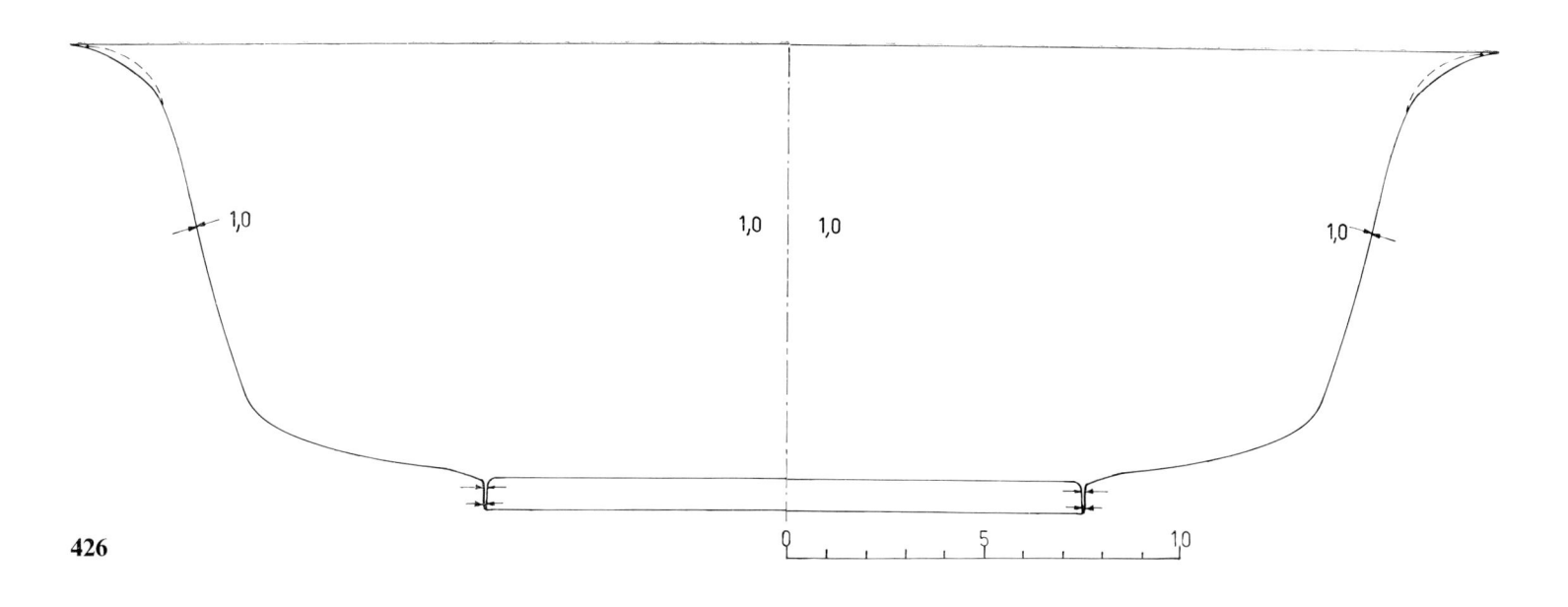

427

421 Dünnwandige Kasserolle von oben
422 Dünnwandige Kasserolle von oben
423 Sieb von der Seite
424 Sieb von oben
425 Kasserolle von oben

426 Profilzeichnung einer Schüssel
427 Standring der Schüssel
428 Gesamtansicht der Schüssel

428

Sieb	Württembergisches Lan-	Kasserolle	Saalburgmuseum	Schüssel	Rijksmuseum G. M. Kam
Bild 423	desmuseum, Stuttgart (D)	und Sieb	Bad Homburg		Nijmegen (NL)
Material?		Bilder	v. d. Höhe (D)	Messing	
Inventar-Nr.	Rutesheim	424 und 425		Inventar-Nr.	9.1936.2
Durchmesser	167 mm	Material?		Durchmesser	360 mm
Höhe	75 mm	Inventar-Nr.	keine	Höhe	115 mm
		Durchmesser	148 mm		

Eine andere Ansicht dieses Siebes ist bereits in Bild 29, Seite 28, gezeigt. Bei jedem Loch ist eine Auskolkung vorhanden, die davon herrührt, daß der Handdrehstahl jeweilen in die Tiefe gerissen wurde. Demnach ist die Außenseite des Siebes erst nach dem Lochen überdreht worden, was eine ganz besonders schwierige Arbeit war.

Die beiden Stücke gehören zusammen; das Sieb paßt in die Kasserolle. Beide sind getrieben und auf der Außenseite noch leicht überdreht.

Die Schüssel ist ganz getrieben und der Standring scharf abgesetzt. Die Rillen am Boden sind mit einem Zirkel gezogen worden. Die Beulen wurden zur Versteifung des Randes hochgetrieben.

I Angefangene Arbeiten

429

Rohe Metallscheibe   Musée des Antiquités National
St-Germain-en-Laye (F)
Kupfer oder Messing
Inventar-Nr.   30 603/5
Durchmesser   ?

Durch die folgenden 8 Abbildungen werden ganz ähnliche Objekte gezeigt, die zudem aus dem gleichen Funde stammen. Dieser wurde bereits im Jahre 1861 gehoben und umfaßt sieben ungefähr gleich große Metallscheiben. Leider waren die näheren Fundumstände nicht mehr zu ermitteln. Bei seinem Aufenthalt

431

430

im Musée des Antiquités National in St-Germain-en-Laye, wo sie sich jetzt befinden, konnte der Verfasser nur zwei dieser runden Metallscheiben näher untersuchen und photographieren. Die anderen Aufnahmen sind ihm später vom Museum zur Verfügung gestellt worden, weshalb einige der üblichen Daten nicht wiedergegeben werden können.
Die Bilder 429 und 430 zeigen die gleiche Scheibe, wobei die ovale Form (wie bei den übrigen Aufnahmen) nur die Folge der Photographie von schräg oben ist. Durch Streiflicht wurde die Struktur der Oberfläche plastisch sichtbarer gemacht.
Diese Scheiben sind von besonderem technologischem Interesse, weil sie in ihrer Bearbeitung nicht über die ersten Phasen in der Herstellung von Schüsseln oder Schalen hinausgekommen sind. An diesen Scheiben bestätigen sich nun die Annahmen, die bei der Besprechung des Werdeganges der großen Schüssel aus Nijmegen, Bilder 68–72, Seite 43, gemacht worden sind.

Rohe Metallscheibe
Kupfer oder Messing
Bild 431
Inventar-Nr.   30 603
Durchmesser   270 mm

Nachdem die kleiner gegossene Metallscheibe auf ihrem ganzen Umfange ausgestreckt war, begann man mit dem Hochtreiben des Standringes. In diesem Stadium wurde auch die Peripherie der Scheibe dicker belassen, indem dieser Streifen weniger gehämmert wurde. Die Dicken der Scheiben variieren zwischen 1,3 und 2,2 mm, während der Rand eine Höhe von etwa 6,5 mm hat. Damit beträgt die Randhöhe etwa das Dreifache der mittleren Scheibendicke.

432

429 Metallscheibe von oben
430 Gleiche Scheibe von schräg oben
431 Metallscheibe mit Standring von oben

432 Beschädigte Metallscheibe von schräg oben
433 Metallscheibe von schräg oben
434 Metallscheibe mit Vertiefung

Rohe Metallscheibe   Bilder 432 und 433
Kupfer oder Messing   Durchmesser ?

Wie an den Formen der Umfänge erkenntlich ist, sind hier zwei verschiedene Scheiben abgebildet. Sie zeigen aber wie Bild 430 verblüffende Ähnlichkeit in den Schlagspuren. Auf allen drei Abbildungen sind die Hammerabdrücke in Viertelskreisen geordnet. Entgegen der Erwartung liegen diese Spuren nicht konzentrisch um die Mitte; genau das Gegenteil ist der Fall: in vier Viertelskreisen, deren Mitten etwa am Scheibenrande liegen, ist die ganze Fläche aufgeteilt und in diesen Bezirken ausgestreckt worden. Dabei wurde mit einem Spezialhammer mit schmaler, etwas geschweifter Finne (das ist der schmale Teil des Hammers im Gegensatz zur meist quadratischen Hammerbahn) in einer bestimmten Hammerführung gearbeitet. Der Schmied hat aber nicht nur senkrecht geschlagen, sondern den Hammerstreich gleichzeitig gegen sich gezogen. Mit dieser einem Pickelschlag ähnlichen Hammerführung kann die Streckwirkung erhöht werden. Der Verfasser hat sich anhand solcher Abdrücke einen derartigen schweren Hammer nachgebildet und damit entsprechende Proben durchgeführt. Zur Erreichung eines besseren Effektes wurden die Scheiben im warmen Zustande ausgeschmiedet. Zur Glättung der Flächen benötigte der Verfasser zusätzlich einen breiten, unten leicht gewölbten Stempel, der, auf die Scheibe aufgesetzt, mit einem schweren Hammer dagegengeschlagen wurde. Um diese Arbeitstechnik eindrücklich zu belegen, ist sie hier in mehreren Wiederholungen gezeigt.

433

Rohe Metallscheibe   Bild 434
Kupfer oder Messing
Durchmesser?

Auch hier zeigt sich wieder das gleiche Bild der Schlagspuren. Dagegen ist diese Scheibe in der Mitte stark eingetieft. Das läßt vermuten, daß dieser Rohling für die Herstellung einer Schüssel mit großer Standfläche vorgesehen war. Auch diese Scheibe hat einen verdickten Rand.

434

435

435 Oberseite einer Metallscheibe
436 Unterseite der gleichen Metallscheibe
437 Zwei freie Böden

438 Massiver Boden auf Spiegel
439 Profilzeichnung des Bodens
440 Ausgebrochener Boden von unten
441 Derselbe Boden von oben

Rohe Metallscheibe
Kupfer oder Messing
Inventar-Nr.   30603/3
Bilder 435 und 436

Hier ist nun eine derartige Metallscheibe von beiden Seiten gezeigt, links der von oben nach unten eingetiefte Standring. Am Umfange ist der verdickte Rand wieder leicht zu erkennen. In der Ansicht von unten zeigt sich der Standring bereits als scharfe Kante. Der Verfasser vermutet, daß es sich bei der auffälligen Stelle, halblinks oben, um einen Flick handelt. Da er die Scheibe seinerzeit nicht persönlich untersuchen konnte, kann dies aber allein auf Grund der Photo nicht entschieden werden. Sollte es sich dabei um eine Reparatur handeln, so wäre sie ein Beweis dafür, wie teuer bereits eine solche Scheibe war, und daß man eine Reparatur dem Ersatz vorzog.

437

436

Zwei freie Böden   Provinciaal Gallo-Romeins Museum
                       Tongern (B)
Bronze
Inventar-Nr.   dS 429 und 430
Durchmesser   etwa 90 mm
Durchmesser   etwa 75 cm

Das Bild zeigt zwei Böden, wie sie in Krügen eingelötet sind, von der oberen Seite. Auf der unteren sind sie in der üblichen Art gedreht. Links ist Inventar-Nr. 429, die in der Mitte 5 mm mißt, am Rande jedoch nur noch 0,8 mm. Beim zweiten Stück betragen die entsprechenden Maße 4 mm und 0,6 mm. Die Hammerabdrücke auf der Oberfläche zeigen, daß diese Böden vor dem Drehen auf ihre rohe Form ausgeschmiedet worden sind. So konnten einerseits die dünnen Ränder leichter verlötet, anderseits die verbleibende dickere Bodenscheibe noch mit Drehrillen versehen werden.

Diese und die zwei folgenden Beispiele sind nicht eigentlich ‹angefangene› Arbeiten, sondern zerstörte Stücke. Dafür lassen sie um so besser ihre Entstehung erkennen.

Boden	Ioaneum, Graz (A)
Bronze	
Inventar-Nr.	1834
Durchmesser	81 mm
Höhe	12 mm

Ganz anderer Art ist dieser auf einem Spiegel aufgenommene Krugboden. Er ist massiv und auf seiner ganzen Oberfläche überdreht. Sollte er seinen Zweck erfüllen, so mußte notwendigerweise das durchgestochene Zentrum noch verschlossen werden. Die buckelige Erhöhung liegt auf dem gleichen Niveau wie der Standring. Die Formen sind sehr scharf, und die Außenseite des Randes ist leicht konkav, von da aus nahm die Krugwandung einen eleganten Schwung. Das kleine Wülstchen sicherte beim Anlöten des Krugbauches eine saubere Verbindung.

438

439

Boden	Burgenländisches Landesmuseum Eisenstadt (A)
Messing	
Inventar-Nr.	25088
Durchmesser des Standringes	96 mm

Der Boden stammt von einem sehr stark beschädigten Kessel, von dem er vollständig abgetrennt ist. Die Randzone um den eingesetzten Standring mißt nur 0,5–0,7 mm. Der Boden ist, wie oben, ein selbständiger Teil und ist eingelötet. Aus den Bildern 440 und 441 ist die Zusammenfügung gut erkenntlich. Auf der Außenseite sind ein Zentrum und weitere Drehspuren vorhanden.

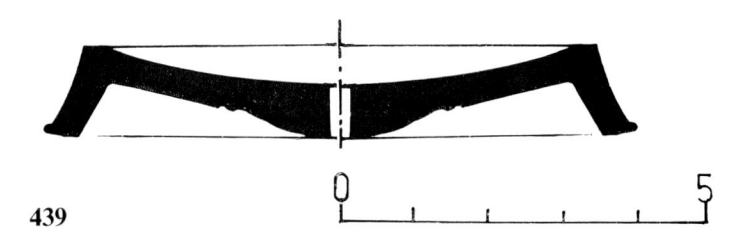

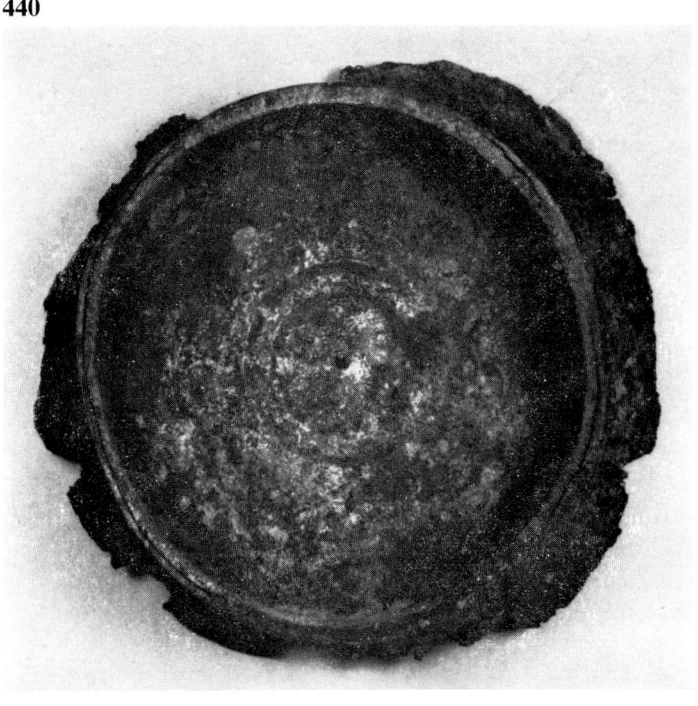

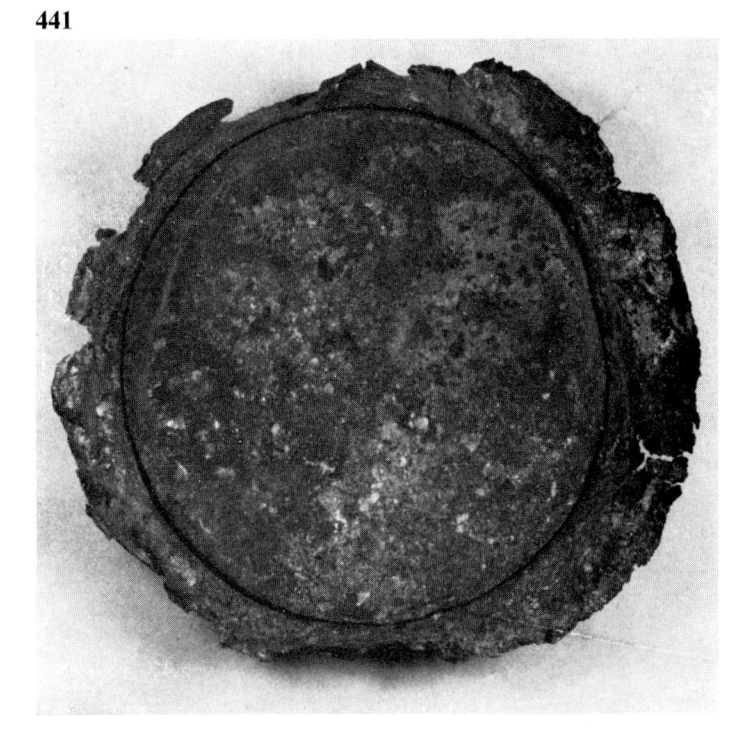

440

441

K Gefäße mit mechanischen Verbindungen

442

443

444

442 Kleiner Krug
443 Boden des Kruges
444 Beschädigte Stelle des Kruges

445 Kleiner Krug
446 Übergang Bauch–Hals

Kleiner Krug	Louvre, Paris (F)
Messing	
Inventar-Nr.	2692
Durchmesser	95 mm
Höhe	145 mm

In vier verschiedenen Beispielen soll illustriert werden, was im Textteil über die Möglichkeiten ausgeführt wurde, zwei oder mehrere Gefäßteile auf mechanische Art, d.h. also ohne die Anwendung von Löten oder Schweißen, derart miteinander zu verbinden, daß einerseits eine genügende Solidität, anderseits Wasserdichtigkeit erreicht wird. Weitere Gefäße mit thermischen Verbindungen können leider nicht geboten werden, weil der auf den Seiten 47–50 besprochene Krug der einzige ist, der entsprechende Untersuchungen ermöglichte.

Außer dem Henkel besteht dieser kleine Krug aus den Teilen Hals, Bauch und Boden. An der schmalen offenen Stelle auf Bild 444 ist zu erkennen, daß die Krugwandung sehr dünn ist. Dagegen ist es nicht möglich, die Verbindungsart an jenem Punkt genau festzustellen. Wegen der Dünnwandigkeit muß angenommen werden, daß eine Art Bördeln oder Falzen angewendet wurde. Spuren an Hals und Mündung zeigen jedoch, daß diese Partien wie auch der Boden nach dem Zusammenfügen noch gedreht worden sind. Aus diesen Gründen muß auch angenommen werden, daß der Halsteil aus dickerem Material besteht. Der leicht überstehende Boden belegt, wie aus anderen Beispielen hinlänglich bekannt ist, daß er an den Krugbauch angelötet ist.

Kleiner Krug	Louvre, Paris (F)
Messing	
Inventar-Nr.	2691
Durchmesser	108 mm
Höhe	177 mm

Der außerordentlich gute Erhaltungszustand dieses Kruges gewährt ‹leider› keine nähere Untersuchung, weil gerade in der technologisch interessanten Zone, der Verbindungsstelle von Bauch und Hals, keine Defekte vorhanden sind. An Hals, Mündung und Boden finden sich Drehspuren: ein gleicher Befund wie beim vorher besprochenen Exemplar. Formen und Proportionen der beiden Krüge lassen für beide die gleiche Werkstätte vermuten. Wenn auch über die Verbindungsart von Hals und Bauch an diesem Krug nichts Verbindliches ausgesagt werden kann, so deutet doch ihre tadellose Beschaffenheit auf ein ganz perfektes Verfahren hin (Bild 446). Auf dem ganzen Umfange finden sich überall die gleichen scharfen Konturen. Überall sind sie gleich breit und gleich geformt. Ein solches Ergebnis kann nur mit entsprechend geeigneten Hilfsmitteln und Einrichtungen maschineller Art erzielt werden. Der Verfasser hält auch hier reine Handarbeit für ausgeschlossen.

Zusammenfassend kann gesagt werden, daß gerade diese zwei Krüge Anhaltspunkte dafür liefern, daß in der Antike für die Verbindung solcher Gefäßteile mehrere Arbeitsverfahren angewendet wurden. Darüber hinaus zeugt ihre Ausführung für eine sichere, ja routinemäßige Praxis, die wiederum nur in einer gut florierenden Manufaktur denkbar ist.

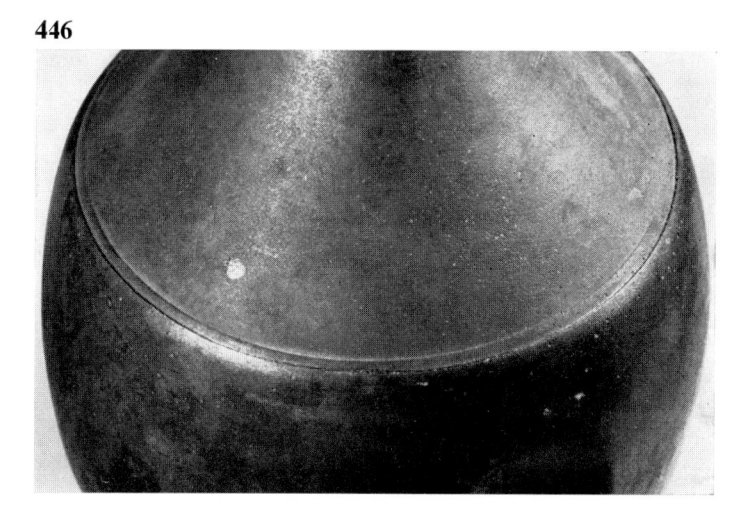

445

446

447

447	Kleiner Zierkrug
448	Offene Verbindungsstelle
449	Profil der Krugmündung
450	Krugmündung
451	Röntgenbild der Krugmündung
452	Unterseite der Krugmündung mit ‹Warze›

448

Zierkanne	Rijksmuseum G. M. Kam Nijmegen (NL)
Bronze	
Inventar-Nr.	5.1958.69.b
Durchmesser	99,0 mm
Höhe	158,5 mm

Das Profil dieses Krügleins weist auf seinem Oberteil, besonders aber am Fuß Formen und Details auf, die typisch für ihre Entstehung auf der Drehbank sind. Dafür sei gerade auf den halbrunden Wulst auf dem Halsteil hingewiesen (Bild 448). Hier gewährt eine lange Öffnung, links vom Henkel, einen verläßlichen Einblick auf die Verbindungsart von Ober- und Unterteil. Da es sich bei diesem Kännchen um ein gegossenes Bronzegefäß handelt, sind die Wandungen dicker. Dies ermöglichte eine andere Technik als bei den zwei oben dargestellten Kannen, bei denen die Wandungen nur sehr dünn sind. Im vorliegenden Falle war es daher möglich, durch das Eindrehen eines negativen Profils am Bauchrande und eines positiven am Halsrande die beiden Teile so zusammenzufügen, daß eine solide Verbindung in der Art von Nut und Feder zustande kam. Allerdings mußte dazu außerdem noch der oberste Rand des Bauchteiles über den Hals gebördelt und hernach auf der Drehbank nochmals überdreht werden, ein Verfahren, wie es bereits auf den Seiten 45 und 46 beschrieben und gezeigt worden ist.

449

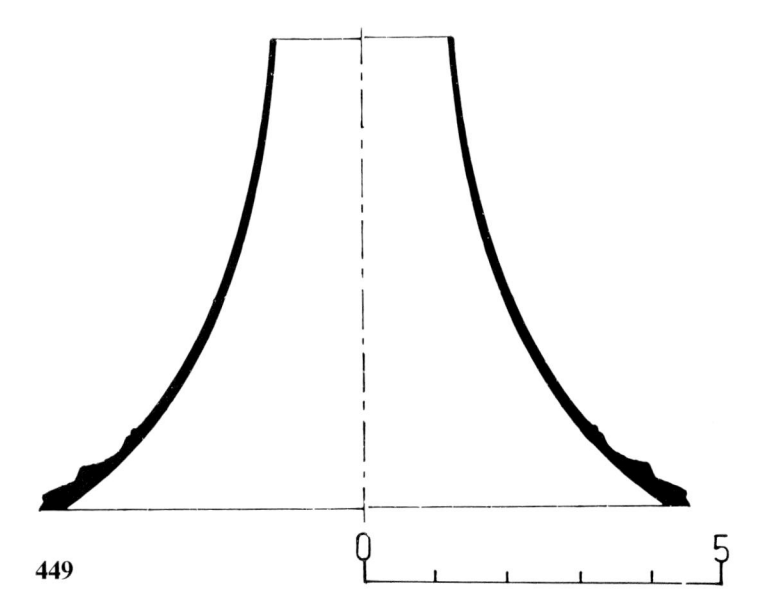

Halsfragment eines	Rijksmuseum G. M. Kam
Kruges	Nijmegen (NL)
Bronze	
Inventar-Nr.	XXI. b.13
Durchmesser	91 mm
Höhe	65 mm

Ein einzelnes Bruchstück bietet hier, wie schön öfter, willkommene Möglichkeiten einer verläßlichen technologischen Beurteilung. Hier handelt es sich um einen einzelnen Krughals, dessen Schnabel oder Ausguß abgebrochen ist. Das Teil ist auf seiner Außenseite überdreht. Dies geht sowohl aus dem Befund auf der Oberfläche als auch aus den Formen und Abstufungen am nach außen schweifenden Schulterrande hervor. Auf dem äußersten Umfange des Randes ist sehr scharf das feine Profil eingedreht, das zur Verbindung mit dem Unterteil dienen mußte (Bilder 449 und 452). Sozusagen ein werkstattfrischer Beweis ist an der engsten Stelle des Halses erhalten geblieben, also dort, wo der kreisrunde Querschnitt des Halses langsam in das Oval des Ausgusses übergeht. An dieser Stelle ist eine breite Werkzeugspur sicht- und spürbar. Es ist zu beobachten, daß deren linke Kante (wenn man das Bild so verdreht, daß die weite Öffnung links und die enge rechts ist) gerader verläuft als deren rechte. Das rührt davon her, daß oberhalb dieser Spur der ovale Halsquerschnitt begann. Darüber wurde dann, wie die senkrechten Spuren zeigen, das Gußstück mit Schabern von Hand saubergemacht (Bild 450). Drehspuren sind auch auf der Unterseite vorhanden (Bild 452), denn um ein gutes Aufliegen auf dem Unterteil des Gefäßes zu ermöglichen, mußte er auch auf der Unterseite überdreht werden. Nun ist aber interessanterweise auf dem gedrehten Randstreifen ein warzenähnlicher Zusatz vorhanden. Das Röntgenbild bestätigt die Annahme, daß er aus einem anderen Material bestehe (Bild 451). Die ‹Warze› ist auch porös, weshalb angenommen werden muß, sie sei nachträglich aufgegossen worden. Eine Erklärung hiefür kann darin gesehen werden, daß die Verbindung (eingepaßte Profile und Bördeln) nicht einwandfrei war und daher an der mangelhaften Stelle ein Loch eingebohrt und nachträglich neu ausgegossen wurde. Das muß jedoch nicht bei der Herstellung geschehen sein, sondern es kann sich ebensogut um eine spätere Reparatur handeln, welcher Version der Verfasser zuneigt.

450

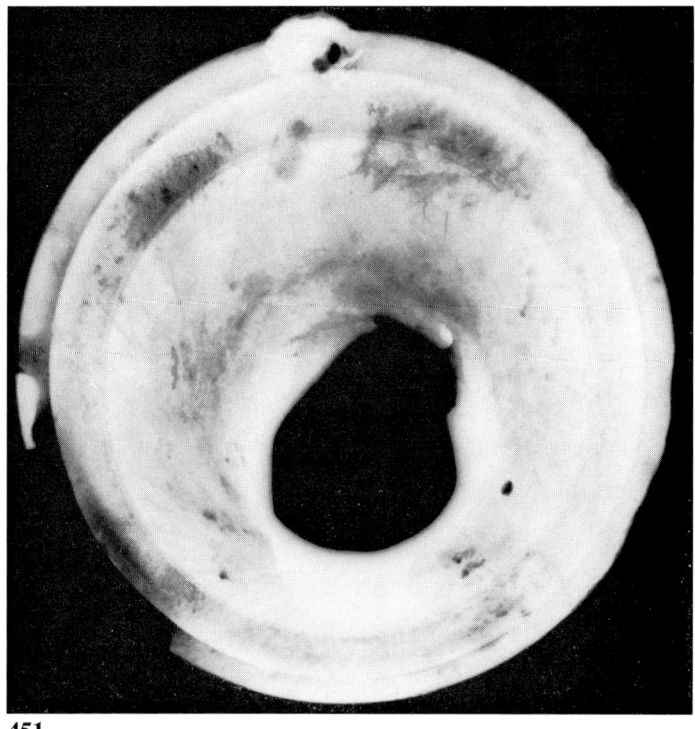

451

452

L Glocken und Sockel

453

453 Kleine Glocke aus Leiden
454 Große Glocke von Bregenz

455 Profil der großen Glocke

Glocke   Rijksmuseum
             van Oudheden, Leiden (NL)
Bronze
Inventar-Nr. 111225
Größter
Durchmesser 61 mm
Höhe   114 mm

Die äußeren Durchmesser der leicht ovalen Glocke betragen oben 61/58 mm, unten 61/56 mm. Die Wandung ist ringsum gleichmäßig leicht geschwungen, weshalb eine Deformierung nicht angenommen werden kann. Zudem finden sich am Glockenmantel Drehspuren, und vor allem beweist das Zentrum im Bügel die Bearbeitung auf der Drehbank. Bei geringer Tourenzahl und einer sorgfältigen Werkzeugführung ist auch bei einer so schwachen Ovalform eine Bearbeitung auf der Drehbank möglich.

454

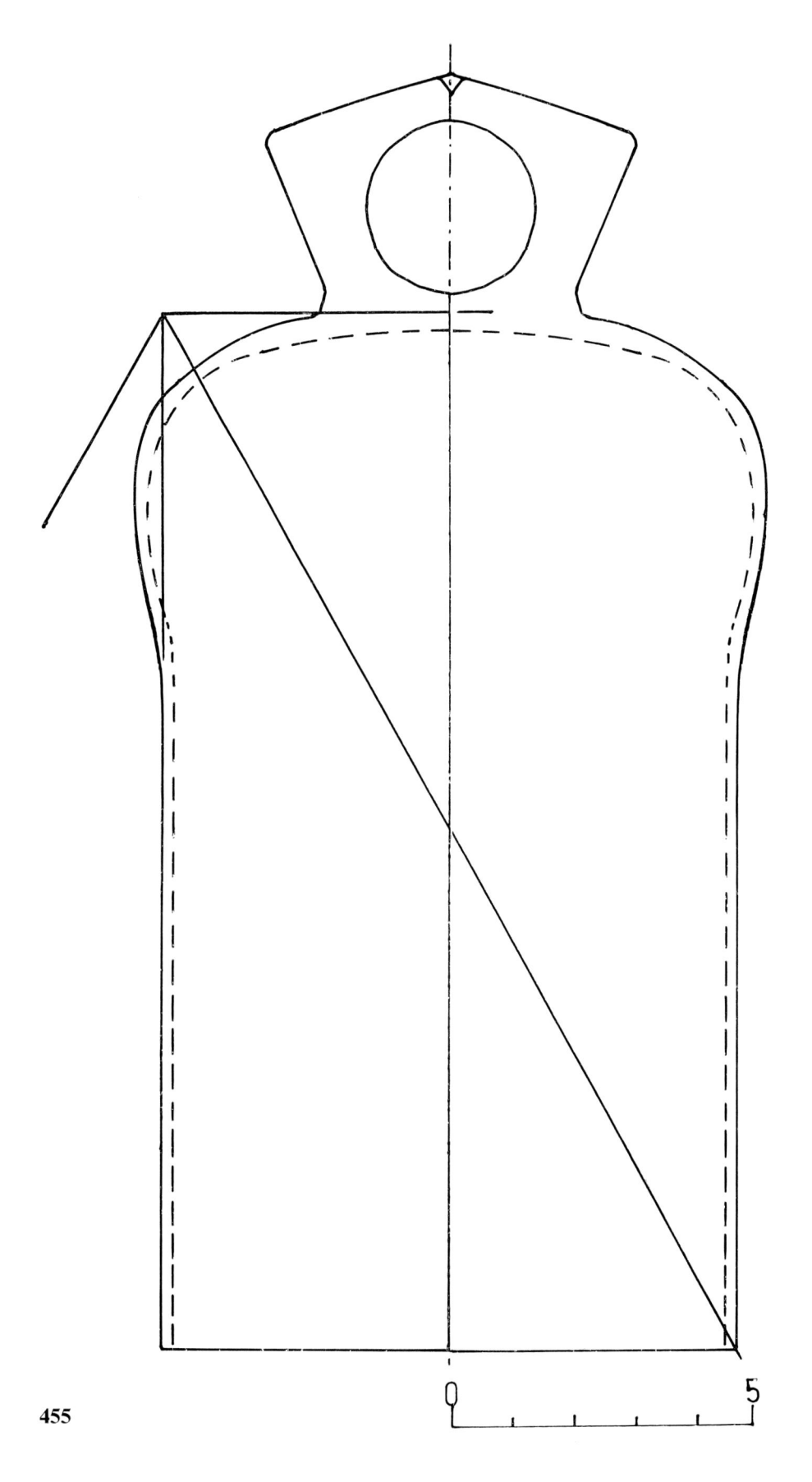

ein Zentrum. Bild 456. Auf dem Glockenmantel sind in der Streiflichtaufnahme hell-dunkle Wellenbänder sichtbar, die ebenfalls von der Bearbeitung auf der Drehbank herrühren. Eine eingehende Untersuchung dieser großen Glocke erbrachte einen mehr als interessanten Tatbestand in technischer Beziehung. Es sei hier das Resultat aus einem früheren Aufsatz wiedergegeben [63]. ‹Die Höhe beträgt bis zur Schulter (also ohne den gelochten Griff) 168 mm oder $6^3/_4$ unciae und der Durchmesser bei der Öffnung 96 mm. Das sind nun bei dem *überdrehten* Durchmesser nur 2,7 mm weniger als 4 unciae oder 1 triens = 98,7 mm. Unzweifelhaft hat der römische Glockengießer bei der Planung seiner Arbeit berücksichtigt, daß die Außenseite der Glocke überdreht werden soll. Verwandelt man nun die Höhe der Glocke von $6^3/_4$ unicae und den *rohen* Durchmesser von 4 unciae in Viertelunciae, so ergibt sich daraus ein Zahlenverhältnis von 27 zu 16. Dieses liegt nun nicht ganz bei den Verhältnissen des Goldenen Schnittes. Dagegen stimmt folgende Proportion: Der untere, überdrehte Durchmesser der Glocke, 96 mm, verhält sich zu deren Höhe, 167 mm, wie die halbe Seite eines gleichseitigen Dreiecks zu dessen Höhe. Timmerding nennt diese Verhältnisse einen Nebenbuhler des Goldenen Schnittes. Das Gesagte ist auch aus der eingezeichneten Konstruktion in Bild 4 (hier in Bild 455) ersichtlich. Damit hat der antike Glockengießer, unter Berücksichtigung der Spanabnahme auf dem Glockenmantel, die beabsichtigten Verhältnisse von Durchmesser zur Höhe erst nach dem Überdrehen erreicht. Mit anderen Worten: er hatte eine sehr planvolle und zielstrebige Arbeit vollbracht.

Der Grund, weshalb bei der einen Glocke der Goldene Schnitt [gemeint ist eine Glocke aus Augst, die der Verfasser für das dortige Römermuseum nachgebildet hat] [64] und bei der anderen dessen «Nebenbuhler» festgestellt werden konnte, dürfte darin zu suchen sein, daß die Glockengießer sich mit der Übertragung der schönen optischen Erscheinungen dieser Maßverhältnisse in ihre Werke in akustischer Beziehung die gleichen Auswirkungen versprachen.›

Dies sind Stationen auf dem Wege, Proportionen für schön klingende Glocken zu finden, die dann erst lange nach der Theophilus-Glocke, in der frühen Gotik, erreicht wurden, als die Glockenform, einschließlich der Krone, einem Quadrat bzw. Würfel eingeschrieben wurde. Mit diesen Proportionen war die endgültige Konzeption für diesen Klangkörper gefunden.

455

Große Glocke Vorarlbergisches Landesmuseum, Bregenz(A)
Bronze
Inventar-Nr. 13.31
Größter Durchmesser 104 mm
Höhe 205 mm

Auch an dieser größten Glocke, die dem Verfasser begegnet ist und hier in natürlicher Größe wiedergegeben ist, sind die Merkmale der Drehtechnik vorhanden (Bilder 454 und 455). Am Oberteil sind in drei Bahnen die bekannten ‹Rattermarken› vorhanden, und im Bügel liegt auch hier

456 Oberteil der großen Glocke
457 Die große Glocke liegend
458 Großer Statuensockel

459 Sockel aus Enns
460 Sockel aus Augst
461 Dreifuß aus Leiden
462 Kandelaberkopf aus Wien
463 Der Kopf von oben
464 Sockel aus Avenches
465 Profilzeichnung

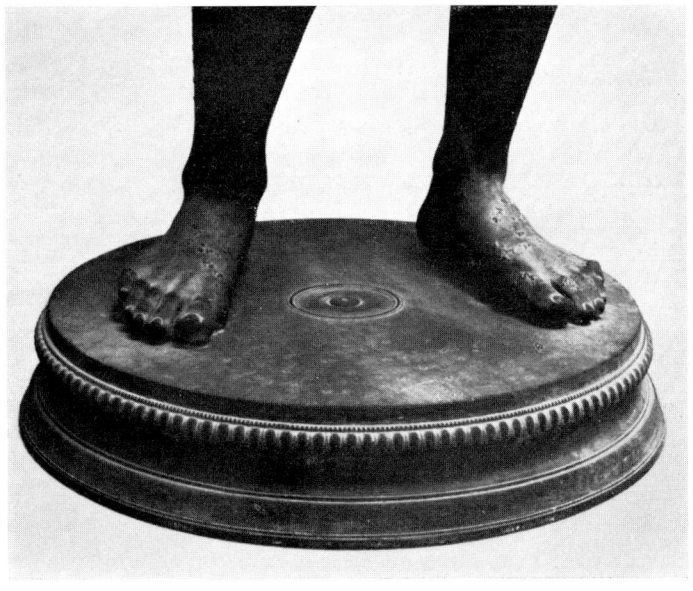

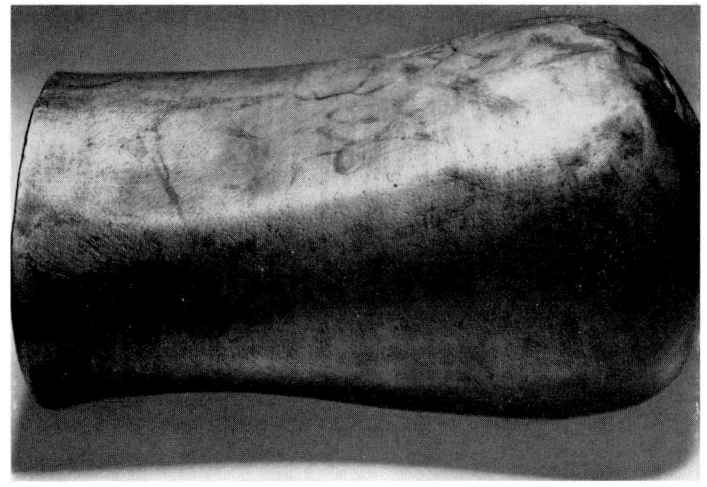

Großer Sockel Bronze	Museo Nazionale Neapel (I) Inventar-Nr. n. 5630
Oberer Durchmesser	438 mm
Unterer Durchmesser	490 mm
Höhe	84 mm

Immer wieder trifft man Statuen- und Statuettenbasen, die unverkennbar auf der Drehbank entstanden sind. Bei diesem Beispiel befindet sich in der Mitte ein großes Zentrum, und um dieses herum liegt die schon wiederholt beobachtete Rondelle. Die Formen des Sockelprofils zeigen, daß es gedreht worden ist. Das Gewicht konnte nicht ermittelt werden. Dies wäre von besonderem Interesse gewesen, weil damit auch über die gewichtsmäßige Leistungsfähigkeit der antiken Drehbank angenäherte Vorstellungen möglich wären.

Sockel Bild 459 Bronze	Museum Laureacum Enns (A) Inventar-Nr. R VII 816
Durchmesser	95 mm
Höhe	etwa 65 mm

Dieser in allen Teilen schön profilierte Doppelsockel mit dem lebendigen Wechsel seiner Detailformen ist unverkennbar auf der Drehbank entstanden und diente vielleicht als Statuettenbasis oder Möbelfuß.

Sockel Bronze Inventar-Nr.	Römermuseum, Augst (CH) Bild 460 1960/2561
Durchmesser des Wulstes	43 mm
Gesamthöhe	45 mm

Der quadratische Unterteil mit den Füßchen und dem gedrehten Oberteil besteht aus einem Stück. Beizufügen ist noch, daß der obere Wulst sehr stark unterschnitten ist. Eine Verformung, die nur auf der Drehbank möglich ist.

459

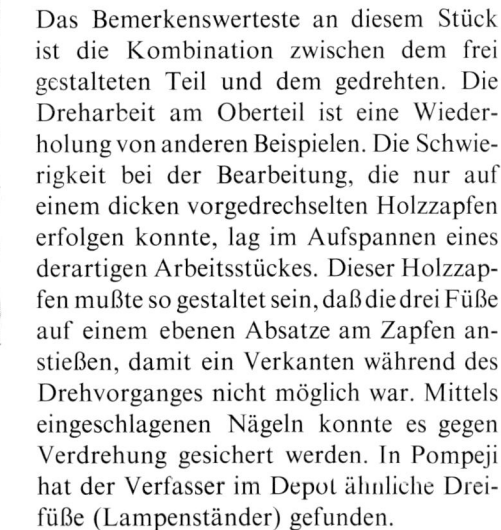

460

461

Dreifuß	Rijksmuseum van
Bild 461	Oudheden, Leiden (NL)
Bronze	Inventar-Nr. III.41
Durchmesser 122 mm	Höhe 140 mm

Das Bemerkenswerteste an diesem Stück ist die Kombination zwischen dem frei gestalteten Teil und dem gedrehten. Die Dreharbeit am Oberteil ist eine Wiederholung von anderen Beispielen. Die Schwierigkeit bei der Bearbeitung, die nur auf einem dicken vorgedrechselten Holzzapfen erfolgen konnte, lag im Aufspannen eines derartigen Arbeitsstückes. Dieser Holzzapfen mußte so gestaltet sein, daß die drei Füße auf einem ebenen Absatze am Zapfen anstießen, damit ein Verkanten während des Drehvorganges nicht möglich war. Mittels eingeschlagenen Nägeln konnte es gegen Verdrehung gesichert werden. In Pompeji hat der Verfasser im Depot ähnliche Dreifüße (Lampenständer) gefunden.
Damit ist auch eine ‹technische› Datierung vor 79 n. Chr. gegeben.
Inventar-Nr. 5186/1932, größeres Exemplar
Durchmesser 112 mm Höhe 130 mm
Inventar-Nr. 5187/1932, kleineres Exemplar
Durchmesser 110 mm Höhe 73 mm

Kopfstück	Antikensammlung
eines	Wien (A)
Kandelabers	Bilder 462 und 463
Bronze	Inventar-Nr. VI 2947
Durchmesser 94 mm	Höhe 75 mm
Datierung	Um Christi Geburt

Trotz den Brandspuren, die das Stück aufweist, ist immer noch ersichtlich, daß es gedreht worden ist. In seinen Einzelformen ist es sehr differenziert. Der tellerartige Rand ist angesetzt; doch kann des Zustandes wegen nicht erkannt werden, auf welche Weise die Verbindung vorgenommen worden ist. Das durchgehende Loch dürfte einerseits zum Aufspannen, anderseits zur späteren Fixierung des Teiles am Kandelaber gedient haben (Bild 463). Auch die Abschlußfläche ist durch Drehen profiliert.

Sockel	Musée Romain,
	Avenches (CH)
Bronze	Bilder 464 und 465
Inventar-Nr. keine, Depot	
Durchmesser 82,3 mm	Höhe 30 mm

Die Außenseite des gegossenen Sockels zeigt ein ganz feines, sorgfältig gedrehtes Profil. Die gesamte Oberfläche ist sehr glatt und einheitlich. Auch hier dürfte das Loch in der Mitte zum Aufspannen und für die Befestigung einer Statuette gedient haben. Die Zeichnung zeigt die Feinheit des Profils,

462

463

464

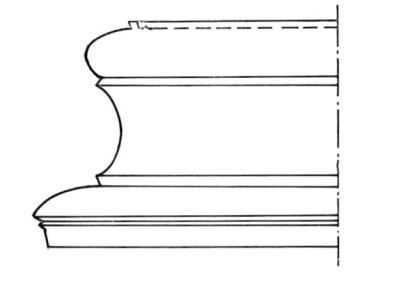

465

161

M Gewinde und diverse Objekte

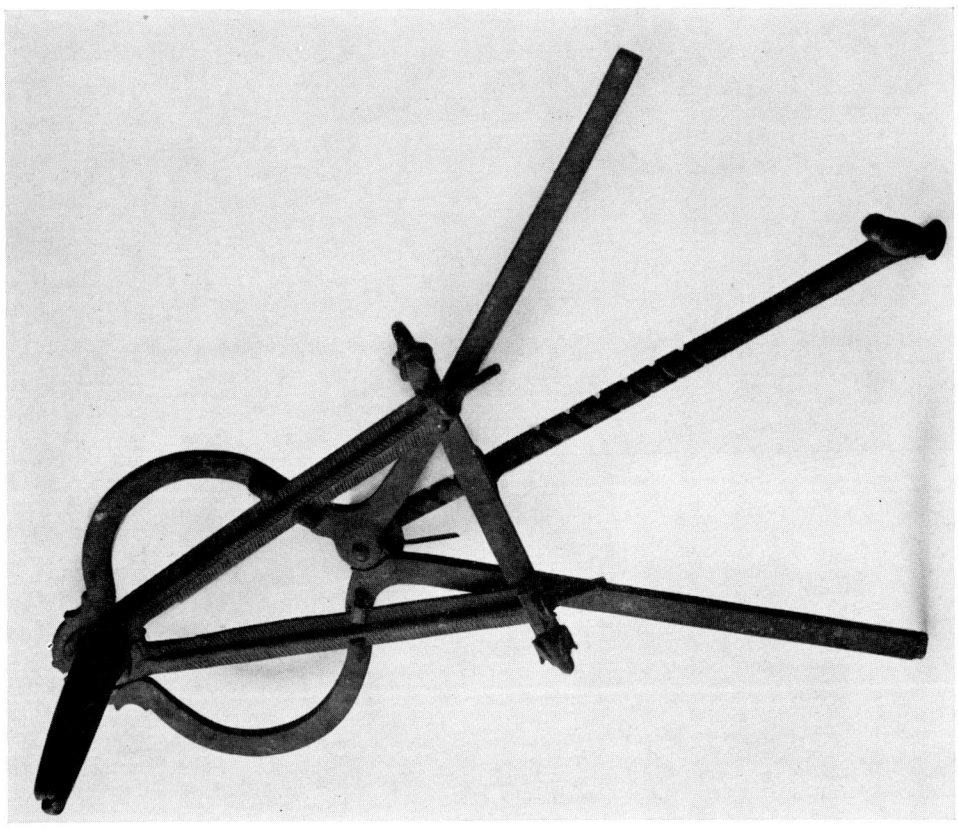

467

469

472

466 Speculum mit 4 Spreizen
467 Gewindeprofil zu Bild 466
468 Speculum mit 3 Spreizen
469 Gewindeprofil zu Bild 468
470 Speculum mit 3 Spreizen, Athen
472 Gewindeprofil zu Bild 471

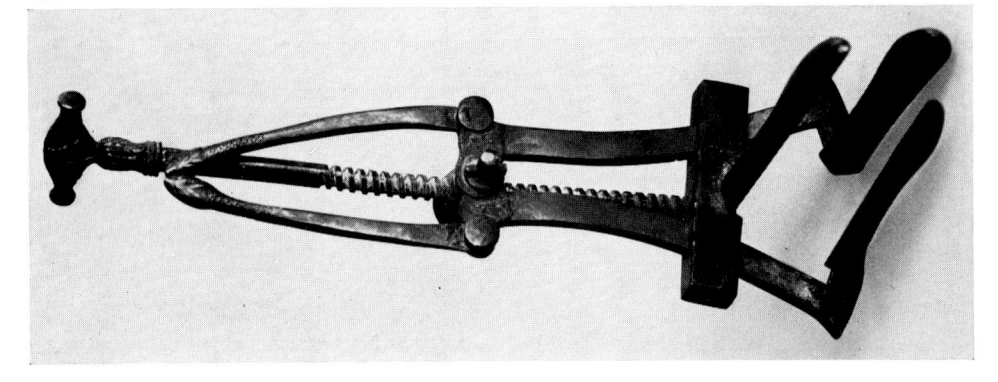

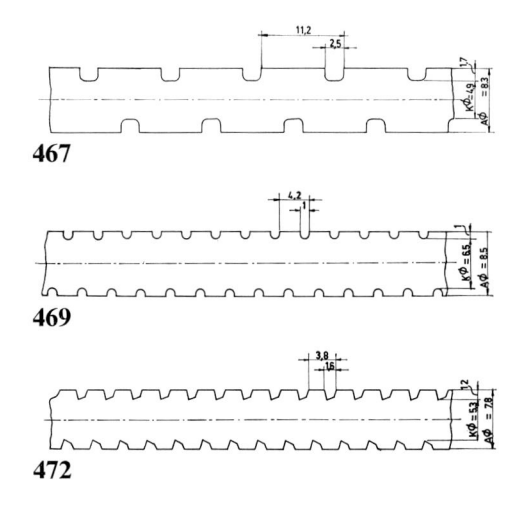

Speculum   Museo Nazionale Neapel (I)
Bronze   Inventar-Nr. 1.1882

Dimensionen können weder bei diesem noch bei den andern Instrumenten angegeben werden.
Das Schwergewicht der auf diesen Seiten beschriebenen Objekte liegt nicht bei den Instrumenten selbst, sondern auf deren Bewegungsschrauben. Mit einer Ausnahme stammen sie aus Pompeji, somit aus dem 1. Jh. n. Chr. Vom technischen Standpunkte aus verdient nicht nur der Gelenkmechanismus an diesen Instrumenten unsere Aufmerksamkeit, sondern sie gilt in hohem Maße den Bewegungsschrauben, die die Geräte erst funktionsfähig machen. Der Verfasser ist in einem besonderem Aufsatze [65] den Problemen der Schraubenherstellung in so früher Zeit nachgegangen, auf den in diesem Zusammenhang hingewiesen sei. Hier reicht der verfügbare Platz nicht aus, näher darauf einzugehen. Die Längsprofile der Schrauben der drei pompejanischen Instrumente sind in natürlicher Größe wiedergegeben. So können sie weit besser die Realität widerspiegeln. Bei der ersten beträgt die Steigung wesentlich mehr als deren Durchmesser, und der Gewindegang ist breiter als tief. Dieser letzte Umstand fällt bei der Herstellung der Schraube weniger ins Gewicht als die Erzeugung des Steilgewindes (Bild 467).

Speculum
Bronze   Inventar-Nr. keine
Bild 468

Bei diesem Gewinde sind die Verhältnisse weit ‹normaler›, wenn man von den Vorstellungen eines modernen Gewindes ausgeht. Die Steigung beträgt die Hälfte des Außendurchmessers. Nur die Gangbreite ist in bezug auf die Steigung schmal, da sie etwa deren Hälfte ausmachen sollte

(Bild 469). Diese Schraube besitzt ein Linksgewinde von großer Regelmäßigkeit; die Windungen und die Gangtiefe weisen nur ganz geringe Differenzen auf.

Speculum aus Athen. Bild 470.
Zum Vergleich mit den andern.
Keine näheren Angaben.
Dieses Instrument weist verblüffende Ähnlichkeit mit dem nächsten auf; es hat ein Rechtsgewinde.

Speculum   Bild 471
Bronze   Inventar-Nr. 78030

An diesem Instrument konnte die Schraube (mit Ausnahme der Mutter) genau untersucht werden. Sie hat ebenfalls nur sehr geringe Differenzen an den Steigungen und den übrigen Abmessungen. Das Gewindeprofil kann als ein Trapezgewinde mit schrägem Grunde bezeichnet werden (Bild 472). Die Regelmäßigkeit der Windungen ist beinahe mit einer modernen Schraube zu vergleichen (Bild 473). Dieser Eindruck wird bei der Betrachtung der Vergrößerung noch gesteigert (Bild 475). Hier frappiert die gleichmäßige und saubere Verwindung der Gewindeflanken; ein Eindruck, wie man ihn von modernen Schrauben her gewöhnt ist. Berücksichtigt man dazu die Kleinheit des Gangquerschnittes von max. 1,6 × 1,2 mm, so kann eine solche Schraube nur auf einer Drehbank mit zwangsläufig automatisch geführtem Werkzeug entstanden sein. Ein unscheinbares Detail erhärtet diese Annahme. Auf der zweiten Windung des Gewindeanfanges auf der Griffseite ist eine rundumlaufende Rille vorhanden (Bilder 474 und 476). Sie kann nur dadurch entstanden sein, daß, während sich die Schraube drehte, das schneidende Werkzeug aus irgendeinem Grunde einen Moment lang in seiner Vorschubbewegung stillgestanden ist. Dadurch ist diese Rille entstanden. Im Gegensatz zum Athener Exemplar ist diese Schraube ein Linksgewinde.

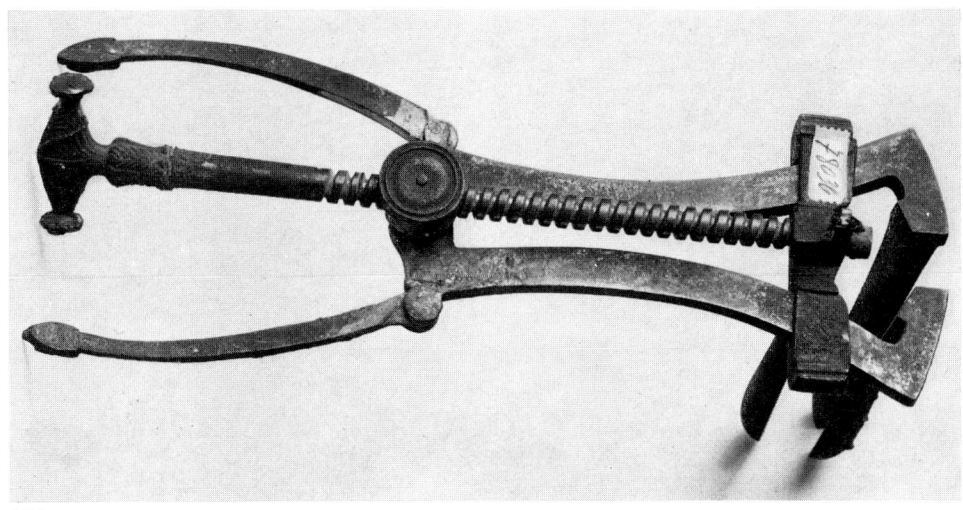

471
471 Speculum mit 3 Spreizen
473 Die Schraube des Speculums
474 Detail dieser Schraube
475 Vier Schraubenwindungen, etwa 5,5mal vergrößert
476 Dieselbe Schraube mit Rille, etwa 5,5mal vergrößert
477 Vergrößertes Detail eines Griffes von einem chirurgischen (?) Instrument

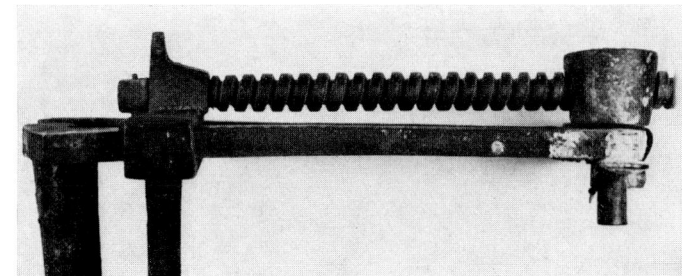

473

475   477   474   476

478

479

478	Zierknauf von oben
479	Zierknauf von unten
480	Kleines zylindrisches Gefäß von schräg oben
481	Dasselbe Gefäß von vorn
482	Gedrehter Standring von oben
483	Der gleiche Standring von unten
484	Profilzeichnung des Standringes
485	Senklot über Spiegel
486	Fassungen von Vorhängeschlössern

480

481

Zierstück Musée Romain Avenches (CH)
Bronze
Inventar-Nr. keine, Depot
Durchmesser am ‹Pilz› 64 mm
Unterer Durchmesser 59,5 mm
Gesamthöhe 112 mm

Wenn auch nichts Sicheres über den Zweck bzw. die Verwendung dieses Stückes ausgesagt werden kann, so ist daran doch festzustellen, daß es auf der ganzen Oberfläche sehr sorgfältig überdreht worden ist. Auf der Kuppe des ‹Pilzes› liegt ein Zentrum mit konzentrischen Rillen und an dessen Rand eine kleine Profilierung. Auf dem Sockel findet sich ebenfalls ein Rillenpaar. Selbst der den ‹Pilz› tragende Schaft ist, soweit dies möglich war, gedreht.

Bild 477, Seite 163
Griffteil Musée Romain, Avenches (CH)
Bronze oder Messing
Inventar-Nr. keine, Depot
Gesamtlänge 72 mm

Dieses kleine Objekt, das hier nur in einem Ausschnitt gezeigt werden kann, ist von besonderem Interesse. Bei dem sehr kleinen Durchmesser von etwa 4 mm ist auf einer Strecke von 25 mm ein Gewinde aufgeschnitten. Dieses diente nur der Griffigkeit des chirurgischen (?) Instrumentes. Zu beachten ist, daß jeder zweite Gang weniger tief ist. Auch der Auslauf des Gewindes zeigt dessen maschinelle Herstellung, die mittels eines sogenannten Gewindestrählers erfolgte. Diesen muß man sich als ein zweizackiges Werkzeug vorstellen, dessen Form dem Gewindeprofil entsprach und das von Hand geführt worden ist.

Zylindrisches Gefäß Rijksmuseum van Oudheden, Leiden (NL)
Bronze oder Messing
Inventar-Nr. C O. 401
Durchmesser 63 mm
Höhe 51 mm

Das kleine Gefäß ist auf der Innen- und Außenseite überdreht. Auf der geschlossenen Seite neigt sich der Rand nach innen und ist unterschnitten. Auf der Fläche finden sich neben dem Zentrum zwei gerundete Wülste, die sich gleich hoch von der Grundfläche abheben. Die Außenseite ist fast ganz symmetrisch gestaltet, wobei der obere Wulst etwas kräftiger ist als der untere. Auf der offenen Seite ist – wohl für einen Deckel – ein Absatz eingedreht.

482

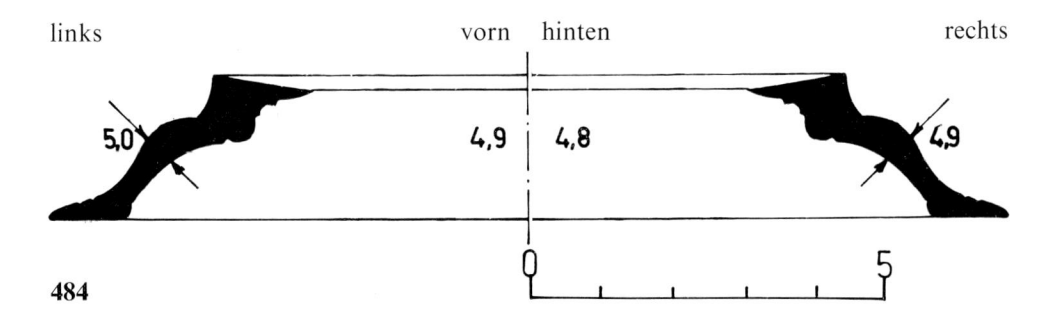

483

links vorn hinten rechts

484

Standring	Vorarlbergisches Landes-
	museum, Bregenz (A)
Bronze	Inventar-Nr. 542
Durchmesser	136 mm
Höhe	20 mm

Dieser große, auf beiden Seiten reich profilierte Standring war, wie Lötspuren zeigen, an einer Schale angelötet. Die Anlagefläche ist der Schalenkrümmung angepaßt. Die Profilzeichnung mit den Maßen zeigt nicht nur eine beinahe vollkommene Übereinstimmung der Außen- mit der Innenseite, sondern zugleich eine barock anmutende Gestaltung der beiden Profile (Bild 484).

Senklot	Burgenländisches Landes-
	museum, Eisenstadt (A)
Bronze	Inventar-Nr. keine
Durchmesser	29,5 mm
Höhe	44 mm

Das Senklot, über einem Spiegel aufgenommen, ist auf der ganzen Oberfläche überdreht. Die Mantelfläche ist leicht geschweift. Auf ihr sind, wie auf der oberen Fläche, Rillen zu sehen. Der kugelige Kopf hat außer der senkrechten Bohrung noch zwei seitliche Löcher. Durch diese wurden zwei Schnüre gezogen, so daß das Senklot absolut senkrecht hing. Sinnigerweise wird dieses Instrument heute wieder bei Ausgrabungen verwendet.

Fassungen	Museo Nazionale
von Vorhänge-	Rom (I)
schlössern	
Bronze oder Messing	
Inventar-Nr.	4977
Durchmesser	67 mm
Höhe	58 mm
Inventar-Nr.	keine
Durchmesser	47 mm
Höhe	66 mm

Das Exemplar mit Inventar-Nr. 4977 ist leer, besteht also nur aus der Hülle; es hat in der obersten Zone folgende Wanddicken: 1,3, 1,7, 1,4 und 1,3 mm. Das andere konnte wegen seines verkrusteten Inhalts nicht ausgemessen werden. Beide Stücke zeigen ein regelmäßiges und sauber gedrehtes Profil mit ähnlichen Variationen. Sie dienten als äußere Fassungen von Vorhängeschlössern und können in den Museen immer wieder angetroffen werden.

485

486

N Beispiele der Drücktechnik

487

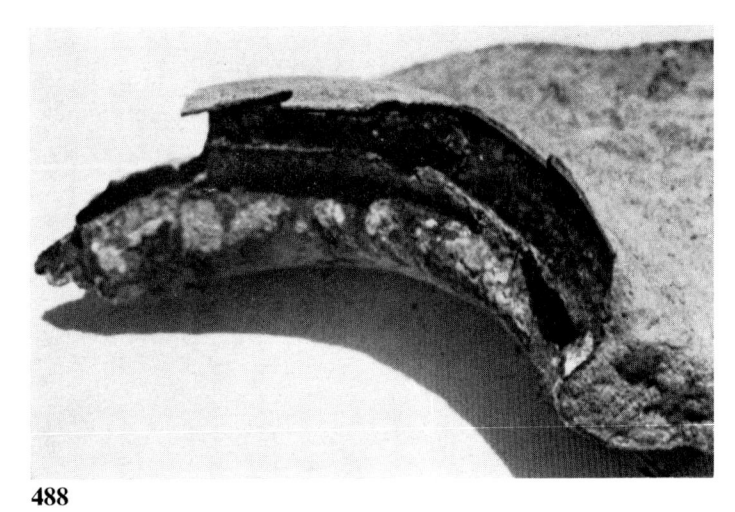

488

489

490

487   Reste eines Bettfußes
488   Metallfragment des Bettfußes
489   Ein anderes Metallfragment
490   Holzfragment des Bettfußes

491   Kleiner Kessel von schräg oben
492   Kleiner Kessel von schräg oben

Bettfuß   Museo Herculaneum (I)
Eisen, Holz und Metall
Inventar-Nr.   keine
Abmessungen   keine

In arg zerfallenem Zustande befand sich (Juni 1967) in einer Vitrine in einem antiken Hause im Ausstellungsgelände dieser Bettfuß. Obwohl sich die einzelnen Teile ihrer Brüchigkeit wegen kaum mehr berühren ließen, sind sie doch ‹Kronzeugen› der römischen Metalldrücktechnik. Auch vermittelte der pitoyable Zustand des Objektes wieder wertvolle Aufschlüsse. Jedenfalls konnte mit Sicherheit festgestellt werden, daß durch die ganze Länge des Bettfußes ein Eisenstab durchgeführt war. Um diesen herum waren einzelne gedrechselte Holzkörper aneinandergereiht. Sie hatten, was ebenfalls noch gut erkennbar war, die Einzelformen des künftigen Gesamtprofils des Bettfußes. Um diese herum sind dünne Metallteile angeschmiegt und liegen satt auf den Holzunterlagen. Allerdings konnte leider an keiner Stelle mehr festgestellt werden, wie die einzelnen Metallscheiben miteinander verbunden bzw. aneinandergefügt waren. Aus diesem Befund läßt sich nun der Werdegang eines solchen Bettfußes in der Weise rekonstruieren, daß zunächst auf den Eisen-

491

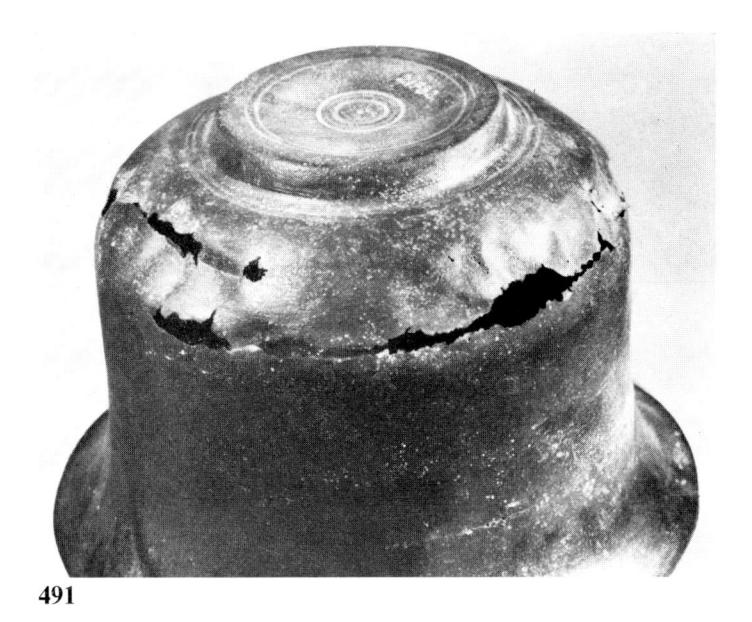

492

Kesselchen	Burgenländisches Landesmuseum		Kesselchen	Ioaneum, Graz (A)
Kupfer	Eisenstadt (A)		Messing	
Inventar-Nr.	21 732		Inventar-Nr.	13 353
Durchmesser	152 mm		Durchmesser	130 mm
Höhe	93 mm		Höhe	78 mm

Das Gefäß ist sehr leicht und dünnwandig. An den durchbrochenen Partien ist die Wandung sehr dünn; sie variiert dort zwischen 0,4 und 0,7 mm. Die am Boden sichtbaren Rillen sind nicht eingedreht, sondern eingedrückt, was an ihrer relativen Breite sichtbar ist. Die Boden- und die Randpartie sind mit einer durchschnittlichen Dicke von 0,8 mm am dicksten. Daß die Wandung dazwischen schwächer ist, wird durch den Drück- bzw. Streckvorgang verständlich.

Auch dieses kleine Exemplar eines Kesselchens ist gedrückt. Die Wanddicke schwankt zwischen 0,7 und 1,0 mm. Der umgedrückte Rand ist frei beschnitten, so daß Material für die Henkelösen stehengelassen werden konnte. Der Boden ist leicht abgesetzt und nach innen hohl geformt, so daß eine Art Standring entsteht.

stab die rohen Holzzylinder aufgeschoben, diese dann zu der gewünschten Form gedrechselt und dann rotierend die Metallscheiben darübergedrückt wurden. Möglicherweise wurde dabei so vorgegangen, daß jeweilen ein hölzerner Kern nach dem Drechseln mit der dünnen Metallscheibe überzogen und hernach der folgende daran angefügt wurde. Nach dieser Methode ließen sich die Metallscheiben zwischen den Holzteilen festklemmen (Bild 487). Details bestätigen die obigen Darlegungen (Bilder 488 und 489). Beim ersten ist die metallene Umhüllung von der Innenseite her zu sehen, wie sie um den Holzkern nach Bild 490 gedrückt worden war. Bild 489 zeigt eine analoge Stelle aus einer anderen Partie des Bettfußes. Zur Drücktechnik noch folgendes: Die oben verengten Gefäße erlaubten natürlich nicht, wie es bei der heutigen Fertigung mit mehrteiligen Formen selbstverständlich ist, daß nach Fertigstellung der gedrückten Form das Holzmodell dieser entnommen werden kann. Bei Krügen usw. mit engem Hals, die bestimmt gedrückt worden sind, konnten die Holzformen dem Gefäß nicht mehr entnommen werden, weshalb sie im Innern verbrannt wurden. Aus andern Beispielen geht hervor, daß Bettfüße auch nach andern Verfahren hergestellt worden sind, indem die Einzelteile gegossen und auf der Drehbank gedreht und ineinandergepaßt wurden.

493　Kragenschüssel von vorn
494　Kragenschüssel von unten
495　Kragenschüssel von oben
496　Detail der Kragenschüssel
497　Profilzeichnung

links   vorn   hinten   rechts

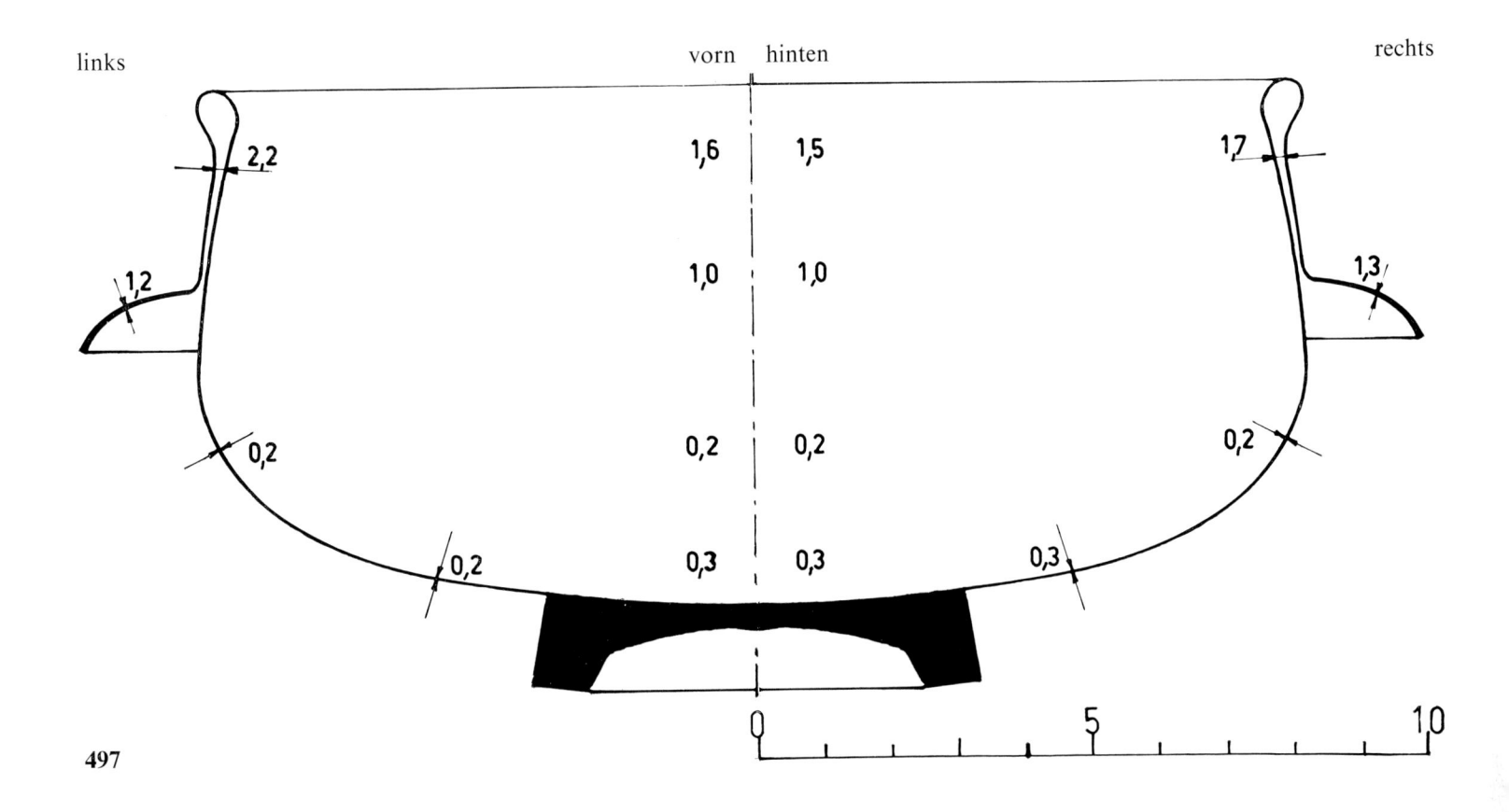

497

Kragenschüssel	Schweizerisches Landesmuseum Zürich (CH)
Messing	
Inventar-Nr.	4275
Durchmesser	200 mm
Höhe	88 mm

Die Ähnlichkeit dieser Kragenschüssel mit jener von Nijmegen ist unverkennbar. Sind auch die Dimensionen anders, so stimmen doch die Formen miteinander überein. Bei diesem Exemplar fällt auf, daß die Bodenpartie mit 0,2 mm Dicke außerordentlich dünn ist. Charakteristisch ist auch hier, daß die Dicke am äußersten Kragenrand wieder am stärksten ist (vergleiche die Bilder 62–66, Seiten 41 und 42). Obwohl die typischen Drückspuren an diesem Exemplar nicht mehr so gut erhalten sind wie beim Nijmegener, so sind sie doch noch da und dort auf der Oberfläche vorhanden. Die kleinen konzentrischen Kreise in der Mitte der Innenseite sind keine Drehrillen, es sind Kratzspuren, die unter der Pinolenfläche entstanden sind. Der schwere, massive Standring ist gegossen und aufgelötet.

Kragenschüsseln sind sehr selten vorkommende Gefäße. Südlich der Alpen hat der Verfasser keine gefunden. Neben der silbernen, gegossenen und gedrehten Kragenschüssel des Louvre (Seiten 108 und 109) besitzt, wie bereits bekannt, das Rijksmuseum G. M. Kam in Nijmegen ein Exemplar. Ferner beherbergt das gleiche Museum eine in Zinn gegossene Kragenschüssel. Einige weitere Stücke soll es auch in England geben. Der gleiche Typus ist auch in Terra sigillata hergestellt worden.

498

499

500

498 Kleine Authepsa von vorn
499 Oberteil der Authepsa
500 Detail aus dieser Partie
501 Krugmündung mit Spachtel
502 Eine andere Krugmündung mit Spachtel
503 Werdegang einer Krugmündung

Kleine Authepsa RGZM, Mainz (D)
Kupfer
Inventar-Nr. 0.38874
Durchmesser etwa 160 mm
Höhe etwa 220 mm

Authepsae sind raffinierte Wärmegefäße, in denen Getränke lange Zeit warm, sogar siedend gehalten werden konnten. In zwei Aufsätzen hat sich der Verfasser näher mit diesen seltenen römischen Gefäßen befaßt [66]. Hier soll daher lediglich auf die herstellungstechnische Seite eingegangen werden. Dem Exemplar aus dem RGZM fehlt der Unterteil. Es ist unten offen und gewährt einen freien Einblick durch das Heizrohr, das unten an der engsten Stelle der Authepsa auf deren ganzem Umfange beginnt, sich nach oben verjüngt und an der Seite des kugeligen Gefäßes ausmündet (Bild 499). Das Gefäß ist sehr dünnwandig und besteht, wie durch die offenen Stellen konstatiert werden kann, aus einem Stück. Hals und Bauch sind also nahtlos miteinander verbunden. Somit muß auch in diesem Falle angenommen werden, daß das Gefäß gedrückt worden ist (Bild 498). Eine sehr starke Stütze für diese Annahme bilden die im Oberteil des Gefäßes sichtbaren Rillen (Bild 499). Ein vergrößerter Ausschnitt daraus zeigt, wie weich die Übergänge aus der Fläche in die vertieften Rillen sind. Sie sind auch nicht in einem ununterbrochenen Zusammenhang, wie dies bei den gedrehten, also durch Spanabnahme entstandenen, der Fall ist. Ein Einstechen solcher Rillen mit schneidenden Werkzeugen wäre in der sehr dünnen Wandung von nur 0,5 mm gar nicht möglich gewesen. Auch wurden sie nicht etwa mit Punzen eingeschlagen, was durchaus denkbar gewesen wäre; aber dann hätten den Rillen auf der Innenseite positive Erhöhungen entsprochen. Die Innenseite der Kugel ist jedoch vollständig glatt.

Krugmündung Saalburgmuseum, Bad
 Homburg v. d. Höhe (D)
Messing Inventar-Nr. 36/176
Maße des Kruges:
Durchmesser 160 mm
Höhe 232 mm

Wiederholt ist auf besondere Feinheiten, die an Krugmündungen beobachtet werden können, hingewiesen worden. Bei einer oberflächlichen Beurteilung glaubt man stets, die Mündungen bestünden aus einem massiven Rande. Eine kleine, aber wichtige Feststellung belehrte, daß dem nicht so ist (Bild 501). Hier fällt auf, daß an einer Stelle der Hohlkelle zwei Knicke nebeneinander liegen. Sie sind scharf eingedrückt, und bei ihrer geringen Höhe, die der Breite der Hohlkehle entspricht, kann es sich nur um eine sehr dünne Wandung handeln. Eine massive Randlippe könnte überhaupt nicht auf diese Weise verformt werden. Tatsächlich befindet sich hart daneben eine lange schmale Öffnung, in die ein feiner Spachtel eingeschoben werden konnte. Damit war der Beweis dafür erbracht, daß die Randlippe hohl, also aus dünnem Blech hergestellt ist. Bei diesem wie auch bei andern Exemplaren konnte außerdem über der Hohlkehle, dort wo sie in den geschwungenen Rand übergeht, eine ganz feine Rille beobachtet werden. An dieser Stelle kann man sie nicht bloß als Dekorationselement betrachten.

Krugmündung Antikensammlung
      Wien (A)
Kupfer
Inventar-Nr. VI 2922
Maße des Kruges:
Durchmesser 176 mm
Höhe   265 mm

Abgesehen von den Knickungen in der Hohlkehle sind bei diesem Beispiel die gleichen Beobachtungen wie oben zu machen; auch diese Randlippe ist hohl. Der eingesteckte Spachtel beweist es (Bild 502). In dem in Bild 503 gezeigten ‹Werdegang› wird versucht, die Herstellung hohler Randlippen zu erklären. Die dargestellten Befunde sind klare Beweise dafür, daß solche Krüge – und vor allem die Mündungen – mit dem Drückverfahren hergestellt worden sind. Auf eine andere Art wären sie gar nicht in dieser Form zu gestalten.

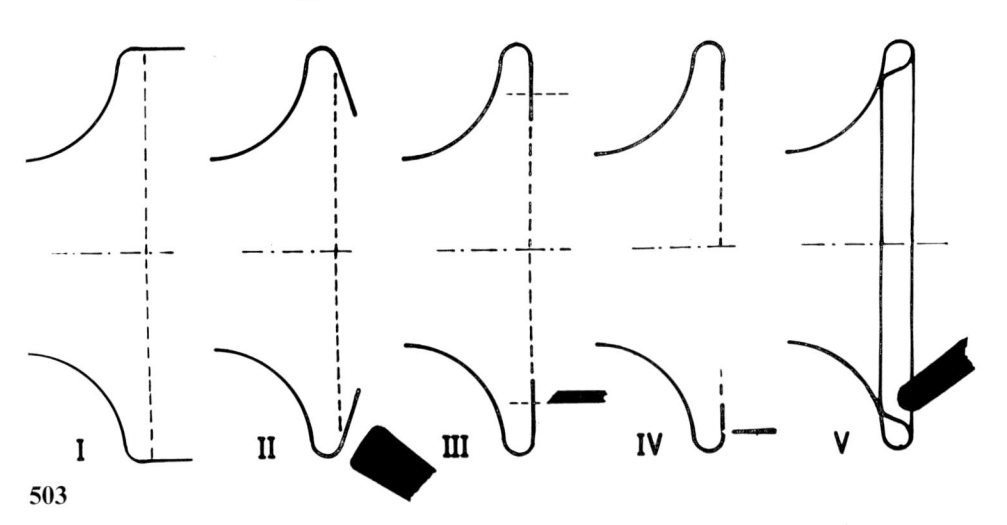

Werdegang

1. Bis zu dieser Phase ist die Wandung so weit geformt, daß sie für die künftige Randlippe als zylindrischer Streifen bereitsteht.
2. Mittels eines balligen Drückstahls wird dieser Streifen allmählich nach innen in die horizontale Lage gedrückt.
3. Mit einer scharfen Schneide kann nun das überflüssige Material abgestochen werden.
4. Nun erfolgt an der Stelle, wo die Wandung von der positiven Wölbung in die negative Hohlkehle übergehen soll, der ganz feine halbrunde Einstich. Damit wird die Widerstandskraft des Materials reduziert, weil dann an dieser Stelle nur noch etwa die halbe Dicke vorhanden ist.
5. Mit einem geeigneten Drückstahl kann jetzt die Hohlkehle geformt und mit Druck der auslaufende Rand gegen seine Unterlage gepreßt werden.

Unbedingte Voraussetzung für ein derartiges Verfahren sind gut gebaute und vor allem genau rundlaufende Maschinen.

O   Dreharbeiten in anderen Materialien

504

505

504   Gedrehter Steintisch
505   Gedrehte Steinsäule

506   Gedrehte Glasvase
507   Ansicht der Vase von unten
508   Gedrehter Glasbecher

Gedrehter   Museum, Rottweil (D)
Steintisch
Keupersandstein
Inventar-Nr.   ?
Durchmesser   787 mm
Höhe   880 mm

Wie hoch die römische Drehtechnik entwickelt war und wie sie neben der Holz- und Metallverarbeitung auch in anderen Gebieten angewendet worden ist, sollen die Beispiele in diesem Abschnitt darlegen. Es darf keineswegs verwundern, daß auch Steinmaterial auf Drehbänken zur Verarbeitung kam. Bei weichem Gestein ist dies mit nicht zu großen Schwierigkeiten verbunden. Doch entstehen hier durch die Gewichte der Drehobjekte gewisse Ansprüche an die Konstruktion solcher Maschinen. Der ganz weiche Alabaster, der in einer gewissen Dünne sogar durchscheinend ist, dürfte zuerst den Anstoß zur rotierenden Bearbeitung geliefert haben. Der Rottweiler Tisch, der 1887 im Keller eines römischen Hauses gefunden worden ist, stellt in seiner Art gewiß eine große Seltenheit dar. Die abgetreppten Stufen mit ihren Wülsten und Rillen und den unterschnittenen Partien sind eben Formen, wie sie nur auf einer Drehbank in solcher Vollkommenheit hergestellt werden können.

Tischfuß   Museum, Rottweil (D)
Schilfsandstein
Inventar-Nr.   ?
Durchmesser   170 mm
Höhe   630 mm

Da sich im selben Museum gleich zwei römische gedrehte Steinobjekte vorfinden

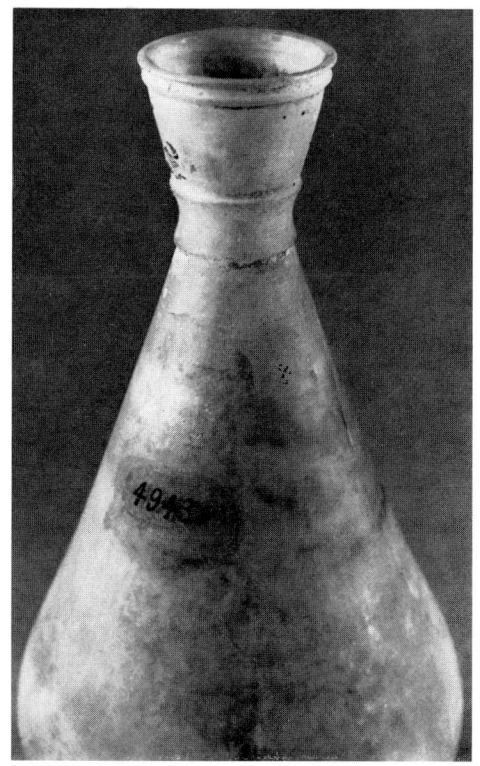

506

507

508

Vase	Rheinisches Landesmuseum, Bonn (D)
Glas	
Inventar-Nr.	4943
Durchmesser	71 mm
Höhe	152 mm

Becher	Carnuntinum Bad Deutsch-Altenburg (A)
Glas	
Inventar-Nr.	8524
Durchmesser	72 mm
Höhe	112 mm
Fundort	Carnuntum, Gräberfund
Datierung	Mitte 2. Jh.

und deren Material zudem aus der dortigen Gegend stammt, ist mit guten Gründen eine entsprechende Werkstätte am Ort anzunehmen. Auch dieser Tischfuß zeigt in seinen Formen und seinen Werkspuren, daß er auf der Drehbank entstanden ist. Auch Kretzschmer [67] zeigt einige ganz typische Beispiele von Steindreharbeiten. Allerdings muß sein Rekonstruktionsvorschlag einer Steindrehbank dahin revidiert werden, daß auch für diese ein kontinuierlicher Antrieb angenommen werden muß.

Soweit dies beobachtet werden kann, hat diese Glasflasche nicht nur auf der Außenseite, sondern auch auf der Innenseite eine ganz glatte Oberfläche. Typische Drehformen zeigen außer dem Boden und dem Fußteil besonders der enge Hals und die Mündung. Der unten und oben abgesetzte Kragen um den engen Hals wie auch die tiefe Rille an der Mündung sind Formen, die leicht bei rotierenden Körpern erzeugt werden können. Dagegen sind sie im harten, spröden und daher leicht zerbrechlichen Glas um so höher zu bewerten. Dies ist nur eine Seite der Glasdreherei, denn das harte Glas erforderte zu seiner Bearbeitung noch härteres Werkzeug. Es mußten Stahlwerkzeuge von ganz besonderer Qualität sein, die mit entsprechender Sorgfalt hergestellt und gehärtet waren.

Vom technologischen Standpunkte aus wäre es sehr aufschlußreich, wenn diese Probleme sich näher untersuchen ließen.

Das Glas dieses prächtigen Bechers ist fast transparent und unverkennbar eine Dreharbeit. Die Innenseite ist glatt, und die Außenseite weist gut sichtbare Drehriefen auf. Außerdem sind die erhabenen Rillengruppen ebenfalls als Dreharbeit zu erkennen. Charakteristisch ist ferner die scharfe Randlippe. Auch am Boden finden sich entsprechende Spuren. Die Wanddicken an der obersten Partie betragen 1,2–1,4 mm, was für Glas als außerordentlich dünn zu bezeichnen ist.

509

510

509 Gedrehter Glasteller von oben
510 Der Teller von der Seite
511 Der Teller von unten
512 Profilzeichnung

513 Profilzeichnung
514 Glasteller von unten
515 Glasteller von oben
516 Beschädigter Glasteller von oben
517 Derselbe Teller von unten

511

Teller	Rheinisches Landesmuseum Bonn (D)
Grünes Glas	
Inventar-Nr.	1717
Durchmesser	157 mm
Höhe	23 mm
Datierung	1. Viertel des 1. Jh.

Der Teller hat Formen wie ein Bronzeteller. Beidseitig sind deutliche Drehspuren vorhanden, wobei besonders auf die bekannte Rondelle in der Mitte hingewiesen sei. Aus dieser ragt das Zentrum in die Höhe, was besagt, daß der Boden ursprünglich sehr viel dicker war. Es mußte also eine Menge Material weggedreht werden, damit man die jetzige Bodendicke erreichte. Überdies ist aus der Profilzeichnung zu ersehen, daß auch dieser Glasteller mit großer Genauigkeit hergestellt worden ist, denn die Maße in den einzelnen Zonen haben keine großen Abweichungen. In der Durchsicht hat der Teller auf der ganzen Fläche eine gleichmäßig dunkelgrüne Färbung, von der sich nur der Standring dank seiner Dicke schwarz abhebt.

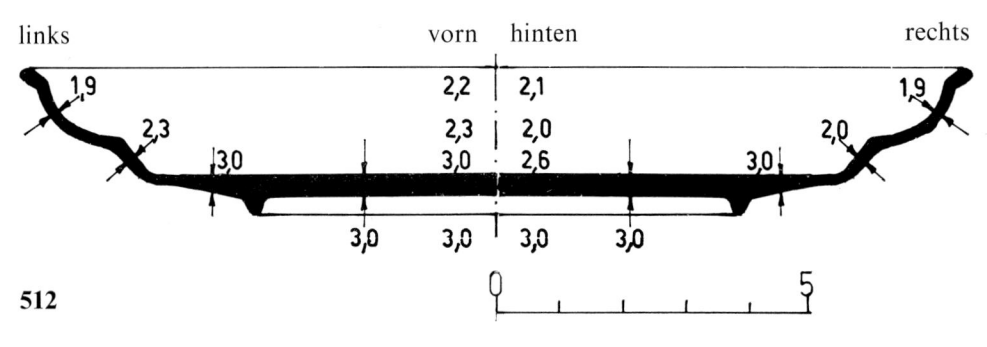

512

513

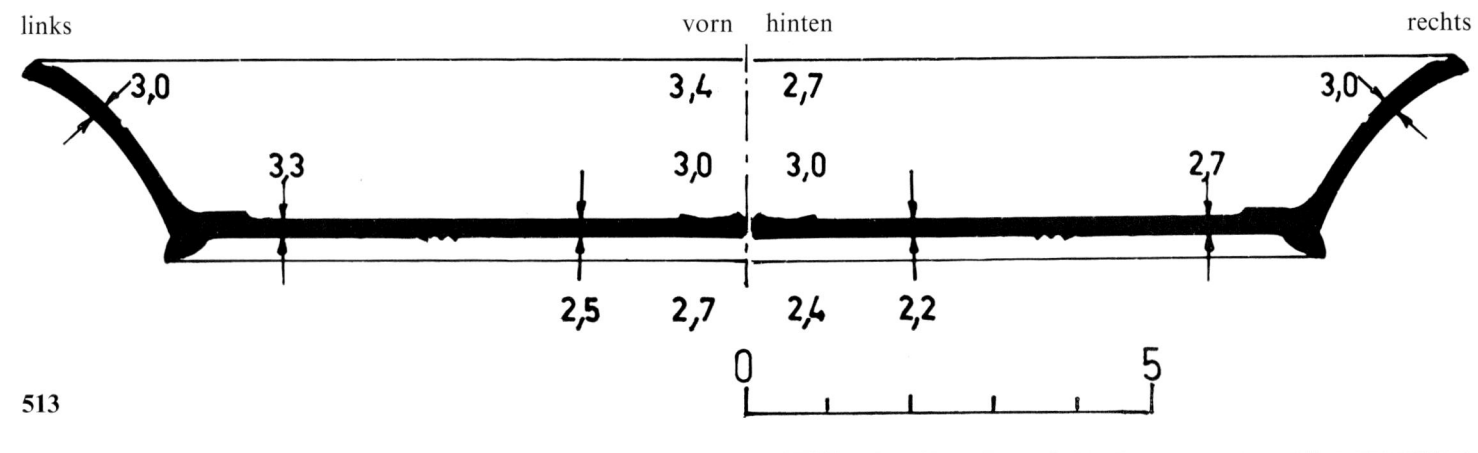

514

515

Teller	Musée Curtius, Liège (B)
Grünes Glas	
Inventar-Nr.	I. 182
Durchmesser	176 mm
Höhe	24 mm

Im wesentlichen gilt zu diesem Teller, was vom vorherigen gesagt worden ist. Es finden sich alle typischen Merkmale der Drehtechnik vor. Hervorzuheben sind die erhabenen (Unterseite) und die vertieften Rillen im Tellerrand. Die Profilzeichnung zeigt, mit den eingetragenen Maßen, auch wieder die hohe Genauigkeit und daß dieser Teller mit seinem nach außen geschweiften hohen Rande ebensogut aus Bronze sein könnte.

Teller	Museo Nazionale, Rom (I)
Blaues Glas	
Inventar-Nr.	1273
Durchmesser	160 mm
Höhe	17 mm

Zu diesem Stück ist, außer daß es kleiner und von blauer Farbe ist, nichts Neues mehr beizufügen. Der Teller ist ebenfalls genau gedreht. Das ganze Profil, an den Bruchflächen zu sehen, ist von gleichmäßiger Dicke. Die Wanddicke am Rande variiert zwischen 2,1 und 2,4 mm. Am Boden sind Dicken von 2,2; 2,2 und 2,0 mm gemessen worden: ebenfalls eine beachtliche Leistung.

516

517

518

Schalenfragment	Museo Nazionale, Rom (I)
Glas	
Inventar-Nr.	113 300
Durchmesser	etwa 300 mm
Höhe	?

Diese zwei Fragmente stammen von einer großen Millefiori-Schale. Sie muß in ihrer Machart, ihrer Größe, ihren in einem tiefen Blau und einem kräftigen Dunkelgelb leuchtenden Farben ein prächtiges Meisterwerk gewesen sein. Ihre Reste zeugen heute noch davon. Auch hier deuten die Qualität der Oberfläche, das Profil der Bruchflächen und die doppelte Abstufung am Rande auf Dreharbeit hin. Um eine solche Schale auf ihre ganze Leuchtkraft zu bringen, mußte sie nach dem Drehen noch in ihrer gesamten Oberfläche glattpoliert werden.

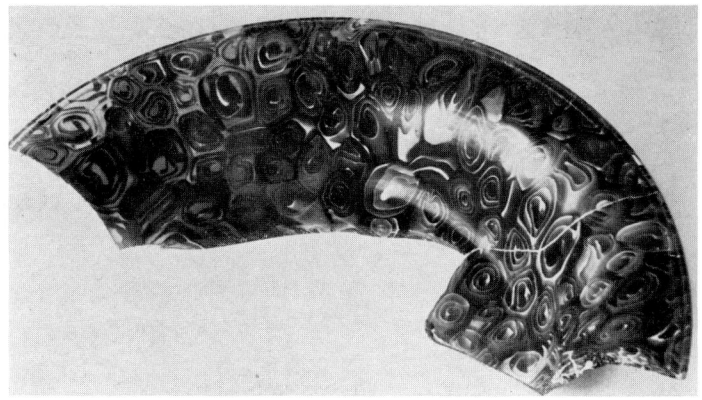

519

518 Fragment einer Millefiorischale
519 Ein anderes Fragment derselben Schale
520 Hohes Lavezgefäß
521 Niederes Lavezgefäß
522 Profilzeichnung
523 Gedrehte Steinschale von unten
524 Dieselbe Schale von oben

Lavezgefäße	Vorarlbergisches Landesmuseum Bregenz (A)		
Speckstein			
Inventar-Nr.	S, G, 800	Inventar-Nr.	S. G. 434a
Durchmesser	108 mm	Durchmesser	128 mm
Höhe	136 mm	Höhe	120 mm

Die bekanntesten gedrehten Steingefäße sind die sogenannten Lavezgefäße, von denen auch zwei Exemplare hier vorgestellt werden sollen. Die beiden Gefäße unterscheiden sich wohl in den Dimensionen und den Außenformen, nicht aber in ihrer Machart. Außen und innen sind sie gedreht, nur der Boden auf der Außenseite ist gemeißelt. Dies hängt mit der Schwierigkeit des Aufspannens zusammen, um auch diese Partie überdrehen zu können.

Die Herstellung solcher Gefäße geht in vorrömische Zeit zurück und wurde hauptsächlich im Gebiet der Alpen betrieben. Plinius erwähnt sie bereits, und sie ist bis in unsere Tage betrieben worden (siehe auch Anmerkung 23).

520

521

links	vorn	hinten		rechts

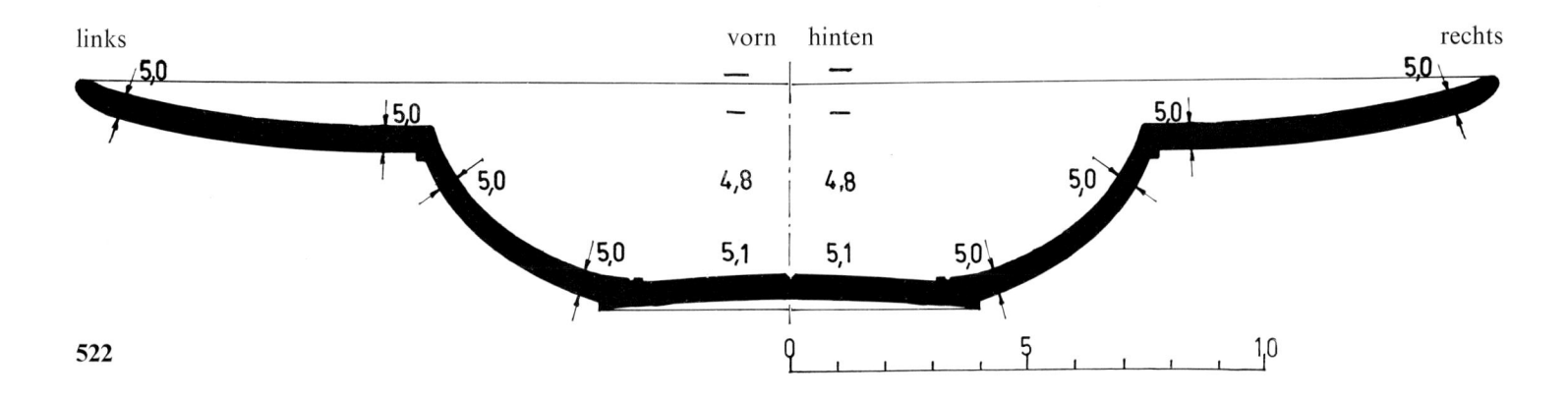

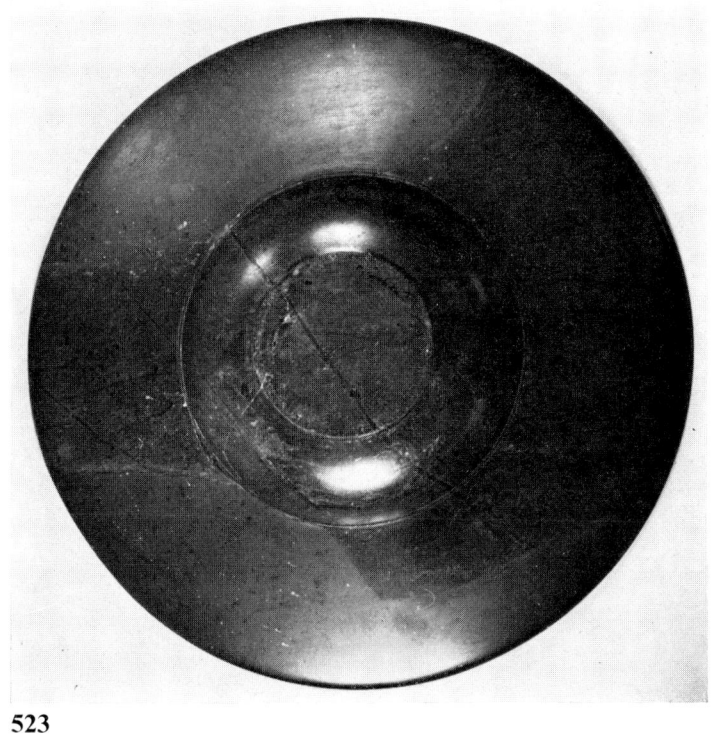

522

523

524

Großer Teller	Rheinisches Landesmuseum Trier (D)
Grünschwarzer Stein	
Inventar-Nr.	Speicher 2
Durchmesser	302 mm
Höhe	46 mm

Die Oberfläche dieses Tellers ist sehr glatt, doch lassen sich mit der Lupe darauf immer noch feine Drehriefen erkennen. Er ist nicht ganz erhalten; die helleren Partien sind moderne Kunststoffergänzungen. Das Profil ist gleichmäßig und weist durchgehend, mit ganz geringen Abweichungen, eine Dicke von 5 mm auf. Boden, Schale und Rand sind immer geschweift und harmonisch aneinandergefügt. Ein feiner Standring ist abgesetzt. Am Boden der Innenseite ist ein kleines Wülstchen herausgedreht, und im Winkel zwischen Schale und Rand ist auf der Außenseite eine scharf vorspringende Kante belassen worden.

P Drehimitationen

525

527

526

528

525 Radnabe
526 Dreiflammige Tonlampe
527 Niederes Tongefäß von unten
528 Kleine Tonlampe

Zum Schluß werden einige wenige Beispiele von Drehimitationen präsentiert. Nachahmungen eines Materials oder einer Technik dienen und dienten ja stets dazu, etwas Besseres und Wertvolleres vorzutäuschen. Demnach müssen gedrehte Objekte auch höher bewertet worden sein, ansonst sich deren Imitationen erübrigt hätten.

Deckel einer Radnabe Rheinisches Landesmuseum
Bronze   Trier (D)
Inventar-Nr.   P.M. 193
Durchmesser   90 mm
Höhe   25 mm

Das Modell für diese Nabe wurde so gedrechselt, daß der Abguß wie eine Dreharbeit aussah. Auf dem sich drehenden Rad hat sich dann der Deckel mit den konzentrischen Kreisen effektvoll ausgenommen.

Tonlampe   Bonnefantemuseum, Maastricht (NL)

Die 140 mm lange dreiflammige Öllampe hat um das vertiefte Einfülloch ein Profil, wie es auch bei gedrehten Bronzelampen vorkommt.

Glasiertes Tongefäß   RGZM, Mainz (D)

Auch dieses geradwandige Tongefäß mit einem Durchmesser von 92 mm und einer Höhe von 53 mm zeigt auf seinem Boden ein Profil samt Zentrum, wie es immer wieder bei Bronzegefäßen festgestellt werden kann.

Tonlampe   Historisches Museum, Basel (CH)

Über dem vierteiligen Blattmotiv um das Einfülloch zeigt diese Lampe in ebenfalls vierfacher feinster Abstufung ganz deutlich ein Profil, das unverkennbar von der Metalldreherei entliehen ist. Die Kunst des Metalldrehens muß, wie diese wenigen Beispiele zeigen wollen, auch in anderen Produktionszweigen in hohem Ansehen gestanden haben; wenn nicht, hätte man sie nicht zum Vorbild genommen.

Standorte der gezeigten Objekte

Belgien

Liège
Musée Curtius

49	88, 89	T
50	90, 93	T
76	175	C
77	176	C
100	255	D
101	256	D
175	513, 514, 515	O

Morlanwelz
Musée de Mariemont

100	253, 254	D
112	292, 293, 294	D
113	295	D

Tongern
Provinciaal Gallo-Romeins Museum

100	257, 258	D
101	259	D
108	283	D
109	284	D
112	296	D
113	297	D
138	386	G
139	389, 390	G
152	437	J

Deutschland

Augsburg
Römermuseum

62	120, 121, 122, 123	B
63	124	B

Bad Homburg v.d. Höhe
Saalburg

125	337, 338	E
140	398	G
147	418, 419	H
148	424, 425	H
171	501	N

Bonn
Rheinisches Landesmuseum

96	244, 245	D
97	246	D
173	506, 507	O
174	509, 510, 511, 512	O

Karlsruhe
Badisches Landesmuseum

104	266, 267, 268	D
105	269	D
133	359, 360	F

Koblenz, Rhein
Mittelrheinisches Museum

76	171, 172, 173	C
77	174	C

Köln
Römisch-Germanisches Museum

68	140, 141, 142, 143, 144	B
69	145	B
136	375, 376, 377	G
137	378, 379, 380, 381, 382	G
140	395, 396	G

Lüneburg
Museumsverein für das Fürstentum Lüneburg

54	94, 95, 96, 97, 98	B
55	99	B
90	218, 219, 220	D
91	221	D

Mainz
Altertumsmuseum

134	361, 362	G
135	366, 367, 370, 371	G
139	391, 392	G

Römisch-Germanisches Zentralmuseum

92	231	D
93	232	D
110	285, 286, 287	D
111	288	D
135	368, 369	G
170	498, 499, 500	N
178	527	P

Rottweil
Städtisches Museum

172	504, 505	O

Speyer
Historisches Museum der Pfalz

118	315, 316, 317, 318	D
123	329, 330, 331, 332	E
126	339, 340, 341	E

Stuttgart
Württembergisches Landesmuseum

28	29	T
86	205, 206	C
136	372, 373, 374	G
148	421, 422, 423	H

Trier
Rheinisches Landesmuseum

84	199, 200	C
85	201	C
110	289, 290	D
111	291	D
116	312, 313	D
117	314	D
177	522, 523, 524	O
178	525	P

Wiesbaden
Sammlung Nassauischer Altertümer

23	18	T
26	24	T
27	25, 26, 27	T
122	326, 327, 328	E
127	342, 343	E

Worms
Museum der Stadt Worms

130	353	F
140	397	G

Frankreich

Besançon
Musée des Beaux-Arts

78	177, 178, 179	C
79	180	C
80	187	C
81	188	C
102	260, 261	D
103	262	D
144	410, 411	G
145	412, 413	G

Lyon
Centre National de la Recherche Scientifique, Laboratoire Associé 112 (C.N.R.S.)

37	53	T
38	54, 55, 56, 57	T

Paris
Louvre

78	181, 182	C
79	183	C
80	184, 185	C
81	186	C
94	237, 238	D
95	239	D
96	240, 241, 242	D
97	243	D
108	278, 279, 280, 281	D
109	282	D
154	442, 443, 444	K
155	445, 446	K

St-Germain-en-Laye
Musée National des Antiquités

44	73, 74	T
58	104, 105, 106, 107	B
59	108	B
60	112, 113, 114, 115	B
61	116	B
98	247, 248	D
99	249	D
124	333, 334, 335, 336	E
150	429, 430, 431	J
151	432, 433, 434	J
152	435, 436	J

Griechenland

Athen

162	470	M

Italien

Aosta
Museo Archeologico

142	403, 404, 405	G

Bologna
Museo Civico

114	298, 299, 301, 302, 303, 304	D
115	300, 305	D

Herculaneum
Depot

104	270, 271	D
166	487, 488, 489, 490	N

Das Register ist nach Ländern und Orten angelegt. Die Seitenzahlen sind *kursiv*, die Bildernummern normal gesetzt.
Die Buchstaben am Ende der Zeilen bedeuten: T = Textteil, die übrigen, B–P, die Kapitel im Katalog.

Neapel				
Museo Nazionale	*66*	137, 138		B
	67	139		B
	141	399, 400, 401, 402		G
	160	458		L
	162	466, 467, 468, 469, 472		M
	163	471, 473, 474, 475, 476		M
Pompeji				
Museo	*74*	167, 168, 169		B
	75	170		B
Rom				
Museo Nazionale	*106*	276, 277		D
	128	344, 345		E
	165	486		M
	175	516, 517		O
	176	518, 519		O
Taranto				
Museo Nazionale	*130*	351, 352		F
	132	355, 356		F
Turin				
Museo Archeologico	*98*	250, 251		D
	99	252		D
	106	272, 273, 274		D
	107	275		D
	116	309, 310		D
	117	311		D

Niederlande

Leiden				
Rijksmuseum van Oudheden	*64*	125, 126, 127, 128		B
	65	129		B
	82	189, 190, 191		C
	83	192		C
	158	453		L
	161	461		L
	164	480, 481		M
Maastricht				
Bonnefantemuseum	*140*	393, 394		G
	178	526		P
Nijmegen				
Rijksmuseum G. M. Kam	*30*	32, 33		T
	31	34, 35		T
	41	62, 63, 64		T
	42	65, 66, 67		T
	43	68, 69, 70, 71, 72		T
	45	76, 77, 78		T
	46	79, 80, 81, 82		T
	60	117, 118		B
	61	119		B
	64	130, 131		B
	65	132		B
	66	133, 134, 135		B
	67	136		B
	84	196, 197		C
	85	198		C
	90	222, 223, 224		D
	91	225		D
	92	226, 227, 228, 229		D
	93	230		D
	94	233, 234, 235		D
	95	236		D
	102	263, 264		D
	103	265		D
	133	357, 358		F
	149	426, 427, 428		H
	156	447, 448		K
	157	449, 450, 451, 452		K

Österreich

Bad Deutsch-Altenburg				
Museum Carnuntinum	*147*	417, 420		H
	173	508		O
Bregenz				
Vorarlbergisches Landesmuseum	*24*	19, 20, 21		T
	70	146, 147, 148		B
	71	149		B
	143	408, 409		G
Vorarlbergisches Landesmuseum	*158*	454		L
	159	455		L
	160	456, 457		L
	165	482, 483, 484		M
	176	520, 521		O
Eisenstadt				
Burgenländisches Landesmuseum	*153*	440, 441		J
Enns				
Museum Laureacum	*165*	485		M
	167	491		N
	161	459		L
Graz				
Ioaneum	*82*	193, 194		C
	83	195		C
	131	354		F
	134	363, 364, 365		G
	138	387, 388		G
	153	438, 439		J
	167	492		N
Innsbruck				
Ferdinandeum	*70*	150, 151, 152		B
	71	153		B
Wien				
Antikensammlung	*48*	84, 85		T
	49	86, 87		T
	56	100, 101, 102		B
	57	103		B
	72	154, 155, 156, 158, 159, 160		B
	73	157, 161		B
	86	202, 203		C
	87	204		C
	116	306, 307		D
	117	308		D
	118	319		D
	119	320		D
	146	414, 415, 416		H
	161	462, 463		L
	171	502		N

Schweiz

Augst				
Römermuseum	*23*	15, 17		T
	28	28		T
	33	45, 46		T
	34	47, 48		T
	88	210, 212, 214, 216		C
	89	211, 213, 215, 217		C
	120	321, 322, 323		D
	121	324, 325		D
	129	346, 347, 348		E
	161	460		L
Avenches				
Musée Romain	*138*	383, 384, 385		G
	161	464, 465		L
	163	477		M
	164	478, 479		M
Basel				
Antikenmuseum	*74*	162, 163, 164, 165		B
	75	166		B
Historisches Museum	*23*	16		T
	178	528		P
Bern				
Historisches Museum	*143*	406, 407		G
Binn				
Sammlung G. Graeser	*29*	30, 31		T
	37	51		T
	58	109, 110		B
	59	111		B
Windisch				
Vindonissamuseum	*130*	349, 350		F
Zürich				
Schweizerisches Landesmuseum	*87*	207, 208, 209		C
	168	493, 494, 495, 496		N
	169	497		N

9783764305734.3